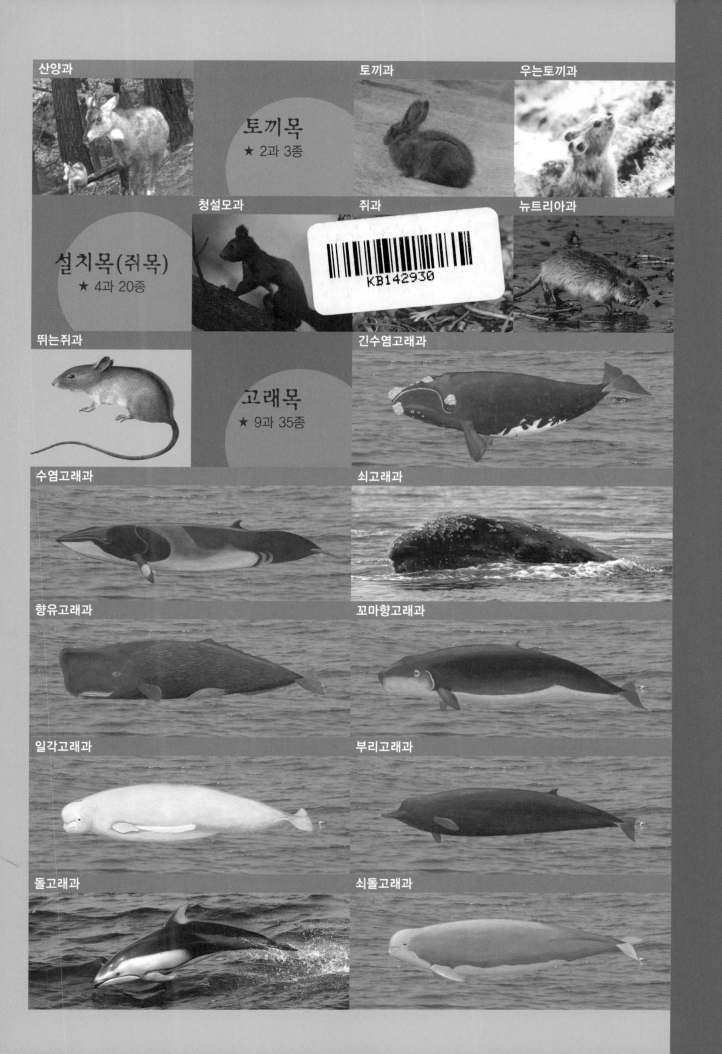

산양과

토끼목
★ 2과 3종

토끼과

우는토끼과

설치목(쥐목)
★ 4과 20종

청설모과

쥐과

뉴트리아과

뛰는쥐과

고래목
★ 9과 35종

긴수염고래과

수염고래과

쇠고래과

향유고래과

꼬마향고래과

일각고래과

부리고래과

돌고래과

쇠돌고래과

선생님들이 직접 만든
# 이야기야생동물도감

1판 1쇄 발행 | 2015년 10월 5일
1판 5쇄 발행 | 2023년 2월 15일

글 · 사진 | 한상훈 · 김현태 · 문광연 · 정철운
펴낸이 | 양진오
펴낸곳 | ㈜교학사

책임편집 | 황정순
편집 · 교정 | 하유미 · 최유미
디자인 | 이수옥
일러스트 | 나무
제작 | 이재환
원색분해 · 인쇄 | (주)교학사

출판 등록 | 1962년 6월 26일 (제18-7호)
주소 | 서울 마포구 마포대로 14길 4
전화 | 편집부 707-5205, 영업부 707-5146
팩스 | 편집부 707-5250, 영업부 707-5160
홈페이지 | http://www.kyohak.co.kr

값 50,000원
ISBN   978-89-09-17198-4  96490

선생님들이 직접 만든

# 이야기야생동물도감

포유류 · 양서류 · 파충류

글 · 사진 | 한상훈 · 김현태 · 문광연 · 정철운

(주)교학사

# 머리말

인간도 엄밀히 말하면 동물이기 때문에 우리가 다른 야생 동물에 대한 호기심을 본능적으로 가지고 태어나는 지도 모르겠습니다. 어릴 때부터 움직이는 동물만 보면 만지고 싶은 충동을 느끼고, 동물원이나 수족관에서 다양한 야생 동물을 만나고 깊은 관심을 가지는 것도 매우 당연한 본성적 행동이라고 할 수 있을 것입니다.

우리나라에는 어떤 야생 동물이 있으며, 그 동물들의 형태와 크기, 생태, 서식지 등의 특징에 대해 여러분은 얼마나 알고 있나요? 우리나라 야생 동물을 알아보기 위해 관련 도감을 쉽게 찾을 수 있었나요? 사실 우리나라에서는 야생 동물 도감을 찾아보기가 쉽지 않습니다. 왜냐하면 우리나라에는 현장에서 야생 동물을 연구하는 전문가가 드물고, 도감도 매우 희귀하며, 특히 어린이들이 쉽게 이해할 수 있는 도감은 거의 없기 때문입니다.

이 도감은 우리가 흔히 알고 있는 호랑이, 늑대 등의 포유류와 개구리, 도롱뇽과 같은 양서류, 뱀, 거북 등의 파충류에 대하여 지금까지 우리나라와 외국에서 학술적으로 기록된 최신 정보를 바탕으로 가능한 한 이해하기 쉽게 전문가들에 의해 쓰여진 책입니다. 그동안 우리나라 야생 동물에 대한 잘못된 내용은 바로잡고 가장 최근에 밝혀진 종에 대한 정보를 상세히 전달하였으며, 되도록 쉽고 재미있게 서술하였습니다. 따라서 흥미를 가지고 관찰·학습을 통해 동물에 대한 궁금증을 푸는 데 도움이 될 수 있으며, 미래의 야생 동물 전문가를 꿈꾸는 어린이들의 자질을 키우는 데에도 큰 몫을 하리라고 자부합니다. 또한 저자들은 더 자세히 알고 싶은 독자들을 위해 저자에게 직접 연락할 수 있도록 장치를 마련하여 궁금한 내용에 대해 정확히 알 수 있도록 노력할 것을 약속합니다.

끝으로, 이 도감을 펴내는 데 많은 도움을 주신 모든 분들에게 감사의 말씀을 드립니다. 특히 국내외에서 구하기 어려운 귀한 박쥐 사진을 기꺼이 사용하도록 허락해 주신 일본 동양박쥐연구소와 고 무코야마(向山 滿) 씨에게 이 지면을 빌어 깊은 감사를 드립니다. 그리고 이 도감의 출판을 허락해 주신 교학사 양진오 사장님, 초기 도감 기획에 애쓰신 유홍희 전 이사님, 편집 책임을 맡은 황정순 부장님과 편집부 여러분에게 저자를 대표하여 감사를 드립니다.

대표 저자 한 상 훈

# 일러두기

1. 이 도감은 한반도에 살고 있는 야생 동물 중 포유류 · 양서류 · 파충류에 한정하여 186종(포유류 125종, 양서류 29종, 파충류 32종)을 12개 목으로 나누어 설명하였다.

2. 어린이들이 좀 더 관심 있어 할 만한 포유류를 앞쪽에 구성하였으며, 종의 순서는 분류군 체계에 맞추었다.

3. 해설은 종의 크기, 형태, 생태, 먹이, 사는 곳, 분포의 순으로 설명하였다. 그 밖에 특별히 강조할 만한 해설이나 재미있는 내용을 담은 '이야기 마당'과 멸종 위기 및 보호 현황 등의 정보를 실었다.

4. 각 종의 실제 크기를 나타내는 기준은 포유류의 경우 코끝에서 항문까지의 길이를 '몸길이'로 표시하고, '꼬리 길이'는 따로 표시하였다. 단, 바다 생물인 고래, 바다사자와 물범류는 '전체 길이'로 표시하였다. 양서류의 경우 코끝에서 항문까지의 길이를 '몸길이'로, 파충류의 경우 코끝에서 꼬리 끝까지의 길이를 '전체 길이'로 표시하였다.

5. 각 종마다 생태 사진을 실었으며, 고래류와 일부 사진이 없는 종에 대해서는 그림으로 나타내었다.

6. 부록 '동물 학습관'에는 동물의 진화와 분류 체계, 동물 지리 구분, 사육 방법, 관찰 방법, 우리나라에 사는 동물 종 목록과 고유종 목록을 싣고, 전문 용어에 대한 풀이를 실어 야생 동물 학습의 길잡이 역할을 하였다.

포유류/양서류/파충류 색 구분

과명
동물 이름
다른 이름
학명/영명

동물의 크기, 형태, 생태, 먹이, 사는 곳, 분포 등 꼭 필요한 정보를 항목별로 알기 쉽게 정리

포유류/양서류/파충류 구분

목명

번식기/겨울잠

동물에 관한 재미있는 읽을거리 및 정보

동물의 특징을 보여 주는 생생한 컬러 사진

사진 설명

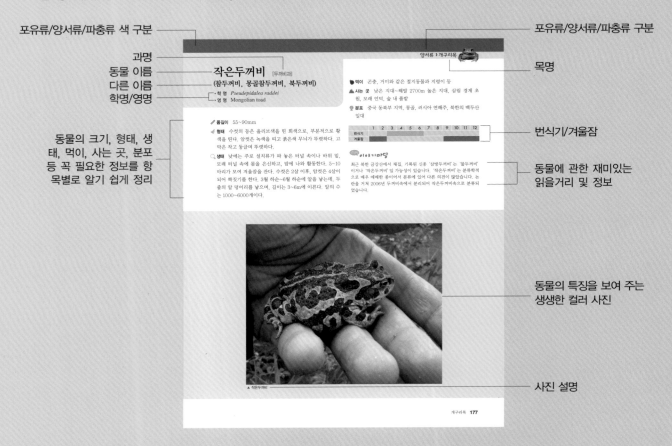

# 차 례

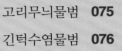

## 양서류

## 도롱뇽목(유미목)

## 개구리목(무미목)

# |포유류란

포유류란 '젖을 먹는 동물'을 말한다. 동물은 크게 척추동물과 무척추동물로 나누며, 척추골(脊椎骨)은 등뼈의 생김새에서 유래한 상형 문자로 동물의 몸의 생김새와 구조를 유지하는 중요한 기관이다. 프랑스의 생물학자 라마르크가 처음으로 등뼈가 있고 없음에 따라 동물계를 척추동물과 무척추동물로 구분하였다.

척추동물로 포유류를 정의하는 주요 특징은 다음과 같다.

첫째, 몸이 털로 덮여 있다. 단, 이빨고래류는 태아 시기에 머리의 일부에 털이 조금 있다.

둘째, 걸을 때 다리가 완전히 몸을 떠받친다.

셋째, 다른 동물에게는 없는 근육질의 가로막이 있어 가슴과 배 부위가 나뉜다.

넷째, 어미는 젖샘에서 젖을 분비하여 새끼를 키운다.

다섯째, 척추의 목뼈(경추)는 일반적으로 7개이다. 단, '듀공'의 경우 6개, '나무늘보'와 같은 빈치류는 6, 9, 10개를 지닌다.

여섯째, 고막의 진동을 내이에 전달하는 이소골이 3개이다. 파충류와 조류는 1개이다.

일곱째, 위턱과 아래턱에 있는 이빨의 수는 종류에 따라 일정하여, 앞니, 송곳니, 앞어금니, 어금니로 분화한다. 단, 이빨고래류에서는 같은 모양의 이빨이 나 있다.

여덟째, '오리너구리'와 같은 단공류를 제외하고는 소변을 보는 곳과 새끼가 나오는 구멍이 따로 열린다. 조류와 파충류는 하나의 구멍이다.

아홉째, 적혈구는 순환계에서 핵이 없고 생김새는 원반 모양이다. 다른 척추동물은 핵을 가진다.

열째, 단공류를 제외하고는 모두 새끼를 낳는다. 다른 척추동물의 경우, 일부 파충류를 제외하고는 모두 알을 낳는다.


우리나라의 포유류는 고슴도치목, 첨서목, 박쥐목, 식육목, 우제목(소목), 토끼목, 설치목(쥐목), 고래목의 8개 목에 약 125종이 있다. 이 중 고래목과 식육목의 바다사자과, 물범과를 제외하고는 땅에서 산다(단, 수달은 육지와 바다에서 생활한다). 포유류는 먹이도 다양해서 식물성 먹이를 먹는 초식 동물, 다른 동물을 잡아먹는 육식 동물, 초식과 육식을 모두 하는 잡식 동물이 있다.

초식 동물은 멧돼지를 제외한 우제목(소목)과 토끼목이 포함된다. 초식 동물들은 앞니가 튼튼해서 풀을 뜯기 좋고, 어금니는 단단한 에나멜질 부분이 복잡하게 휘어진 채로 접혀 있어 섬유질이 많은 먹이를 씹는 데 알맞게 발달하였다. 또 대부분의 우제목(소목) 동물들은 위가 네 부분으로 나뉘어 있어 식물성 먹이를 먹고 되새김질을 한다.

육식 동물은 첨서목, 박쥐목과 고래목, 그리고 식육목 가운데 바다사자과, 물범과, 족제비과, 고양이과 동물들로, 고기를 먹는 식육류와 곤충을 먹는 식충류로 나눌 수 있다. 식육류는 현재 생태계의 먹이사슬에서 가장 상위 포식자이다. 고기를 먹기 위해 이빨이 특수하게 발달하였는데, 위턱 넷째 번 앞어금니와 아래턱 첫째 어금니가 칼이 세로로 달린 것처럼 크게 발달하여, 마치 가위와 같이 고기를 자를 수 있다. 발가락에는 날카로운 갈고리 모양의 발톱이 있지만 수생 생활형 식육류에는 없는 경우도 있다. 식충류는 첨서목과 박쥐목 등 대부분 소형 동물로, 곤충과 다른 절지동물, 땅속에서 사는 다양한 무척추동물을 먹는다. 눈과 귀의 발달이 나쁜 첨서목 동물이 냄새로 먹이를 찾는 반면, 소리를 잘 듣는 박쥐는 초음파를 내서 반사하여 오는 공기의 진동을 귀로 구분해서 먹이를 찾는다.

　그 밖에 곰이나 오소리, 너구리, 멧돼지와 개과의 동물들은 잡식성이다. 벌레나 작은 동물을 잡아먹고, 열매가 많이 열리는 시기에는 열매를 먹는다.

## |포유류의 측정 부위

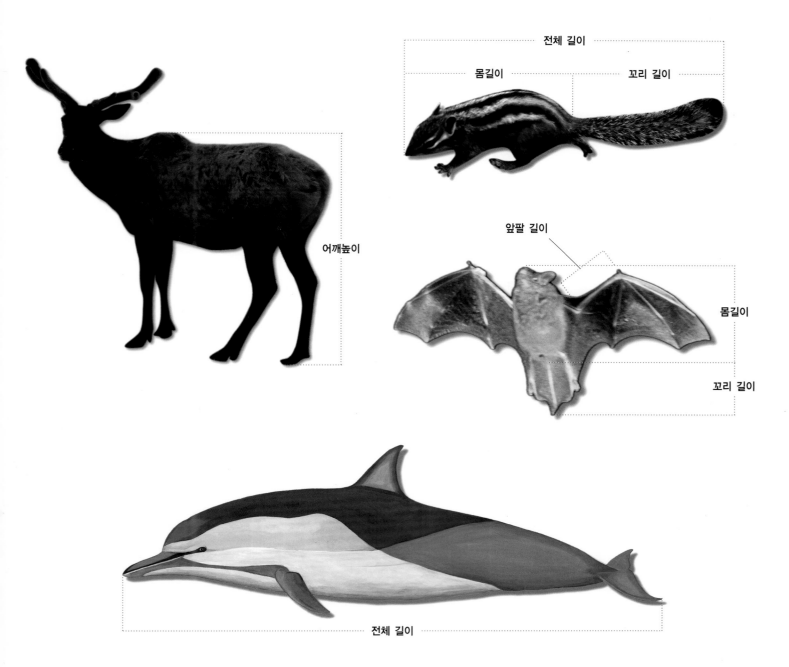

# 고슴도치목

몸은 전체 길이에 비해 너비가 넓어 짧고 뚱뚱한 형태이다. 눈과 귀, 후각이 발달되어 먹이를 찾는 데 중요한 기능을 담당한다. 몸의 등과 옆쪽은 가시처럼 생긴 털로 덮여 있고, 배는 약간 센털이 나 있다. 다리는 짧고 발가락의 수는 5개이다. 단독으로 생활하며, 적을 만나면 몸을 둥글게 모아 마치 밤송이와 같은 형태를 이루어 몸을 보호하는 행동을 한다.

곤충, 지렁이, 달팽이, 새알 등 주로 동물성 먹이를 먹으며, 식물의 열매·뿌리 등도 먹는다. 유럽·아시아 등지에 분포하며, 우리나라에는 1종이 살고 있다.

# 고슴도치 [고슴도치과]

- **학 명** *Erinaceus amurensis*
- **영 명** Amur hedgehog

▲ 고슴도치(경상북도 봉화)

▲ 먹이를 찾아 낮에 활동하기도 한다.

✏ **크기** 몸길이 20.5~25cm, 꼬리 길이 2~3.4cm, 몸무게 360~630g

🐾 **형태** 네발과 꼬리는 짧고, 몸통은 통통하다. 주둥이는 돼지처럼 뾰족하다. 등과 옆구리에 털이 변형되어 생긴 갈색과 흰색의 가시가 빽빽이 나 있다. 우리나라 포유류 가운데 유일하게 가시를 지니고 있다.

🔍 **생태** 야간에 주로 활동한다. 야산, 농경지, 삼림에 이르는 다양한 환경에서 살며, 도시의 산지 공원에서도 생활한다. 암수가 단독으로 생활하지만, 암컷은 새끼가 클 때까지 새끼들과 가족생활을 한다. 한 번에 2~4마리, 드물게 5마리 이상 새끼를 낳는다. 천적인 올빼미, 부엉이 등을 만나거나 위험에 처하였다고 생각되면, 네다리를 배 부위에 모아 공처럼 몸을 둥글게 하여, 등에 난 가시로 몸을 방어한다.

🍴 **먹이** 지렁이, 새알, 뱀, 수박, 오이, 참외 등

⛰ **사는 곳** 산림, 산지 과수원, 구릉

🌐 **분포** 중국 동북 지방, 러시아 연해주, 우리나라 섬 지역을 제외한 전국

🗨 **이야기마당**

최근 식충목에서 고슴도치목으로 개정되고, 우리나라 종은 동북아시아 특산종으로 재분류되었습니다. 자식은 부모에게는 모두 잘나 보인다는 뜻의 '고슴도치도 제 새끼는 예쁘다고 한다' 는 속담이 있습니다.

▲ 고슴도치(강원도 철원)

# 첨서목

몸이 작고 가늘다. 주둥이가 길고 뾰족하며, 눈과 귀가 작다. 발은 짧고 가늘며, 5개의 발가락이 있다. 갈고리 발톱은 작은 편이다. 대뇌는 발달 상태가 나쁘지만 냄새를 담당하는 뇌 부위는 잘 발달해 있다. 몸에는 부드러운 털이 촘촘하게 나 있다. 털 색깔은 검은색, 검은 갈색, 갈색 등이다. 몸의 아랫면은 흰색이나 회색 부분이 많다. 주로 곤충이나 작은 동물을 잡아먹는다.

우리나라에는 2과 4속 12종이 살고 있다.

# 땃쥐 [뒤쥐과]

- **학 명** *Crocidura lasiura*
- **영 명** Ussuri white-toothed shrew

📏 **크기** 몸길이 71~107mm, 꼬리 길이 약 40mm, 몸무게 13.9~25g

🐾 **형태** 북한을 포함한 우리나라 땃쥐류 가운데 가장 큰 종이다. 몸 빛깔은 회색빛을 띤 갈색이며, 머리와 등은 어두운 갈색, 배는 옅은 회색이다. 주둥이는 뾰족하게 길며, 귓바퀴는 뚜렷이 드러나 있다. 꼬리는 굵고 짧다. 겨울털은 길고 부드러우며 광택이 있고, 여름털은 겨울털보다 어두운 빛깔이다.

🔍 **생태** 주로 하천 및 논밭 주변의 덤불이나 낮은 산자락의 키 작은 나무 숲 등지에서 산다. 주로 밤에 활동하고, 무척추동물을 잡아먹는다. 계절에 따라 털갈이를 하는데, 9월 이전까지는 여름털을 지니며, 9월부터 겨울털이 난다. 봄과 여름에 걸쳐 번식하며, 한 번에 8~11마리의 새끼를 낳는다. 수명은 2~3년 이내이다.

🔴 **먹이** 곤충, 거미, 지렁이 등

⛰️ **사는 곳** 논밭, 이차림, 습지, 냇가

🌐 **분포** 동북아시아, 우리나라 제주도와 울릉도를 제외한 전국

### 🗨️ 이야기마당

'뒤쥐'와 달리 남방 계통 동물이어서 추위에 약합니다. 따라서 주로 낮은 지대에서 산답니다.

▲ 갓 태어난 새끼와 어미

▲ 주변을 탐색하는 모습

▲ 땃쥐

# 작은땃쥐 [뒤쥐과]

- **학 명** *Crocidura shantungensis*
- **영 명** Asian lesser white-toothed shrew

📏 **크기** 몸 길이 60~69mm, 꼬리 길이 35.4~48.2mm, 몸무게 6.4~8.5g

🐾 **형태** 우리나라 땃쥐류 가운데 가장 작은 종이다. 배는 잿빛 갈색이며, 등은 연한 갈색을 띤 잿빛 흰색이다. 꼬리 끝까지 긴 털이 듬성듬성 나 있다.

🔍 **생태** 낮보다 밤에 주로 활동한다. 내륙의 낮은 지대에서 중산간 지대에 살며, 제주도의 경우 해발 700m 이상의 숲 속과 계곡 주변에서도 산다. 배를 타고 먼 거리를 이동하는 특성이 있고, 우리나라의 경우에도 울릉도에 분포하는 '작은땃쥐'는 육지에서 최근에 이동한 것으로 밝혀졌다. 먹이 섭취량은 1회 1.5g 정도로, 하루에 몸무게의 3배가량 먹는 대식가로 알려져 있다. 겨울잠을 자지 않고, 여름에 짝짓기를 하며, 한 번에 최대 10마리의 새끼를 낳는다. 수명은 자연 상태에서 보통 12~15개월이다.

🍴 **먹이** 곤충, 거미, 지렁이 등

⛰️ **사는 곳** 낮은 지대 논밭 주변과 냇가의 탁 트인 땅, 삼림 지역

🌐 **분포** 아프리카 북부에서 유라시아 대륙, 우리나라 제주도와 울릉도를 포함한 전국

💬 **이야기마당**

최근 동아시아 지역의 '작은땃쥐'는 유럽 지역의 '작은땃쥐'와는 별개의 독립된 종으로 변경되었습니다. 우리나라에서는 2000년 10월 제주도 한라산 해발 700m 이상의 높은 지대에서 '작은땃쥐'가 살고 있는 것이 처음으로 확인되었습니다.

▲ 먹이를 찾고 있다.

▲ 작은땃쥐

# 제주땃쥐 [뒤쥐과]

- **학 명** *Crocidura dsinezumi*
- **영 명** Cheju white-toothed shrew

📏 **크기** 몸길이 61~84mm, 꼬리 길이 39~54mm, 몸무게 최대 12.5g

✋ **형태** 우리나라 땃쥐류 가운데 중형에 속하며, 일본산에 비해 조금 작다. 꼬리는 몸길이의 70% 정도 되며, 꼬리에는 짧은 털에 긴 털이 드문드문 나 있다. 등의 털색은 어두운 붉은 갈색으로부터 어두운 갈색이고, 배는 옅은 잿빛 갈색이다.

🔍 **생태** 4월 중순부터 주로 낮은 지대에서 살고, 해발 1000m 이상의 높은 지대에는 그 수가 적다. 암컷은 봄에 보통 3~4마리의 새끼를 낳으며, 수명은 대개 12개월 정도이다.

🍴 **먹이** 곤충, 갑각류, 지네, 거미

⛰ **사는 곳** 낮은 지대나 중산간 지대의 논밭, 초원 및 숲

🌐 **분포** 일본, 우리나라 제주도

💬 **이야기마당**

우리나라에는 제주도에서만 살고 있습니다. 언제 어떤 경로를 통해 우리나라에 정착되었는지 알려지지 않은 불가사의한 동물입니다.

▲ 제주땃쥐

---

# 뒤쥐 [뒤쥐과]

- **학 명** *Sorex caecutiens*
- **영 명** Laxmann's shrew

📏 **크기** 몸길이 48~78mm, 꼬리 길이 39~52mm, 몸무게 3~11g

✋ **형태** 우리나라 뒤쥐류 가운데 중형에 속한다. 여름털은 등이 어두운 붉은 갈색, 배는 회색 또는 옅은 갈색이고, 겨울털은 어두운 색이 강하다. 섬에 사는 '뒤쥐'는 내륙에 사는 종에 비해 꼬리가 약간 긴 것이 특징이다.

🔍 **생태** 일반적으로 삼림에 많이 살고, 초원에서도 산다. 낙엽층과 부식 토양층이 두꺼운 땅을 좋아하며, 땅 위에서 활동한다. 짝짓기는 주로 봄에 하며, 일부는 가을에 하기도 한다. 한 번에 보통 4~8마리의 새끼를 낳는다. 수명은 1년 남짓이며, 짝짓기 시기 외에는 암수가 따로 생활하고 어울리지 않는다.

🍴 **먹이** 곤충, 거미, 지네 등

⛰ **사는 곳** 산지의 숲

🌐 **분포** 유라시아 북부, 사할린, 쿠릴 열도, 일본 홋카이도, 우리나라 제주도를 포함한 전국

💬 **이야기마당**

몸의 크기, 몸빛, 두골, 이빨 등의 특징이 일본 고유종인 '신토뒤쥐 *Sorex shinto*'와 매우 유사합니다.

▲ 뒤쥐

# 백두산뒤쥐 [뒤쥐과]

- 학 명 *Sorex daphaenodon*
- 영 명 Large-toothed shrew

📏 **크기** 몸길이 55.4~69mm, 꼬리 길이 24.1~37.5mm, 몸무게 4.6~6g

🐾 **형태** '뒤쥐'와 매우 비슷하다. 몸집이 작고, 몸길이는 72mm를 넘지 않으며, 꼬리는 몸길이의 절반을 넘는다. 몸의 털색은 어두운 갈색이며, 꼬리의 윗부분도 어두운 갈색이나, 아랫부분은 옅은 누런빛을 띤 흰색이다. 앞발등의 색은 옅은 황색이다.

🔍 **생태** 땅 위에서 혼자 생활하며, 낮에도 활동하지만 밤에 가장 활동적이다. 식욕이 왕성하여 하루에 제 몸무게의 80~90%에 달하는 먹이를 먹는다. 여름에 새끼를 낳으며, 한 번에 4~6마리를 낳는다.

🍪 **먹이** 곤충

🏔 **사는 곳** 숲 및 산의 풀밭

🌐 **분포** 중국 동북부 및 러시아 연해주, 북한 백두산

### 📖 이야기마당

2001년 6월 백두산의 무포 숲에서 한 마리가 채집되어 우리나라에 살고 있음이 처음으로 확인되었습니다.

▲ 백두산뒤쥐

---

# 쇠뒤쥐 [뒤쥐과]

- 학 명 *Sorex gracillimus*
- 영 명 Slender shrew

📏 **크기** 몸길이 47~60mm, 꼬리 길이 40~51mm, 몸무게 1.5~5.3g

🐾 **형태** 우리나라 뒤쥐류 가운데 소형에 속한다. 머리는 작고 특히 주둥이 부위가 가늘고 길다. 등은 어두운 갈색이고, 배는 탁한 흰색 또는 은회색이다. 꼬리의 윗면은 어두운 갈색이고 아랫면은 옅은색이다. 꼬리는 긴 털로 덮여 있고 끝이 보리 이삭처럼 생겼다.

🔍 **생태** 주로 땅 위 낙엽층에서 살고, 각 개체는 따로 생활한다. 한 번에 6마리 전후의 새끼를 낳는다.

🍪 **먹이** 곤충 등 무척추동물

🏔 **사는 곳** 낮은 지대에서 높은 산에 이르는 초원~침엽 · 활엽수림 지대

🌐 **분포** 러시아 연해주에서 쿠릴 열도의 섬 지역 및 일본 홋카이도, 북한 북동부

### 📖 이야기마당

1983년 겨울에 지리산 피아골 연곡사 주변에서 채집되었다고 하나, 표본의 정확한 연구 발표는 아직까지 이루어진 적이 없습니다. 2001년 6월 백두산에서 2마리가 채집되었습니다.

▲ 쇠뒤쥐

# 큰발뒤쥐 [뒤쥐과]

• 학 명  *Sorex isodon*
• 영 명  Taiga shrew

📏 **크기**  몸길이 66.8~67.8mm, 꼬리 길이 42.6~43.1mm, 몸무게 7.5g

🐾 **형태**  우리나라 뒤쥐류 가운데 중형에 속하며, '큰발톱첨서'와 매우 비슷하다. 앞발가락의 발톱이 발달해 있다. 등은 여름에는 짙은 갈색이고, 겨울에는 검은 갈색이다. 배는 갈색 빛이 도는 회색이다. 꼬리는 끝 부분의 색이 진하다.

🔍 **생태**  계곡 주변의 숲에서 생활한다. 이 종이 채집된 지역에서 다른 뒤쥐, 큰첨서 2종도 함께 채집되었다. 국내에서 아직 생태에 관한 연구가 이루어지지 않았다.

🍴 **먹이**  곤충, 지렁이 등 무척추동물 또는 절지동물

⛰ **사는 곳**  숲

🌐 **분포**  러시아 연해주, 사할린, 우리나라 백두 대간

💬 **이야기마당**

1999년 10월 강원도 오대산에서 처음 채집되어, 한반도 미기록종으로 보고되었습니다.

▲ 큰발뒤쥐

# 큰첨서 [뒤쥐과]

• 학 명  *Sorex mirabilis*
• 영 명  Giant shrew

📏 **크기**  몸길이 76~91.6mm, 꼬리 길이 67.8~72mm, 몸무게 9.8~16.1g

🐾 **형태**  우리나라(북한 포함) 뒤쥐류 가운데 가장 큰 종이다. 앞·뒷발은 비교적 튼튼하다. 몸의 털은 가늘고 유연하며 길다. 등은 어두운 갈색이며, 배의 털은 비교적 짧고 옅은 회색을 띤다. 꼬리는 두 가지 색으로, 윗부분은 어두운 갈색, 아랫부분은 누런빛을 띤 흰색이다.

🔍 **생태**  높은 산 기슭의 바위가 많은 곳에서 산다. 개체 수가 매우 적으며, 생태는 잘 알려져 있지 않다. 1년에 한 번 4~6 마리의 새끼를 낳는다.

🍴 **먹이**  곤충 또는 유충

⛰ **사는 곳**  숲

🌐 **분포**  중국 동북부, 러시아 극동 지역, 우리나라 중북부 해발 1500m 이상 산악 지대

💬 **이야기마당**

1997년 8월과 1999년 10월 강원도 북부 산의 숲에서 처음 채집되어 남한에서도 살고 있는 것이 확인되었습니다.

▲ 큰첨서

# 꼬마뒤쥐 [뒤쥐과]

- **학 명** *Sorex minutissimus*
  *Sorex minutissimus ishikawai* (아종)
- **영 명** Eurasian least shrew

📏 **크기** 몸길이 44.5~51.4mm, 꼬리 길이 31~36.5mm, 몸무게 1.7~2.8g

🐾 **형태** 세계에서 가장 작은 포유동물이다. 두골이 매우 작고, 다리와 꼬리가 짧다. 여름털은 등이 어두운 갈색이고, 배는 은빛을 띤 회색이다. 꼬리는 두 가지 색으로, 위쪽은 어두운 갈색, 아래쪽은 옅은 갈색이다.

🔍 **생태** 우리나라에서는 중부 내륙 해발 1500m 이상의 산지 숲에서만 사는 것으로 알려져 있으나, 국외에서는 높은 곳의 습원, 초원 지대, 경작지 부근의 돌무덤 주변 등 다양한 환경에서 사는 것으로 알려져 있다. 뒤쥐 군집 내에서 매우 세력이 약하고, 개체 수도 극히 적으며, 생태에 관하여 거의 알려져 있지 않다.

🍪 **먹이** 곤충 등 절지동물

⛰️ **사는 곳** 산지의 숲, 습원, 초원

🌐 **분포** 유라시아 대륙 북부, 사할린, 쿠릴 열도, 일본 홋카이도, 우리나라 오대산과 설악산

1982년과 1986년에 오대산과 설악산에서 일본인 곤충 학자에 의해 채집되어 국내에서도 살고 있음이 밝혀졌습니다.

▲ 꼬마뒤쥐 얼굴

▲ 꼬마뒤쥐

▲ 몸길이가 어른 새끼손가락 만하다.

# 긴발톱첨서 [뒤쥐과]

- **학 명** *Sorex unguiculatus*
- **영 명** Long-clawed shrew

🔖 **크기** 몸길이 54~97mm, 꼬리 길이 40~53mm, 몸무게 최대 20g 이하

🐾 **형태** 우리나라 뒤쥐류 가운데 대형에 속한다. 앞발이 크고 발톱이 긴 것이 특징이다. 꼬리는 짧다. 여름털은 등이 어두운 갈색, 배는 옅은 갈색을 띤다. 겨울털은 어두운 갈색이 강하다. 어린 새끼는 앞발 위쪽과 꼬리가 털로 덮여 있지만, 태어난 다음 해 여름~가을까지 살아남은 늙은 개체는 털이 빠지고 피부가 드러난다.

🔍 **생태** 뒤쥐류 가운데 유일하게 반지하성 종으로 진화하여, 부식 토양층을 매우 잘 이용한다. 번식기 이외에는 암수 모두 세력권을 달리한다. 암컷은 4~10월 한 번에 3~8마리의 새끼를 낳는다. 수명은 야생 상태에서 최대 18개월로, 수컷에 비해 암컷이 조금 더 오래 산다.

🍪 **먹이** 소형 곤충, 지렁이, 다족류 등

⛰️ **사는 곳** 초원에서 삼림에 이르는 다양한 환경, 특히 낙엽층과 부식 토양층이 두꺼운 숲

🌐 **분포** 동북아시아, 북한 동북부

💬 **이야기마당**

북한의 높은 산에 살고 있는 것으로 알려져 있습니다. 남한에서는 1983년 겨울에 지리산 피아골 연곡사 부근에서 채집되었다는 정보가 있으나, 아직 학술적으로 보고된 적은 없습니다.

▲ 긴발톱첨서

# 갯첨서 [뒤쥐과]

- **학 명** *Neomys fodiens*
- **영 명** Northern water-shrew

📏 **크기** 몸길이 76~87mm, 꼬리 길이 60~71mm, 몸무게 8.2~24.2g

🐭 **형태** 전형적인 쥐의 형태와 매우 닮았다. 꼬리 길이는 몸길이의 70~90%에 달한다. 등과 배는 서로 다른 털색을 지니고 있어 경계가 뚜렷하다. 등은 검은색, 검은 갈색 또는 갈색이며, 배는 갈색과 회색빛을 띤 흰색 털이 나 있다. 배의 털색은 여름에는 갈색 또는 오렌지색을 띤 흰색이다. 눈 뒤에 흰 반점이 있다. 꼬리는 갈색 또는 검은 갈색이며, 끝은 흰색이다.

🔍 **생태** 평지의 하천, 강, 저수지, 늪지로부터 해발 2600m의 높은 산 숲의 계곡까지 산다. 물속에 잠수하여 먹이를 잡아먹는 수서 생활형이다. 계곡에서는 상류에서 하류로 물 흐름을 따라 유영하거나 고인 웅덩이에서 먹이를 찾아 헤엄친다. 강기슭의 땅속 또는 바위틈 속 구멍에 마른 식물의 줄기나 낙엽 등을 깔고 보금자리를 만든다. 겨울에도 겨울잠을 자지 않고, 얼지 않은 늪과 연못 근처, 물웅덩이의 양지 쪽에 잠자리를 만들어 생활한다. 6월 말부터 7월 중순까지 한 번에 4~14마리, 평균 6~8마리의 새끼를 낳는다.

🍴 **먹이** 물고기, 수서 곤충 등

⛰ **사는 곳** 높은 산 숲의 계곡

🌐 **분포** 유럽~아시아 북부, 우리나라 강원도 이북

💬 **이야기마당**

1953년 북한의 량강도 풍서군에서 처음으로 채집되었습니다. 북한 북부 고원 지대의 하천에만 분포하는 것으로 알려져 왔으나, 2007년 강원도 점봉산 골짜기에 살고 있는 것이 확인되었습니다.

▲ 갯첨서의 집이 있는 바위

▲ 갯첨서

# 두더지 [두더지과]

- **학 명** *Mogera wogura*
- **영 명** Far-eastern Asian lesser mole

**크기** 몸길이 125~185mm, 꼬리 길이 14~27mm, 몸무게 48~175g

**형태** 몸은 원통형이고 목 부분이 뚜렷하지 않다. 주둥이는 가늘고 긴데, 그 끝과 윗면은 피부가 겉으로 드러나 있다. 눈은 매우 작아서 피부 밑에 묻혀 있으며, 귓바퀴는 없다. 앞다리는 짧고, 발바닥은 매우 커서 길이와 너비가 거의 같으며, 5개의 길고 큰 발톱이 있어서 전체가 삽 모양을 띤다. 뒷다리는 작다. 몸의 털은 부드럽고 곧게 서며, 색깔은 어두운 갈색 또는 검은 갈색이다. 이빨은 매우 날카롭다.

**생태** 초원과 농경지 또는 산의 숲에 산다. 땅속에 복잡한 터널을 만들어 번식기를 제외하고는 혼자 생활한다. 곤충과 지렁이가 주식이나 식물의 씨앗도

먹는다. 일반적으로 봄에 한 번 2~6마리의 새끼를 낳는다. 수명은 3~4년, 최대 10년이다.

**먹이** 지렁이, 곤충, 유충, 연체동물 등

**사는 곳** 초원과 숲, 농경지 땅속의 굴

**분포** 일본, 중국 동북부, 러시아 연해주 남부, 우리나라 제주도와 울릉도를 제외한 전국

## 이야기마당

'두더지 혼인 같다' 는 우리나라 속담이 있습니다. 한 두더지가 가장 훌륭한 사윗감을 구하러 다니다가 결국 같은 종의 사위를 선택하는 내용의 설화에서 나온 말로, 분수에 넘치는 엉뚱한 희망을 갖는 것을 비유한 말입니다.

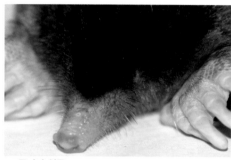

▲ 두더지 얼굴

▲ 지렁이를 먹고 있다.

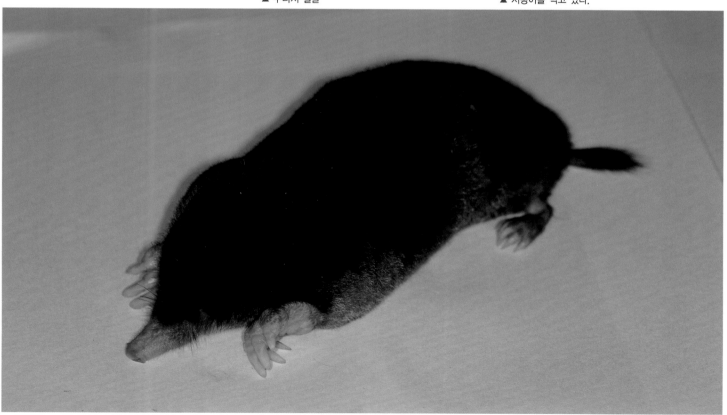

▲ 두더지

# 박쥐목

　박쥐는 우리 생활 주변의 야행성 동물 가운데 가장 대표적인 포유동물이다. 현생 포유동물 중에서 유일하게 스스로 날 수 있는 능력을 지닌 박쥐를 새로 착각하는 사람도 있다. 새와 포유동물의 가장 큰 차이는 알을 낳는지, 새끼를 낳는지 여부에 달려 있는데, 박쥐는 새끼를 낳고 젖을 먹여 키운다. 몸에 털이 나 있는 것도 포유동물로서 중요한 특징이다. 박쥐의 날개에는 사람의 손과 같이 손가락뼈가 5개 있으며, 손가락 사이의 피부막이 늘어나 날개와 같이 발달한 비막이 있는데, 비막을 자세히 관찰하면 가는 모세 핏줄이 보인다.

　박쥐류는 다양한 장소에서 생활하나 주로 동굴이나 나무 구멍에 사는 종류가 많다. 박쥐가 사는 동굴에는 천연적으로 만들어진 종유석 동굴, 용암에 의해 형성된 용암 동굴이나 바위의 갈라진 틈새, 광산의 낡은 폐광, 전쟁의 방공호, 각종 배수 터널 등이 있다. 나무 구멍을 이용하는 박쥐도 많아서 우리나라의 박쥐 가운데 약 절반 이상이 나무 구멍을 이용하는 것으로 알려져 있다. ‘집박쥐’는 집의 천장, 지붕 틈새 등을 이용하여 생활한다. 박쥐들은 이러한 동굴이나 나무 구멍 등에 거꾸로 매달려 잠을 자며, 밤에는 밖에 나와서 먹이 활동을 한다.

　박쥐는 시력이 좋지 않은 대신 소리를 잘 듣는다. 사람의 귀로는 느끼지 못하는 소리 영역인 초음파를 내서 물건으로부터 반사하여 오는 공기의 진동을 귀로 구분해서 방향을 알아내고 먹이를 찾는다. 새끼는 주로 여름에 1~2마리를 낳는데, 이때에는 보통 어미와 새끼들만으로 포육 집단을 이루며, 어미는 소리를 통해 자신의 새끼를 찾아 젖을 먹인다.

　박쥐는 남극과 북극을 제외한 전 세계에 널리 분포하며, 종 수는 대략 1116종으로 포유동물 가운데 약 24%를 차지한다. 이는 설치류(쥐 및 청설모 무리 약 2277종)의 뒤를 이어 두 번째로 많은 종 수이다. 우리나라에는 23종의 박쥐가 있고, 우리나라 육상 야생 포유동물의 약 25%를 차지한다.

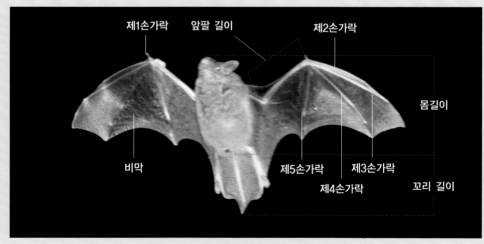

[박쥐의 구조]

# 관박쥐 [관박쥐과]

- **학 명** *Rhinolophus ferrumequinum*(한국 아종 *R. f. korai*)
- **영 명** Greater horseshoe bat

📏 **크기** 몸길이 63~82mm, 귀 길이 20~26mm, 꼬리 길이 35~45mm, 앞팔 길이 56~65mm, 몸무게 17~35g

🐾 **형태** 몸 윗면의 털색은 어두운 회색빛을 띤 갈색, 아랫면은 회색빛을 띤 흰색이다. 어릴수록 회색빛이 어둡다. 비막과 귀는 반투명하며, 검은 갈색이다. 비막은 종아리 아랫부분 또는 발목에 붙어 있다. 코의 주름이 매우 잘 발달해 있다.

🔍 **생태** 동굴에서 생활하며, 밤늦게 활동한다. 해가 지고 30분 정도 지난 후나 해 뜨기 직전에 집중적으로 먹이를 잡아먹는다. 먹이를 찾는 장소는 하천, 평지, 구릉, 삼림, 초원 등이다. 겨울에는 암수가 따로 겨울잠을 자며, 뒷발로 매달려서 머리를 밑으로 하고 귀를 접고 날개로 온몸을 감싸고 잔다. 가을부터 봄에 걸쳐 짝짓기를 하며, 암컷은 6월 중순~7월에 특정 동굴에서 포육 집단을 이루고 1마리의 새끼를 낳는다. 태어난 새끼는 4일 후에 눈을 뜨고, 3주가 지나면 비상할 수 있으며, 7~8주가 지나면 어미로부터 독립한다. 태어난 지 만 3년이 되면 번식이 가능하다. 수명은 최대 30년으로 우리나라 박쥐 가운데 가장 장수하는 종이다.

🐞 **먹이** 나방, 딱정벌레, 파리, 벌 등의 곤충

⛰️ **사는 곳** 하천, 호수, 초원, 숲

🌐 **분포** 유라시아 대륙, 우리나라 제주도를 포함한 전국

**이야기마당**

겨울잠을 잘 시기에는 수십~수천 마리가 큰 무리를 이루어 겨울을 나며, 우리나라 어디에서든 가장 흔하게 볼 수 있는 박쥐랍니다.

▲ 관박쥐

▲ 관박쥐 얼굴

▲ 관박쥐 무리

# 큰수염박쥐 [애기박쥐과]
## (윗수염박쥐)

- **학 명** *Myotis gracilis*
- **영 명** Ussuri whiskered bat

✏️ **크기** 몸길이 39~46mm, 귀 길이 10~15mm, 꼬리 길이 35~45mm, 앞팔 길이 32~37mm, 몸무게 4~7g

🦇 **형태** 배는 연한 잿빛 갈색이고, 등은 검은 갈색이다. 몸 윗면 털의 끝 부분은 광택이 나는 황금색을 띤다. 주둥이, 귀, 비막 등은 검은 갈색이다. 귀는 길고 끝이 둥글다. 꼬리는 길어서 몸길이와 거의 같으며, 비막은 뒷발의 바깥쪽 발가락 기부에 달라붙어 있다.

🔍 **생태** 고목의 나무 구멍에서 생활하나 숲 속 인가에서 번식한 사례도 있다. 나는 속도가 매우 빠르며, 다른 종류와 섞이지 않는다. 해가 지기 시작하는 이른 초저녁부터 활동을 시작하며, 잎이나 가지에 앉아 있는 작은 곤충이나 거미 등을 잡아먹는다. 보통 6월 말부터 7월 초에 1마리의 새끼를 낳는다. 새끼들이 독립하는 8월에는 암컷과 수컷이 같이 생활한다. 대부분의 암컷은 태어난 지 15개월이 되면 성적으로 성숙한다.

🍪 **먹이** 파리·나방·모기 등의 곤충

⛰️ **사는 곳** 나무 구멍

🌐 **분포** 일본 홋카이도, 유럽에서 시베리아 일대, 우리나라

북한에서는 '윗수염박쥐' 라고 합니다. 과거 채집 기록만 있고, 최근의 조사에서는 파악되지 않고 있습니다. '쇠큰수염박쥐', '대륙쇠큰수염박쥐' 와 형태가 매우 유사하여 구별이 쉽지 않습니다.

▲ 야간 활동을 위해 잠자리에서 나온 모습

▲ 큰수염박쥐

# 대륙쇠큰수염박쥐 [애기박쥐과]

- **학 명** *Myotis aurascens*
- **영 명** Siberian whiskered bat

▲ 대륙쇠큰수염박쥐 꼬리 비막

📏 **크기** 몸길이 39~51mm, 귀 길이 13~15.5mm, 꼬리 길이 30~44mm, 앞팔 길이 34~39mm, 몸무게 4~9.5g

🦇 **형태** 몸의 털은 검은 갈색, 털 끝은 금속 광택을 띤다. 예전에는 '쇠큰수염박쥐'와 구별이 어려웠으나, 최근 비막의 혈관 주행 방향의 차이를 발견하여 구분이 쉬워졌다.

🔍 **생태** 논밭이나 숲을 가로질러 흐르는 하천 및 계곡에서 먹이를 찾는다. 두세 마리에서 수십 마리가 집단으로 겨울잠을 자거나 때때로 이동하는데, 최대 이동 거리가 230km이다. 수명은 평균 4년이고 최대 19년이다.

🍓 **먹이** 나방, 모기 등 야행성 곤충

⛰️ **사는 곳** 하천, 숲, 농촌 전원 지대

🌐 **분포** 중앙 시베리아~한반도, 우리나라 제주도를 제외한 전국

▲ 대륙쇠큰수염박쥐(수컷) 얼굴

이야기마당

2004년 유럽부터 동아시아 지역에 서식하는 이 종과 비슷한 종들의 계통 분류학적 연구 재검토 결과, 우리나라에 살고 있는 것이 새롭게 밝혀졌습니다.

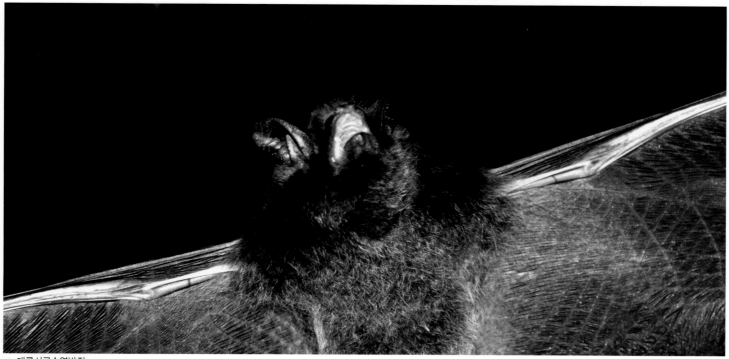
▲ 대륙쇠큰수염박쥐

# 우수리박쥐 [애기박쥐과]

- **학 명** *Myotis petax* (한국 아종 *M. p. ussuriensis*)
- **영 명** Ussuri daubenton's bat

📏 **크기** 몸길이 41~56mm, 귀 길이 13~14mm, 꼬리 길이 33~42mm, 앞팔 길이 34~39mm, 몸무게 5~10g

🦇 **형태** 몸의 털색은 검은 갈색이다. 꼬리가 길고, 발은 비교적 크다. '큰발윗수염박쥐'와 비슷하게 생겼으나 비막이 뒷발의 바깥쪽 중앙에 이르는 점이 다르다.

🔍 **생태** 호수, 하천 주변의 숲에서 살며, 동굴, 나무 구멍, 인가 등에서 휴식한다. 100km 정도의 비교적 짧은 거리를 이동하며, 초여름에 1마리의 새끼를 낳는다. 수명은 평균 4~4.5년이고, 최대 29년이다.

🍪 **먹이** 수서 곤충

⛰ **사는 곳** 숲, 하천

🌐 **분포** 동아시아, 우리나라 제주도를 포함한 전국

💬 **이야기마당**

최근 유럽 지역의 '물윗수염박쥐 *Myotis daubentonii*'와 별개의 종으로 분류되었습니다.

▲ 우수리박쥐 얼굴

▲ 우수리박쥐(수컷)

▲ 우수리박쥐(암컷)

▲ 우수리박쥐

# 붉은박쥐 [애기박쥐과]

- **학 명** *Myotis rufoniger* (한국 아종 *M. r. tsuensis*)
- **영 명** Red and black myotis

✎ **크기** 몸길이 45~70mm, 귀 길이 16~18mm, 꼬리 길이 43~52mm, 앞팔 길이 45~52mm, 몸무게 15~30g

🦇 **형태** 몸의 털, 비막의 일부는 선명한 오렌지색을 띤다. 귀 막에는 검은 반점이 있고, 귀는 가늘고 길며, 끝이 뾰족하고 바깥쪽을 향하여 조금 굽어 있다. 귀 가장자리는 검은색으 로 둘러져 있다.

🔍 **생태** 숲에서 주로 생활하며, 봄부터 가을에 걸쳐 주로 나뭇 잎이 무성한 가지에서 휴식하고 잠을 잔다. 혹은 사람이 사 는 집이나 동굴에 들어가는 경우도 많다. 새끼는 여름에 1마 리를 낳는다. 온도가 높은 동굴에서 겨울잠을 자며, 다른 박 쥐보다 일찍 겨울잠에 들어가 늦게 깨어난다.

🐞 **먹이** 나방, 날도래 등 야행성 곤충

⛰ **사는 곳** 숲

🌐 **분포** 서아시아~동아시아, 우리나라 제주도를 포함한 전국

💬 **이야기마당**

선명한 오렌지색이 황금색으로도 보여 '오렌지윗수염박쥐' 또는 '황 금박쥐'라고도 합니다. 1960~70년대 유명한 애니메이션인 '황금박 쥐'의 주인공 모델이 된 동물로도 널리 알려져 있답니다. [천연기념물 제452호, 멸종위기야생생물 Ⅰ급]

▲ 붉은박쥐

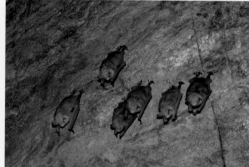

▲ 겨울잠 자는 모습

▲ 비막을 펼친 모습

# 긴꼬리수염박쥐 [애기박쥐과]

- 학 명 *Myotis frater*
- 영 명 Long-legged whiskered bat

🖊 **크기** 몸길이 44~56mm, 귀 길이 11.5mm, 꼬리 길이 38~47mm, 앞팔 길이 36~41mm, 몸무게 6~11g

🐾 **형태** 몸 윗면의 털색은 어두운 갈색, 아랫면은 상아색이다. 비막과 귀는 검은 갈색이다. 몸에 비해 다리와 꼬리가 길다. 다른 '윗수염박쥐'와 달리 아랫다리 부위의 길이가 18mm 이상이어서 구별이 쉽다.

🔍 **생태** 숲에서 산다. 주로 나무 구멍에서 잠을 자고 짝짓기를 하며, 드물게 절의 천장 등에서 새끼를 낳기도 한다. 하천과 강에서 먹이를 구하지만, 전등 아래나 수풀의 나무 위에서도 먹이를 잡는 모습을 볼 수 있다. 북부에서는 평지에서도 활동하지만, 남부에서는 높은 산의 숲에서 활동한다. 북부 지역의 경우, 7월에 1마리의 새끼를 낳는다.

🦟 **먹이** 나방, 모기 등 야행성 곤충

⛰ **사는 곳** 낮은 지대에서 높은 지대의 숲, 호숫가의 숲

🌐 **분포** 중부 시베리아~동북아시아, 우리나라 섬 지방을 제외한 전국

### 이야기마당

국내에서는 생태에 대한 연구가 전혀 이루어지지 않은 박쥐로 쉽게 발견되지 않지만, 외국에서는 나무 구멍 이외에 동굴이나 인가 등에서 겨울잠을 자고 번식한 사례가 알려져 있습니다.

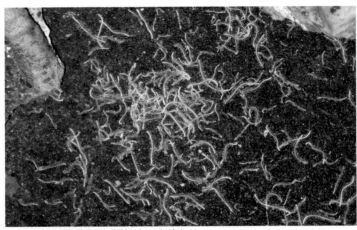

▲ 박쥐의 배설물에 동굴 생물들이 모여 있다.

▲ 긴꼬리수염박쥐

# 쇠큰수염박쥐 [애기박쥐과]
## (작은윗수염박쥐)

- **학 명** *Myotis ikonnikovi*
- **영 명** Ikonnikovi's whiskered bat

✏️ **크기** 몸길이 40~55mm, 귀 길이 12.5~13mm, 꼬리 길이 32~41mm, 앞팔 길이 31~37mm, 몸무게 4~8g

🐾 **형태** '큰수염박쥐'와 비슷하게 생겼지만 크기가 더 작고 귀, 머리뼈, 주둥이 등이 더 짧다. 몸의 털색은 검은 갈색이며, 몸 윗면의 털 끝은 금색의 금속 광택을 띠지만 뚜렷하지 않다. 귓기둥은 귀 길이의 1/2 이하이다. 비막과 귀는 검은 갈색이다.

🔍 **생태** 남부에서는 높은 산지의 자연림에서 생활하며, 북부에서는 낮은 지대에서도 관찰된다. 6월경부터 포육 집단(최대 100마리)을 이루어 7월 초 1마리의 새끼를 낳는다. 아직 정확한 생태에 대한 연구가 부족한 종이다.

🐛 **먹이** 곤충 등

⛰️ **사는 곳** 산의 숲

🌐 **분포** 동북아시아(시베리아 동부, 사할린, 한반도, 일본), 우리나라 제주도를 포함한 전국

💬 **이야기마당**

꼬리 비막의 혈관 주행 형태에 의해 '큰수염박쥐'와 구별이 가능하답니다.

▲ 위에서 본 모습

▲ 쇠큰수염박쥐

▲ 쇠큰수염박쥐 얼굴

▲ 잠자리인 나무 구멍에서 나온 모습

# 큰발윗수염박쥐 [애기박쥐과]

- **학 명** *Myotis macrodactylus*
- **영 명** Large-footed bat

📏 **크기** 몸길이 44~63mm, 귀 길이 12~15mm, 꼬리 길이 32~45mm, 앞팔 길이 34~41mm, 몸무게 6~11g

✋ **형태** 몸의 털색은 잿빛을 띤 검은 갈색이며, 배는 등에 비해 희다. 귀는 가늘고 길다. 뒷발이 길이 9~13mm로 커서 종아리 길이의 절반 이상이고, 종아리에는 흰 털이 섞여 나 있다.

🔍 **생태** 자연 동굴 이외에 폐광이나 터널 등에서 발견된다. 네 발을 교묘하게 이용하여 잘 기어 다니며, 바위틈에 잘 들어간다. 1마리에서 수십~수백 마리가 모여 잠을 자며, 잠자리 환경에 따라 무리의 크기가 달라진다. 호수, 저수지, 하천 위에서 먹이 활동을 하는 경우가 많으며, 때로는 하천 주변 바위틈에 들어가 휴식하기도 한다. 여름에 암수가 모여 포육 집단을 이루며, 1마리의 새끼를 낳는다. 대개 2살쯤 처음 새끼를 낳고, 최대 16년 이상 살기도 한다.

🦋 **먹이** 곤충

⛰️ **사는 곳** 숲, 하천, 섬 지역

🌐 **분포** 유럽, 아프리카, 동아시아, 우리나라 제주도를 포함한 전국

💬 **이야기마당**

'관박쥐'와 함께 우리나라에서 가장 널리 분포하는 종입니다.

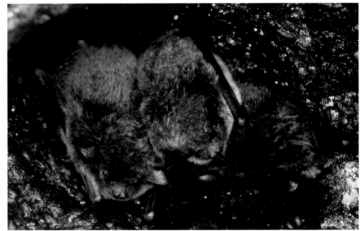

▲ 바위틈에 여러 마리가 모여 겨울잠을 자는 모습

▲ 큰발윗수염박쥐

# 아무르박쥐 [애기박쥐과]
## (흰배윗수염박쥐)

- **학 명** *Myotis nattereri*
- **영 명** Natterer's bat

✎ **크기** 몸길이 42~55mm, 귀 길이 14~20mm, 꼬리 길이 38~49mm, 앞팔 길이 36~46mm, 몸무게 5~12g

✋ **형태** 몸의 털색은 잿빛 갈색이고, 배는 희다. 귀와 비막은 밝은 잿빛 갈색이다. 귀가 매우 길고, 코는 위로 솟아난 것처럼 보인다. 꼬리 부분의 비막 가장자리에 털이 줄지어 나 있다.

🔍 **생태** 대체로 한 지역에 자리를 잡고 살며, 주로 숲이나 숲 가장자리에서 활동한다. 암컷은 여름에 수십~200마리의 포육 집단을 이룬다. 암컷은 태어나 만 1년이 지난 후부터 매년 1마리의 새끼를 낳는다. 겨울철에는 집단으로 모여 겨울잠을 자는 경우가 많다. 최대 이동 거리는 90km이다. 최대 수명은 20년이다.

🕷 **먹이** 작은 곤충과 거미

⛰ **사는 곳** 낮은 산에서 높은 산까지의 숲, 드물게 전원 지역

🌐 **분포** 동아시아, 우리나라 제주도를 포함한 전국

내륙보다 제주도에서 흔히 관찰되며, '긴가락박쥐'와 같은 자연 동굴을 이용하는 경우가 많습니다.

▲ 비막을 펼친 모습

▲ 아무르박쥐 무리

▲ 겨울잠 자는 모습

▲ 아무르박쥐

▲ 아무르박쥐 얼굴

# 문둥이박쥐 [애기박쥐과]

• 학 명 *Eptesicus serotinus*
• 영 명 Common serotine

📏 **크기** 몸길이 62~82mm, 귀 길이 12~22mm, 꼬리 길이 39~59mm, 앞팔 길이 48~57mm, 몸무게 14~35g

🐾 **형태** 대형 종이다. 몸의 털색은 어두운 갈색 또는 붉은 갈색이다. 귀는 크고 끝은 완만한 곡선을 이루며, 귓기둥은 둥글고 작다. 주둥이는 마치 개처럼 얼굴 앞으로 돌출해 있으며, 이빨은 날카롭고 크다.

🔍 **생태** 집, 병원, 학교 등의 지붕이나 기와, 처마 등에서 수십~수백 마리가 모여 생활한다. 여름철 해 진 지 1시간 후부터 활동하기 시작하는데, 최대 330km까지 이동한 기록이 있다. 여름에는 해발 900m, 겨울에는 해발 1100m 지점까지 살았던 기록이 있다. 6~7월에 포육 집단을 이루어 1마리의 새끼를 낳는다. 최대 수명은 19년.

🍪 **먹이** 나방, 강도래, 딱정벌레 등

🏔 **사는 곳** 낮은 지대의 인가, 다리 등

🌐 **분포** 유럽~아시아, 우리나라 섬 지방을 제외한 전국. 북위 55도가 서식 북한계선

 **이야기마당**

시골의 오래된 민가에 많이 살고 있습니다.

▲ 다리 아래에서 휴식하고 있는 모습

▲ 나무에 매달려 있는 문둥이박쥐

▲ 경계하는 모습

▲ 문둥이박쥐

# 생박쥐 [애기박쥐과]

- **학 명** *Eptesicus nilssonii*
- **영 명** Northern bat

✏️ **크기** 몸길이 55~65mm, 귀 길이 13~17.5mm, 꼬리 길이 35~43mm, 앞팔 길이 37.5~42.5mm, 몸무게 8~18g

☁️ **형태** 몸의 형태는 사각형이다. 몸의 털색은 갈색이며, 끝은 금속 광택을 띤다. 밝은 빛에서는 목둘레에 옅은 누런색 띠가 보인다. 비막은 좁고 긴 편이며, 귀는 밑이 넓은 타원형이다.

🔍 **생태** 산기슭 언덕이나 산간 숲의 확 트인 땅, 또는 인가에서 생활하며, 해발 2290m 지점에서 발견된 기록이 있다. 여름에는 주로 바위틈이나 지붕 등에서 잠을 잔다. 7월에 가장 많이 새끼를 낳으며, 한 번에 1마리를 낳는다. 최대 수명은 15년이다.

🍽️ **먹이** 날도래, 나방 등 야행성 곤충

⛰️ **사는 곳** 초지와 하천, 강, 산기슭의 언덕, 인가

🌐 **분포** 유럽~동아시아, 우리나라 섬 지방을 제외한 전국

'작은졸망박쥐' 라고도 합니다. 전국적으로 분포하는 것에 비해 서식 기록이 매우 드문 박쥐입니다.

▲ 숲 속에서 쉬고 있는 모습

▲ 생박쥐

# 고바야시박쥐 [애기박쥐과]
## (서선졸망박쥐)

- **학 명** *Eptesicus kobayashii*
- **영 명** Kobayashi's serotine

📏 **크기** 몸길이 61mm, 귀 길이 17~19mm, 꼬리 길이 46mm, 앞팔 길이 45.5mm(이상 평양산 수컷 모식 표본의 경우)

🦇 **형태** '문둥이박쥐'와 닮았지만 앞팔 길이가 짧고, 몸과 귀가 더 작으며, 손가락도 더 길다. 또한 머리뼈의 너비도 더 넓고, 귀가 두껍고 안에 옆주름이 있다.

🔍 **생태** 정확한 생태에 대해 알려진 것이 없지만 졸망박쥐류와 같은 생활을 하고 있는 것으로 추측된다.

🐛 **먹이** 나방 등 야행성 곤충

⛰ **사는 곳** 낮은 지대의 민가, 강, 산의 하천

🌐 **분포** 한반도 중부의 서쪽~남부

💬 **이야기마당**

우리나라에서만 알려져 있는 고유종이나 채집된 사례는 겨우 서너 차례에 불과합니다. 일부 학자에 의해 다른 종일 가능성도 제기되고 있습니다.

---

# 북방애기박쥐 [애기박쥐과]

- **학 명** *Vespertilio murinus* (한국 아종 *V. m. ussuriensis*)
- **영 명** Parti-colored bat

📏 **크기** 몸길이 48~64mm, 귀 길이 12~18.8mm, 꼬리 길이 37~44.5mm, 앞팔 길이 39~49mm, 몸무게 12~20.5g

🦇 **형태** '안주애기박쥐'보다 소형으로 알려져 있으나, 좀 더 많은 개체 수에 대한 정확한 측정값이 필요하다.

🔍 **생태** 새끼를 낳는 곳과 겨울잠 자는 지역을 오가는 박쥐로, 주로 북동에서 남서로 이동한다. 유럽에서는 번식기가 끝나는 8월부터 이동을 시작하여 900km 거리를 이동한 기록이 있다. 넓은 장소, 때로는 숲이나 호수의 상공을 20~40m 높이로 날아다니면서 작은 곤충을 잡아먹는다. 수명은 매우 짧아 최대 수명이 5년이다.

🐛 **먹이** 파리, 진딧물

⛰ **사는 곳** 벼랑을 특히 좋아함.

🌐 **분포** 유라시아 북부, 우리나라 중부 이북 내륙

💬 **이야기마당**

북한에서만 사는 박쥐이며, 북한에서도 관찰 기록이 매우 드문 종입니다.

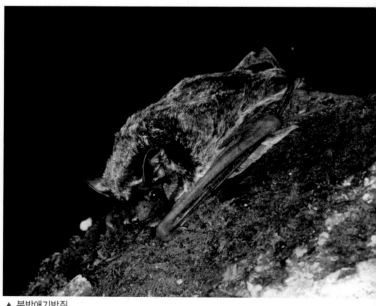

▲ 북방애기박쥐

# 안주애기박쥐 [애기박쥐과]

- **학 명** *Vespertillio sinensis* (한국 아종 *V. s. namiyei*)
- **영 명** Asian parti-colored bat

✎ **크기** 몸길이 60.8~80mm, 귀 길이 16~19mm, 꼬리 길이 35~50mm, 앞팔 길이 47~54mm, 몸무게 14~30g

🐾 **형태** 귀의 너비가 넓고 끝은 둥근 삼각형이다. 비막은 뒷발의 바깥쪽 중앙에서 외측지의 기부 부근에 이른다. 몸은 어두운 갈색 털에 흰 털이 섞여서 마치 서리를 맞은 것처럼 보인다.

🔍 **생태** 주로 활엽수림의 큰 나무 구멍에서 생활하지만, 사람이 사는 집과 동굴도 이용한다. 저녁부터 밤에 걸쳐 날아다니는 곤충을 잡아먹는데, 하루에 자기 몸무게의 1/3인 6g 정도를 먹는다고 한다. 암컷은 태어난 그해 가을에 성적으로 성숙하여 태어난 지 만 1년이 되면 번식이 가능하다. 6~7월에 수십 마리 이상의 포육 집단을 이루고, 1~2마리의 새끼를 낳는다. 수컷은 태어난 지 수개월이 지나면 성적으로 성숙한다.

🦟 **먹이** 곤충

🏔 **사는 곳** 민가, 하천, 숲

🌐 **분포** 동아시아, 우리나라 섬 지방을 제외한 전국

💬 **이야기마당**

북한에서는 '안주쇠박쥐'라고 하며, 매우 드문 것으로 알려져 있습니다. '북방애기박쥐'와 비슷하나 몸집이 더 크고 귀의 끝이 둥근 삼각형인 점이 다릅니다.

▲ 안주애기박쥐 얼굴

▲ 바위에서 쉬고 있는 모습

▲ 안주애기박쥐

# 집박쥐 [애기박쥐과]

- 학 명 *Pipistrellus abramus*
- 영 명 Japanese pipistrelle

🖊 **크기** 몸길이 38~60mm, 귀 길이 11~12.2mm, 꼬리 길이 29~45mm, 앞팔 길이 30~37mm, 몸무게 5~10g

🐾 **형태** 몸 크기가 작다. 몸 윗면의 털은 잿빛 갈색이고, 배는 밝은 잿빛 갈색이다. 귀는 짧고 너비가 넓으며 얇다. 주둥이의 너비는 넓고, 비막은 반투명하며 검은빛을 띤 갈색이다.

🔍 **생태** 소도시나 대도시 근교에서 많이 관찰된다. 낮에는 주로 인가, 드물게 동굴 등에서 3~4마리에서 많을 때는 100마리의 집단을 이루어 잠을 잔다. 해가 진 후 2시간쯤 후 먹이를 잡기 위해 활동한다. 늦가을에 짝짓기를 하여 암컷은 정자를 저장한 상태로 겨울잠을 자고, 겨울잠에서 깨어난 이후에 수정이 이루어진다. 초여름에 1~3마리의 새끼를 낳는다. 태어난 지 약 30일이 지나면 어미와 같은 크기로 성장하고, 날기 시작한다. 수명은 암컷이 5년, 수컷은 3년이다.

🍪 **먹이** 딱정벌레, 파리, 노린재 등의 소형 곤충류

⛰ **사는 곳** 전원 지역, 하천, 강, 인가 주변

🌐 **분포** 일본, 타이완 등, 우리나라 제주도 및 중부 지역

**이야기마당**

인가에서 사는 가장 대표적인 박쥐입니다.

▲ 집박쥐 얼굴

▲ 집박쥐

▲ 돌 위에 붙어 있는 모습

▲ 야간 먹이 사냥에 나선 집박쥐

▲ 야간 활동을 위해 다릿기둥 틈에서 나오는 모습

# 검은집박쥐 [애기박쥐과]

- **학 명** *Hypsugo alaschanicus*
- **영 명** Alashanian pipistelle

📏 **크기** 몸길이 54.1mm, 귀 길이 10.9mm, 꼬리 길이 38mm, 앞팔 길이 37.1mm, 몸무게 9.4g

🐾 **형태** '집박쥐'와 크기와 형태가 비슷하다. 몸의 털은 검은색이고, 몸집은 작다. 귀는 둥근 모양에 귓기둥도 작고 둥글다.

🔍 **생태** 연구 조사된 자료가 없다. 러시아의 연해주 지역에서 새끼를 낳은 무리가 남하하는 것으로 알려져 있으나, 남한까지 이동하는지의 여부에 대해서는 조사 연구가 필요하다. '집박쥐'와 생태적으로 비슷하나, '집박쥐'보다 동굴에서 많이 관찰된다.

🍪 **먹이** 주로 하천의 날도래, 모기, 나방 등 야행성 곤충

⛰️ **사는 곳** 하천, 강, 전원 지역

🌐 **분포** 동북아시아, 한반도 중북부

💬 **이야기마당**

2000년에 국내에서 사는 것을 확인하였습니다. '큰집박쥐(대구양박쥐, *Pipistrellus coreensis*)'가 이 종에 포함된다고 하지만 보다 정밀한 분류학적 조사 연구가 필요합니다.

▲ 다리 아래에서 휴식하고 있는 모습

▲ 검은집박쥐 얼굴

▲ 검은집박쥐

▲ 잠자는 모습

# 긴가락박쥐 [애기박쥐과]

- **학 명** *Miniopterus schreibersii*
- **영 명** Schreibers' long-fingered bat

✏️ **크기** 몸길이 59~69mm, 귀 길이 10.6~12.3mm, 꼬리 길이 51~57mm, 앞팔 길이 45~51mm, 몸무게 10~17g

🐾 **형태** 몸의 털은 검은 갈색으로, 길이가 짧고 매우 부드럽다. 귀는 비교적 짧다. 비막은 좁고 길며, 셋째 손가락의 둘째 번 손가락뼈가 매우 길어서 첫째 번 손가락뼈의 약 3배에 이른다.

🔍 **생태** 동굴에서 산다. 온대에서는 1~2만 마리의 대집단을 이루는 경우도 있다. 북부 지역에서는 이동성이 강하고, 겨울잠을 자기 위해 남쪽으로 100km 이상 이동한다. 암컷은 가을에 짝짓기를 하고 수정란을 지닌 채 겨울잠에 들어가 이듬해 초여름에 1마리의 새끼를 낳는다. 새끼를 낳고 기르는 동안에는 암수가 따로 떨어져 암컷 어미는 새끼들과 함께 지내고, 겨울에는 암수가 함께 지낸다. 새끼는 16개월이 되면 성적으로 성숙한다. 최대 수명은 16년이다.

🐛 **먹이** 나비, 나방

⛰️ **사는 곳** 숲

🌐 **분포** 유럽~동아시아, 우리나라 제주도를 포함한 전국

💬 **이야기마당**

비막이 매우 길어서 '긴날개박쥐'라고도 합니다. 제주도와 남부 지역의 자연 동굴 또는 해식 동굴에서 수십에서 수천 마리가 큰 집단을 이루어 생활하는 것이 관찰되고 있습니다.

▲ 긴가락박쥐 얼굴

▲ 무리를 이루어 겨울잠을 자는 모습

▲ 동굴 속을 날아다니는 긴가락박쥐(제주 용암동굴)

# 멧박쥐 [애기박쥐과]

- 학 명 *Nyctalus aviator*
- 영 명 Birdlike noctule

📏 **크기** 몸길이 89~113mm, 귀 길이 16~22.5mm, 꼬리 길이 51~67mm, 앞팔 길이 58~65mm, 몸무게 26~61g

🦇 **형태** 등의 털은 밝은 갈색이며 광택을 띤다. 귀는 짧고 둥글며 너비가 넓다. 귓기둥은 버섯 모양이다. 비막은 가늘고 길다. 다섯째 손가락이 매우 짧고, 셋째 손가락이 매우 길다.

🔍 **생태** 큰 나무 구멍에 수십~수백 마리가 모여 잠을 잔다. 해가 진 후 또는 해 지기 직전에 나무 구멍 밖으로 나와 활동하는데, 하늘 높이 날면서 곤충 등을 잡아먹는다. 암수가 같이 겨울잠에 들어갔다가 5월 말부터 수컷이 다른 잠자리로 이동하고, 암컷은 초여름에 2마리의 새끼를 낳고 기른다. 새끼는 8월 중순~하순경 독립한다.

🐛 **먹이** 나방, 파리, 딱정벌레

🏔 **사는 곳** 절과 산지의 숲, 낡은 집 지붕 밑, 돌담 사이

🌐 **분포** 동아시아, 우리나라 섬 지방을 제외한 전국

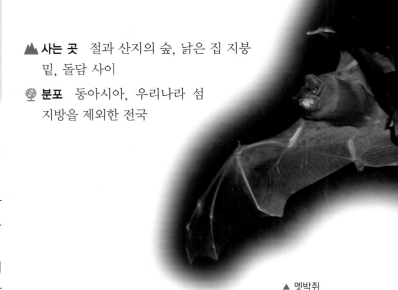

▲ 멧박쥐

💬 **이야기마당**

우리나라에서는 생태나 분포 등의 생물학적 연구가 매우 부족한 종입니다.

---

# 작은멧박쥐 [애기박쥐과]

- 학 명 *Nyctalus noctula*
- 영 명 Noctule bat

📏 **크기** 몸길이 60~88mm, 귀 길이 16~21mm, 꼬리 길이 41~60mm, 앞팔 길이 47~58mm, 몸무게 19~46g

🦇 **형태** '멧박쥐'와 매우 닮았으며 크기만 작다. 몸의 털색은 어두운 갈색으로 바탕이 더 짙다. 제1손가락이 가늘고 길다.

🔍 **생태** 장거리를 이동하는 박쥐로 유명하다. 유럽에서는 최대 930km, 러시아에서는 1600km까지 이동한 기록이 있다. 외국에서는 낮은 지역의 낙엽 활엽수림에서 생활하는 것으로 알려져 있으나, 국내에서는 조사된 사례가 없다. 이동할 때에는 1920m의 높은 지역에서도 관찰된다. 매년 9월에 겨울잠 장소를 찾아 겨울잠을 잔 뒤, 다음 해 4월에 활동을 시작하고 5월에 이동한다. 최대 수명은 12년이다.

🐛 **먹이** 숲 위를 날아다니는 나방 등 야행성 곤충

🏔 **사는 곳** 낮은 지대에서 높은 지대까지의 숲

🌐 **분포** 동아시아, 우리나라는 문헌 기록에만 있음.

💬 **이야기마당**

국내에 분포하지 않는 박쥐라고 주장하는 학자도 있습니다. 그리고 일본의 '작은멧박쥐'가 독립종으로 구분됨에 따라 우리나라 '작은멧박쥐'가 유럽종인지, 일본종인지의 명확한 분류학적 검토가 시급합니다.

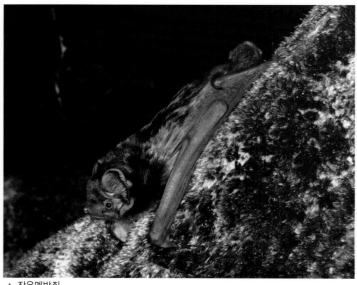

▲ 작은멧박쥐

# 관코박쥐 [애기박쥐과]

- **학 명** *Murina hilgendorfi*
- **영 명** Hilgendorf's tube-nosed bat

✏️ **크기** 몸길이 57.9~73mm, 귀 길이 16.8~18.4mm, 꼬리 길이 36~47mm, 앞팔 길이 41~46mm, 몸무게 9~15g

🦫 **형태** 등의 털색은 잿빛 갈색이며, 털 끝에는 은색의 금속 광택이 있다. 배의 털은 잿빛 갈색, 베이지 색이다. 귀와 비막은 반투명하며 검은 갈색 또는 붉은 갈색을 띤다.

🔍 **생태** 나무가 우거진 숲에서 산다. 여름에는 주로 나무의 무성한 가지 아래에서 잠을 잔다. 겨울에는 나무 구멍이나 동굴에서 한 마리에서 수십 마리가 발견된다. 저녁에 동굴 등에서 나와 날아다니는 곤충을 잡아먹는데, 주로 숲 아래쪽에서 먹이를 구하며, 나뭇잎 위에 있는 곤충도 잡아먹는다. 일반적으로 한 번에 1~2마리의 새끼를 낳는다.

🐛 **먹이** 곤충

🏔️ **사는 곳** 산지의 숲

🌐 **분포** 인도 북동부에서 중국을 거쳐 러시아 극동 지대, 우리나라 제주도를 포함한 전국

💬 **이야기마당**

코끝이 관 모양이고 앞으로 돌출하여 '관코박쥐' 또는 '뿔박쥐' 라고 합니다. 삼림 벌채 등으로 사는 곳과 마릿수가 점점 줄어들고 있습니다. 제주도에는 2007년 9월에 처음으로 살고 있는 것이 확인되었습니다.

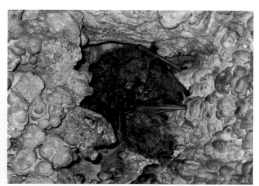
▲ 동굴 구멍에서 쉬는 모습

▲ 관코박쥐 무리

▲ 잠자는 모습

▲ 관코박쥐

# 작은관코박쥐 [애기박쥐과]

- **학 명** *Murina ussuriensis*
- **영 명** Ussurian tube-nosed bat

✎ **크기** 몸길이 41~54mm, 귀 길이 14~18mm, 꼬리 길이 26~33mm, 앞팔 길이 27~34mm, 몸무게 4~8g

🐾 **형태** 소형 종이다. 털색은 황토색에서 옅은 갈색이다. 귓기둥은 길고 뾰족하며, 코는 바깥으로 돌출되어 관 모양이다. 몸 윗면에 금속 광택이 있는 긴 털이 나 있다. 꼬리 부분의 비막 주위로 털이 줄지어 나 있다.

🔍 **생태** 산지의 숲에서 산다. 다양한 장소에서 잠을 자며, 여름~가을에는 나뭇잎을 말아서 1~3마리가 함께 잠을 자기도 하고, 눈 속에서 겨울잠을 자기도 한다. 6~8월 한 번에 1~2마리의 새끼를 낳는다. 일본에서는 낮에도 활동하는 것이 자주 눈에 띄며, 잠자리를 잡아먹는 모습이 촬영되기도 하였다.

🎨 **먹이** 날아다니는 곤충

⛰ **사는 곳** 산지의 숲

🌐 **분포** 동북아시아, 우리나라 지리산 등 내륙 산지

💬 **이야기마당**

주변 국가의 경우와 달리 국내에서는 겨우 서너 차례의 출현 기록만 있어서 이 종에 대한 조사 연구가 매우 시급합니다. [멸종위기야생생물 I급]

작은관코박쥐 ▶

# 토끼박쥐 [애기박쥐과]

- **학 명** *Plecotus ognevi*
- **영 명** Brown long-eared bat

✎ **크기** 몸길이 42~60mm, 귀 길이 31~43mm, 꼬리 길이 32~55mm, 앞팔 길이 34~45mm, 몸무게 5~12g

🐾 **형태** 몸의 털은 어두운 갈색 또는 옅은 갈색이다. 귀가 매우 길고, 귀 끝은 둥글며, 안쪽에 옆주름이 20줄 정도 있다. 콧구멍은 좁고 길며, 주둥이는 짧고 윗면으로 열려 있다.

🔍 **생태** 산지의 숲에서 산다. 나무 구멍에서 살지만 동굴이나 인가에서도 생활한다. 정지 비행하면서 잎에 붙은 곤충을 잡아먹는 것으로 유명하다. 초여름에 1마리의 새끼를 낳는다. 일정한 곳에 자리를 잡고 살며, 여름과 겨울의 잠자는 장소가 수 km 이내에 있다. 가장 먼 거리를 이동한 기록은 42km이다. 평균 수명은 4.5년이나 최대 22년을 산 기록이 있다.

🎨 **먹이** 나비, 나방, 강도래 등의 곤충

⛰ **사는 곳** 낮은 지대와 높은 지대의 낙엽 활엽수림 및 혼합림. 해발 2000m에도 서식

🌐 **분포** 유럽, 동아시아, 우리나라 내륙 산간 지역

💬 **이야기마당**

매우 희귀한 종입니다. 긴 귀가 토끼귀와 닮아 '토끼박쥐'라는 이름이 붙었습니다. [멸종위기야생생물 II급]

▲ 토끼박쥐

# 큰귀박쥐 [큰귀박쥐과]

- **학 명** *Tadarida insignis*
- **영 명** East Asian free-tailed bat

✎ **크기** 몸길이 81~94mm, 귀 길이 26~32mm, 꼬리 길이 46~58mm, 앞팔 길이 57~66mm, 몸무게 30~40g

🦴 **형태** 몸의 털색은 검은 갈색이며, 끝에 흰색의 가시털이 나 있는 경우도 있다. 귀가 매우 크고 둥글며, 양쪽 귀가 머리 앞쪽에서 서로 연결되어 있다. 꼬리는 비막에서 1/3 이상 밖으로 길게 나와 있다. 날개는 장거리 비행에 적합하도록 좁고 길다.

🔍 **생태** 바위틈이나 건물 틈에 집단을 이루어 산다. 5~9월의 집단에는 어린 새끼와 다 자라기 전의 박쥐가 80% 이상 차지한다. 7~8월에 포육 집단이 이루어지는데, 이 기간 동안 수컷은 다른 장소로 이동하여 생활한다. 겨울이 되기 전인 11월에는 몸무게가 늘고, 12월에는 체온이 외부 기온과 비슷하게 내려가 겨울잠에 들어가나 때때로 깨어나 다른 장소로 이동하기도 한다.

🍪 **먹이** 나방류

⛰️ **사는 곳** 해안 바위 절벽 틈이나 철근 콘크리트 건물 틈

🌐 **분포** 유럽, 동아시아, 우리나라 동해안

💬 **이야기마당**

관찰 기록이 매우 드문 종으로, 2004년과 2005년에 부산에서 이동하는 무리가 확인되었습니다. 이후 2006년 겨울에 충청남도 서산에서, 2009년 제주도에서 오래된 표본이 발견되었습니다. 그리고 2021년 울산에서 아파트 창틀에 매달린 개체가 발견되었습니다.

▲ 큰귀박쥐 얼굴

▲ 비막에서 꼬리가 길게 나온 모습

▲ 큰귀박쥐

# 식육목

식육목은 '자이언트판다'와 '렛서판다'만이 예외적으로 초식 동물이고, 잡식성인 '곰'과 '너구리'를 제외한 모든 종이 거의 육식만을 하는 육식 동물이다. 식육목 동물은 고유한 두개골 모양을 가지며, 송곳니와 위턱 넷째 번 작은어금니와 아래턱 첫째 번 어금니가 발달되어 있어서 고기를 쉽게 뜯어 먹을 수 있다. 또한 동물을 잡아먹기에 알맞게 눈, 코 등의 감각 기관이 발달되었으며, 지능이 높고 행동이 빠르다.

대부분의 동물은 단독 생활을 한다. 무리 사회를 이루는 경우는 10~15%에 불과하며, 무리 사회도 암컷을 중심으로 이루어진다. '오소리'와 '곰' 등 일부 종들은 기후 조건이 나쁠 때 겨울잠을 자기도 하는데, 겨울잠 기간 동안에도 체온이 거의 떨어지지 않는 점에서 박쥐류 등의 겨울잠과는 다르다. 식육목의 새끼들은 갓 태어나면 눈도 못 뜨고 귀도 닫혀 있으며, 오랫동안 어미에게 의존한다. 종류에 따라 1~5년 사이에 성체가 되는데, 크기가 작은 종류일수록 빨리 성숙한다.

세계 여러 나라에서 동물 보호에 관한 법규들을 제정하여 식육목 동물을 잡는 것을 금지시키고 있다. 그럼에도 불구하고 식육목 동물들은 잡혀서 모피나 약재로 이용되고 있고, 또한 서식지 파괴 등의 영향으로 이미 사라졌거나 멸종 위기를 맞고 있는 동물이 많은 실정이다.

우리나라에는 6과 19속 24종이 살고 있다.

# 스라소니 [고양이과]

- **학 명** *Lynx lynx*
- **영 명** Eurasian Lynx

✎ **크기** 몸길이 84~105cm, 꼬리 길이 19.5~20.5cm, 몸무게 15~40kg

🐾 **형태** '고양이'처럼 생겼으나, 꼬리가 뭉툭하며 몸 크기가 '고양이'와 '표범'의 중간 정도이다. 몸은 다부진 편이고 귓바퀴의 끝에 붓 같은 센털이 있다. 무늬는 점 모양이 연이어져 마치 줄처럼 보이고, 꼬리는 자른 듯이 짧아 다른 고양이과 동물과 쉽게 구분된다. 몸 전체는 어두운 누런색이나 끝부분에는 잿빛 갈색에 불명확한 갈색 무늬가 있다. 목 아래부터 배 쪽은 거의 흰색이고, 몸 윗면에서 옆쪽으로는 희끄무레한 색, 꼬리 끝은 검은색이다. 네다리의 바깥쪽에도 뚜렷한 무늬가 있다.

🔍 **생태** 산의 밀림 속에서 살며, 대개 해 진 뒤와 새벽에 활동한다. 행동은 민첩하며 활동 범위가 넓다. 나무에 잘 오르고 헤엄을 잘 친다. 2월에 짝짓기를 하는데, 이때 2, 3마리의 수컷이 암컷 1마리를 놓고 피를 흘릴 때까지 싸운다. 임신 기간은 9, 10주이며, 한 번에 2~5마리의 새끼를 낳는다. 암컷이 새끼를 키우며, 수명은 12~15년이다.

🍪 **먹이** 쥐, 멧토끼, 꿩, 어치, 멧닭, 사슴, 어린 멧돼지, 사향노루 등

⛰ **사는 곳** 산지의 숲

🌐 **분포** 유라시아 중북부, 우리나라 일부 지역

💬 **이야기마당**

세계적인 멸종 위기 동물로, 매우 적은 개체가 생존해 있습니다. 우리나라에서는 북부에서 잡힌 사례가 있으며, 남부에서는 기록이 없습니다. 그러나 많은 지역에서 목격된 사례가 있습니다.
[멸종위기야생생물 Ⅰ급]

▲ 스라소니(북한)

▲ 귀 끝에 붓 같은 센털이 있다.

# 삵 [고양이과]

- 학 명 *Prionailurus bengalensis*
- 영 명 Leopard cat

📏 **크기** 몸길이 45~55cm, 꼬리 길이 15~40cm, 몸무게 3~7kg

🐾 **형태** '고양이'처럼 생겼으나 몸집이 훨씬 크다. 몸은 길고, 꼬리 길이는 몸길이의 1/2 정도이다. 귓바퀴는 둥글고, 눈동자는 수직 타원형이다. 털 색깔은 황토색이 섞인 황색에서부터 탁한 황갈색이며, 몸에 황갈색의 뚜렷하지 않은 반점이 세로로 배열되어 있다. 이마에는 두 줄로 된 검은 갈색 무늬가 있고, 코 양옆으로부터 두 눈의 안쪽을 지나 이마 양쪽까지 두 줄의 흰 무늬가 있다. 회색빛을 띤 흰색 뺨에는 세 줄의 갈색 줄무늬가 있다.

🔍 **생태** 물이 흐르는 산골짜기나 강의 연안, 관목으로 덮인 산의 개울가에서 주로 살며, 가끔 마을 근처에서 생활하기도 한다. 단독 또는 한 쌍으로 생활하며, 주로 밤에 활동하지만 낮에도 먹이를 찾아다닌다. 나무를 잘 오르며 헤엄을 잘 친다. 2월 초부터 3월 말에 짝짓기를 하며, 임신 기간은 약 56일이고, 보통 2~4마리의 새끼를 낳는다. 수명은 10년 이내이다.

🎞 **먹이** 쥐, 작은 동물(노루나 고라니 새끼), 꿩, 멧토끼, 청설모, 다람쥐, 닭, 오리

⛰ **사는 곳** 야산에서 높은 산의 숲

🌐 **분포** 아시아 남부에서 동북부 지역, 우리나라 제주도를 제외한 전국

💬 **이야기마당**

최근 러시아 학자들은 동북아시아 지역에 사는 '삵'과 동남아시아 지역에 사는 '삵'을 다른 종으로 구분하기도 합니다. [멸종위기야생생물 II급]

▲ 삵

▲ 새끼 삵

▲ 먹이 사냥을 위해 얼음 위를 달리고 있다.

▲ 몸집이 큰 고양이 같이 생겼다.

▲ 저수지 도로 주변을 걷고 있다.

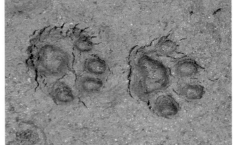

▲ 삵 발자국

▲ 삵 배설물

# 호랑이 [고양이과]

- **학 명** *Panthera tigris altaica*
- **영 명** Korean tiger, Amur tiger, Siberian tiger

📏 **크기** 몸길이 140~280cm, 꼬리 길이 60~95cm, 몸무게 100~250kg(최대 383kg)

🐾 **형태** 우리나라에 살고 있는 맹수 가운데 가장 큰 종류이다. 몸통은 길고, 머리가 크고, 네다리가 튼튼하고 강대하며, 꼬리 길이는 몸길이의 1/2 정도이다. 귓바퀴는 짧고 둥글다. 몸 윗면은 선명한 황갈색이고, 24개의 검은 가로줄무늬가 있다. 꼬리는 연한 황갈색이며, 8개의 검은 고리 모양의 가로무늬가 있다. 수컷이 암컷보다 크다.

🔍 **생태** 높은 산의 숲에서 살며, 주로 해 질 무렵부터 새벽까지 활동한다. 먹이는 주로 멧돼지로, 먹잇감이 살고 있는 곳에 기다리고 있다가 덤벼들어 잡아먹는다. 한번 배불리 먹으면 오랫동안 굶는 습성이 있으며, 나무에 잘 기어오르고 헤엄을 잘 친다. 수컷은 단독 생활을 하며, 암컷은 새끼를 데리고 있다가 새끼가 독립할 때까지만 함께 생활한다.

지역에 따라 일년 내내 번식이 가능하며, 대개 11월 말~2월에 가장 활발하게 짝짓기를 한다. 임신 기간은 98~110일이며, 2년에 한 번 새끼를 낳는데, 5~7월에 2~4마리의 새끼를 사람이 접근하기 어려운 바위굴에 낳는다. 새끼는 태어난 지 5년이 되면 성적으로 성숙한다. 수명은 15년 전후이다.

🍖 **먹이** 멧돼지, 노루, 산양, 곰, 사슴, 물고기

⛰️ **사는 곳** 산악의 숲이 많은 지역

🌐 **분포** 아시아 남부~중국 남부, 동북아시아 일대, 한반도 중북부

💬 **이야기마당**

대한 제국 말기 무렵까지는 밤에 한성(지금의 서울) 외곽 산에서 '호랑이'가 시내로 내려와 유유히 사대문 안을 배회하여 당시 궁성에서까지 야간 출입을 삼갈 정도였다고 합니다. 현재는 국제적인 멸종 위기 동물로 남한에서는 멸종된 것으로 보고 있으며, 1996년 북한은 '국제야생동물기금'에 10마리 미만이 살고 있다고 공식적으로 보고하였습니다. 남한과 가장 가까운 '호랑이' 서식지는 금강산 일대입니다. [멸종위기야생생물 Ⅰ급]

▲ 어미와 새끼 호랑이

▲ 새끼 호랑이

▲ 눈 덮인 산길을 걷고 있다.

# 표범 [고양이과]

- **학 명** *Panthera pardus orientalis*
- **영 명** Far-eastern leopard

---

✎ **크기** 몸길이 106~180cm, 꼬리 길이 70~100cm, 몸무게 암컷 30~40kg, 수컷 40~80kg

🐾 **형태** '호랑이' 보다 몸 크기가 작고, 몸통은 더 길쭉하고 가늘다. 꼬리는 가늘며 몸길이의 절반을 넘는다. 머리는 크고 둥글다. 귓바퀴는 둥글고 짧다. 코는 약간 뾰족하며, 눈은 둥글고 목은 짧다. 털색은 일반적으로 황색 또는 누런빛을 띤 붉은색이며 몸통, 네다리 및 꼬리에 검은 점무늬가 흩어져 있다. 허리 부분과 몸 옆면의 무늬는 중앙에 엷은 황갈색 털이 나 있어 엽전처럼 보인다.

🔍 **생태** 대개 높은 산의 숲 속에서 살며, 높지 않은 바위산에서는 바위 굴에서 생활한다. 해 진 뒤나 새벽에 보통 단독으로 사냥하며, 나무를 잘 타고 헤엄도 친다. 먹이를 날렵하게 덮쳐서 잡아 나무 위에 끌어올려 두고 다 먹을 때까지 찾아가서 먹는다. 겨울 또는 봄에 짝짓기를 하며, 임신한 지 약 100일 뒤에 1~5마리(보통 2마리)의 새끼를 낳는다. 새끼는 태어난 지 2~3년이면 성적으로 성숙한다. 수명은 12년 전후이다.

🍖 **먹이** 사향노루, 노루, 멧돼지, 멧토끼, 꿩, 쥐

⛰ **사는 곳** 산의 숲

🌐 **분포** 아프리카 중북부, 동남아시아, 중국 동북부, 러시아 연해주 및 한반도, 우리나라 백두 대간

🗨 **이야기마당**

'호랑이' 가 남한에서는 멸종된 것으로 봄으로써, 생태계의 먹이사슬 중 가장 위에 위치하는 동물입니다. 최근까지 우리나라에서 '표범' 은 멸종되었다고 알려져 있었으나, 남북한을 합쳐 야생 개체는 10마리 미만으로 추정되고 있습니다. [멸종위기야생생물 Ⅰ급]

▲ 표범

▲ 경상남도 오도산에서 포획한 표범

# 늑대 [개과]

- **학 명** *Canis lupus*
- **영 명** Gray wolf

📏 **크기** 몸길이 95~120cm, 꼬리 길이 34~45cm, 몸무게 25~80kg

🐾 **형태** 다리는 길고 굵으며, 개와 비슷하지만 조금 둔하게 보인다. 긴 털로 덮인 꼬리를 위쪽으로 구부리지 않고 항상 아래로 늘어뜨리는 점이 개와 다르다. 귓바퀴는 항상 쫑긋하게 서 있고 아래로 늘어지지 않는다. 털색은 사는 곳에 따라 차이가 있으나 보통 붉은빛이 도는 잿빛 황색이고, 나이를 먹으면서 회색으로 변한다. 드물게 검은색 털을 지닌 개체가 태어나 진귀한 맹수로 취급되기도 한다.

🔍 **생태** 초원 평지에서 나무가 드문 산지에 산다. 무리를 짓는 사회성 동물로, 가족을 중심으로 혈연 관계가 가까운 무리들이 모여 생활한다. 시각, 청각뿐만 아니라 후각이 발달하여 멀리에서도 죽은 동물의 냄새를 잘 맡는다. 주로 밤에 활동한다. 보통 1년에 한 번 평균 2~3마리의 새끼를 낳고, 어미가 새끼를 기른다. 새끼들은 10개월이 되면 완전히 자라 어미를 따라 사냥에 나선다. 수명은 10~16년이다.

🍖 **먹이** 쥐, 멧토끼, 곰·호랑이 새끼, 조류, 양서·파충류, 어류

⛰️ **사는 곳** 낮은 산에서 높은 산의 숲

🌐 **분포** 백두산 일대, 유라시아

### 이야기마당

최근까지 우리나라에 몇 마리의 '늑대'가 있었는지에 대한 확실한 자료는 없습니다. 그러나 1933~42년 인간에게 해롭다 하여 많이 잡아 죽인 결과, 1989년 환경부 조사에서는 전국 26개의 산에서 단 한 마리의 '늑대'도 발견되지 않았습니다. 북한의 경우, 1989~92년 백두산의 생물상에 대한 조사에서 넓은 지역에서 서식하고 있음이 확인되었습니다. 국제적인 멸종 위기 동물입니다. [멸종위기야생생물 Ⅰ급]

▲ 러시아 연해주 지역 산림의 늑대

▲ 늑대

# 여우 [개과]

- **학 명** *Vulpes vulpes*
- **영 명** Red fox

📏 **크기** 몸길이 45~90cm, 꼬리 길이 30~56cm, 몸무게 2.5~10kg

🐾 **형태** 개과의 다른 동물과 달리 몸길이에 비해 꼬리 길이가 길고, 주둥이 부위가 가늘고 예리하다. 네다리는 가늘고 짧으며 앞발의 5개 발가락 가운데 제1발가락은 매우 높이 붙어 있다. 털색은 개체에 따라 다르나 보통 몸 윗면이 황색인데, 이마와 등의 털끝이 희기 때문에 희끗희끗하게 보인다. 배는 어두운 회색이지만 털끝은 누런빛을 띤 갈색이고, 꼬리 기부의 털끝은 검은 갈색이나 꼬리 끝 부분은 흐린 붉은빛이 감도는 잿빛을 띤 흰색이다. 귓등과 네발의 윗면은 검은색이다.

🔍 **생태** 숲, 초원, 마을 주변의 바위틈이나 흙으로 된 굴에서 사는데, 스스로 굴을 파기도 하지만 대개는 '오소리'의 굴을 빼앗아 쓴다. 주로 새벽과 저녁에 단독으로 활동한다. 후각과 청각이 발달되었고, 동작이 민첩하다. 우리나라 북부 지방의 경우 1월 말~2월 말에 짝짓기를 하며, 이때 암컷을 차지하기 위해 수컷끼리 맹렬히 싸움을 벌인다. 짝짓기 후 암컷은 50~55일 뒤인 3월 말~4월 초에 5~6마리의 새끼를 낳는다. 새끼들은 5~6주가 지나면 굴 밖에 나와 장난을 치며, 11월 말쯤 어미의 곁을 떠나 각각 독립 생활을 한다. 어미는 새끼들이 독립할 때까지 새끼들에게 줄 먹이를 구하기 위해 활동하며, 이 시기에 어미의 경계심은 매우 강하다. 어미는 다음 번식기까지 새끼들 중의 한 마리와 같이 지내는 경우가 많다. 보통 수컷은 단독 생활을 한다.

🍖 **먹이** 소형의 우제목(소목) 동물, 쥐, 멧토끼, 새와 새알, 닭, 개구리, 물고기, 곤충

⛰️ **사는 곳** 평지, 산의 숲, 초원 등

🌐 **분포** 유라시아, 북아메리카, 우리나라 강원도, 경기도, 경상남도

### 💬 이야기마당

우리나라의 옛이야기에 공동묘지와 '여우'를 관련지은 이야기가 많은데, 그 이유는 '여우'가 습성상 공동묘지와 같이 야산의 노출된 환경에서 놀기를 좋아하고, 새끼를 양육하는 굴도 무덤 밑에 만드는 경우가 많기 때문이랍니다. 현재 남한에 살고 있는 '여우'는 20여 마리 미만입니다. [멸종위기야생생물 Ⅰ급]

▲ 여우

# 너구리 [개과]

- **학 명** *Nyctereutes procyonoides*
- **영 명** Raccoon dog

✎ **크기** 몸길이 52~66cm, 꼬리 길이 15~25cm, 몸무게 6~10kg

🐾 **형태** 주둥이, 귓바퀴, 네발에 나 있는 털은 짧지만, 그 밖의 몸 전체의 털은 길고, 속털은 부드럽다. 겨울털의 경우, 이마의 털은 털의 기부부터 어두운 갈색, 흰색, 검은색 순서이다. 수염과 눈은 검은색, 귀밑과 양 뺨은 검은 갈색, 귓등과 귓속은 회색빛을 띤 흰색이다. 귀는 작고, 귀 아래의 긴 털의 끝은 검은색이다. 다리는 매우 짧고, 꼬리는 굵고 짧으며, 머리는 '여우'에 비해 작다.

🔍 **생태** 깊지 않은 산의 숲이나 골짜기, 물고기가 풍부한 늪과 개울이 많은 곳에서 굴을 파고 산다. 보통 밤에 활동하지만 산의 숲에서는 낮에도 활동한다. 가족 집단으로 행동하며 행동권 내의 특정한 장소에 배설하는 습성이 있다. 개과에 속하는 동물 가운데 유일하게 겨울잠을 자는 동물로 알려져 있으나, 사실은 겨울잠을 자지 않는다. 다만 추위가 오래 계속되면 굴속에 들어가 며칠 동안 가수면 상태로 있는 경우가 많다. 그러나 기온이 높아지면 깨어나 먹이를 찾는다. 3월에 짝짓기를 하며 임신 기간은 약 60일, 4월 말~6월 큰 돌 틈이나 큰 나무의 뿌리 사이에 3~8마리의 새끼를 낳는다. 수명은 야생의 경우 암컷은 5.5년, 수컷은 7.5년이다.

🍴 **먹이** 잡식성. 다래, 머루와 같은 과일과 곤충을 좋아함. 그 밖에 쥐, 개구리, 도마뱀, 물고기, 도토리 등

⛰ **사는 곳** 낮은 지대에서 높은 지대 산지의 숲

🌐 **분포** 유라시아, 우리나라 제주도, 울릉도를 제외한 전국

### 🗨 이야기마당

'늑대' 같은 천적이 사라진 후 1980년대부터 마릿수와 사는 지역이 갑작스럽게 늘어난 동물로 알려져 있습니다.

▲ 물고기를 잡아먹고 있다.

▲ 너구리

# 승냥이 [개과]

- **학 명** *Cuon alpinus*
- **영 명** Dhole, Red wolf, Asian wild dog

**크기** 몸길이 100~130cm, 꼬리 길이 40~50cm, 몸무게 암컷 10~13kg, 수컷 15~20kg

**형태** '늑대'와 '여우'의 특징을 동시에 가지고 있다. 개와 비슷하게 생겼지만 개보다 이마가 더 넓고, 주둥이가 짧고 더 뾰족하다. 귀는 둥글다. 꼬리털은 길어서 발뒤꿈치까지 드리워져 있으며, 검고 털이 많다. 털의 위쪽은 엷은 갈색이 도는 적갈색이고 아래쪽은 회색이다. 가슴과 배, 그리고 발에는 흰 털이 나 있다. 아래턱 좌우의 큰 어금니 수가 1개 적다는 점에서 다른 많은 개과 동물과 다르다. 젖꼭지 수는 6~7쌍.

**생태** 아시아 전역에 널리 분포하고 있어 지역에 따라 사는 환경이 다양하다. 동남아시아 지역에서는 주로 산의 숲에서 활동하지만, 동북아시아에서는 초원, 구릉 및 야산에서 활동을 많이 한다. 사회적인 동물로 무리를 지어 생활하는데, 무리는 가족 단위가 확대된 것으로 대개 5~12마리로 이루어지지만, 동북아시아에서는 최대 20마리, 동남아시아에서는 최대 40마리 이상의 무리가 관찰되기도 한다. 동남아시아 지역의 자료에 의하면 무리에는 암컷보다 수컷이 더 많으며 번식하는 암컷은 1마리로 알려져 있다. 무리는 생활권을 서로 달리하며 제 세력권을 가지고 있으며, 먹이가 풍부한 지역에서 한 무리의 생활 영역은 약 40㎢이다. 그러나 북부 지방의 승냥이는 광활한 지역을 이동하며, 원래 행동권으로부터 600km까지 이동한 적도 있다. 무리를 지어 자신들보다 몸집이 큰 포유동물을 사냥한다. 겨울철에 번식하며, 임신 기간은 약 2개월로 3~5마리의 새끼를 낳는다.

**먹이** 개구리 등 양서류, 뱀 등 파충류, 조류, 무리 사냥을 할 때는 멧돼지, 산양, 붉은사슴 등

**사는 곳** 밀림~초원, 구릉 지대

**분포** 아시아 전역, 북한

### 이야기마당

1909년과 1921년에 경기도 연천군에서 두 번 잡힌 사례가 있지만, 현재 남한에서는 멸종되었습니다. 이 종은 과거 중국 동북 지역(구 만주 지역)의 일본 관동군들 사이에서 산적보다 더 무서운 것이 '승냥이'라고 했을 정도로 공격적인 것으로 전해집니다. 최근 동남아시아에서는 사람들의 주거 지역에 침입하여 어린이를 공격하는 사례가 텔레비전의 자연 다큐멘터리 프로그램에 소개된 적도 있습니다.

▲ 승냥이

▲ 개보다 이마가 넓고 주둥이가 뾰족하다.

# 반달가슴곰 [곰과]

- **학 명** *Ursus thibetanus*
- **영 명** Asiatic black bear

📏 **크기** 몸길이 138~192cm, 꼬리 길이 4~8cm, 몸무게 100~200kg 안팎

🐾 **형태** 몸집은 어른 남자만 하고, 몸 전체가 검은색 긴 털로 덮여 있다. 얼굴은 길고, 입 아래턱 언저리와 가슴 중앙부에 V자 모양의 흰색 무늬가 있다. 주둥이는 짧으며, 목과 어깨에는 긴 갈기가 있는 것이 많다. 발톱이 날카로워 나무껍질을 잘 벗길 수 있고, 나무에 오를 때에도 갈고리 구실을 하여 미끄러지지 않는다.

🔍 **생태** 보통 높은 산의 숲 속, 특히 도토리가 많은 숲에서 단독으로 생활한다. 주로 낮에 활동하지만, 사람의 방해가 심한 지역에서는 밤에 활동한다. 원래 육식성 동물이었으나 생존을 위하여 단단한 과일이나 열매, 특히 도토리 등의 식물을 먹기도 한다. 그러나 30%밖에 소화시키지 못하므로 많은 양의 식물을 먹어야만 한다. 5~7월 짝짓기를 하는데, 가을에 먹이를 충분히 섭취한 암컷의 경우에만 이듬해 1~2월 겨울잠 기간 동안에 2마리 정도의 새끼를 낳는다. 수명은 야생의 경우 약 15년이다.

🍖 **먹이** 잡식성. 과일, 곡류, 곤충, 물고기, 새, 꿀 등

⛰️ **사는 곳** 산악, 산림 지역

🌐 **분포** 아시아 서부에서 동북부, 우리나라 지리산 등 백두 대간

💬 **이야기마당**

가슴 정중앙의 흰 털 부위가 반달처럼 생겼다고 하여 '반달가슴곰'이라고 합니다. [천연기념물 제329호, 멸종위기야생생물 I급]

▲ 반달가슴곰(지리산)

▲ 가슴에 V자 모양의 흰색 무늬가 있다.

▲ 새끼 반달가슴곰

▲ 나무 아래에서 노는 모습

▲ 나무를 타는 모습

## '반달가슴곰' 의 경제적 가치와 보호

전 세계에는 8종의 곰이 유럽과 아시아, 아메리카 대륙에 분포하고 있다. 한반도에는 그중 '불곰'과 '반달가슴곰'이 서식하며, 남한에는 '반달가슴곰'만 살고 있다. 분단 이후 남한에서는 1980년대 초까지 주로 설악산과 지리산을 중심으로 400~500마리 이상의 '반달가슴곰'을 마구 잡아들였다. 오늘날 남한 지역에는 지리산 국립 공원 일대와 강원도의 백두 대간 산줄기의 큰 산에 겨우 10마리 내외(지리산 방사 곰 제외)가 고립되어 살고 있다. '반달가슴곰'은 지난 날 웅담의 약효를 맹목적으로 믿는 사람들에 의해 죽임을 당했고, 지금도 밀렵꾼들과 웅담을 원하는 사람들에 의해 겨우 100g의 웅담 때문에 100kg의 곰이 목숨을 잃고 있다.

'반달가슴곰'은 중요한 학술적, 생태적 그리고 자원 경제적 가치를 지닌 존재이기 때문에 우리나라뿐만 아니라 국제적으로도 보호하는 야생 동물이다. 도토리가 열리는 참나무류로 대표되는 우리의 산림은 실제 자연 상태에서는 도토리를 즐겨 먹는 '반달가슴곰'이 가꾸고 있는 셈이다. '반달가슴곰'은 도토리를 먹고 종자를 다른 지역으로 옮겨 산포시키고, 거기에 배설물로 비료까지 제공해 주기 때문이다. 따라서 산림 생태계의 기능적 유지와 생태계 다양성 보전 차원에서 곰을 산림 생태계의 깃대종(생태계를 대표하는 생물종)이라고 한다.

▲ 반달가슴곰

# 불곰 [곰과]

- 학 명 *Ursus arctos*
- 영 명 Eurasian brown bear

✏️ **크기** 몸길이 190~230cm, 꼬리 길이 7~8cm, 몸무게 150~480kg

🐻 **형태** 곰 종류 중 대형으로, 몸집이 매우 크고 뚱뚱하다. 털은 거칠고 길게 나 있으며, 주로 갈색이지만 붉은 갈색이나 검은색인 것도 있다. 드물게 앞가슴에 무늬를 가진 개체도 있다. 이마가 넓고 귀가 작은 것이 특징이다. 네다리에는 각각 5개의 강한 발톱이 있는데 약간 굽은 모양이고, 앞발 발바닥 뒷부분에는 털이 있다.

🔍 **생태** 주로 산의 숲이나 습원, 초원에 산다. 어릴 때는 나무타기를 잘하지만, 자라면 그다지 능하지 않다. 5~7월에 짝짓기를 하는데, 이 시기에 수컷끼리 암컷을 차지하기 위한 싸움을 벌인다. 임신 기간은 180~250일이다. 땅속에 판 굴이나 나무의 빈 구멍 속에서 겨울잠을 자며, 암컷은 겨울잠을 자는 기간인 12~2월에 한두 마리의 새끼를 낳는다. 암컷은 태어난 지 4년이 지나면 성적으로 성숙하며, 수명은 야생의 경우 25~30년이다.

🍴 **먹이** 잡식성. 즙액이 많은 열매, 꿀, 연어, 새끼 멧돼지 등

⛰️ **사는 곳** 산의 숲이나 풀이 무성한 지대

🌐 **분포** 일본, 유라시아, 북아메리카, 우리나라 중북부

💬 **이야기마당**

'불곰'을 미국에서는 '그리즐리' 또는 '회색곰'으로 부르며, 영명은 'Brown bear'이고, 북한에서는 '큰곰'이라고 합니다. 유라시아 대륙 중위도 이북과 북아메리카 중위도 지역에 걸쳐 넓게 분포합니다. 북극곰은 최근 '불곰'에서 분화한 곰으로 알려져 있습니다.

▲ 눈 속에서 먹이를 찾고 있는 불곰(북한)

▲ 불곰

# 무산쇠족제비 [족제비과]

- **학 명** *Mustela nivalis mosanensis*
- **영 명** Korean weasel, Least weasel

🖊 **크기** 몸길이 암컷 15.5cm, 수컷 18cm, 꼬리 길이 암컷 2.7cm, 수컷 3cm, 몸무게 암컷 50g, 수컷 80~100g으로 암수의 차이가 뚜렷함.

🐾 **형태** 식육목 동물 가운데 가장 작은 종류이며, 수컷이 암컷보다 크다. 꼬리는 매우 짧고 끝이 뽀족하며, 다리도 매우 짧다. 귀는 짧고 둥글며, 눈은 비스듬히 달려 있다. 털색은 여름에는 몸 윗면이 붉은 갈색, 아랫면이 흰색이며, 겨울에는 몸 전체가 흰색을 띤다.

🔍 **생태** 주로 해발 400m 이상 높은 지역의 숲에서 사는데, 가끔 인가 근처로 내려오기도 한다. 발톱이 약해서 땅 파기에 알맞지 않으므로 쥐구멍을 빼앗아 살거나 돌 구멍, 나무뿌리 밑에서 산다. 후각, 시각, 청각이 매우 발달하였고, 동작이 민첩하다. 낮과 밤에 활동하며 주로 쥐 종류를 잡아먹는데, 몸이 작고 가늘고 길어서 쥐구멍에 침입하여 쥐를 잘 잡는다. 3, 4월에 여름털로, 10, 11월에 겨울털로 털갈이를 한다. 짝짓기는 3월에 시작하여 여름까지 계속되는 경우도 있다. 임신 기간은 약 54일이며, 한 번에 보통 4~7마리의 새끼를 낳는다.

🍪 **먹이** 쥐, 새, 도마뱀, 뱀, 개구리, 곤충 등

⛰ **사는 곳** 산악 지대 및 논밭 주변

🌐 **분포** 유라시아, 우리나라 전국

💬 **이야기마당**

세계에서 가장 작은 육식 동물이랍니다. [멸종위기야생생물 II급]

▲ 귀여워서 새끼처럼 보이지만 실제로는 다 큰 어른이다.

▲ 무산쇠족제비(설악산)

# 족제비 [족제비과]

- **학 명** *Mustela sibirica*
- **영 명** Siberian weasel

📏 **크기** 몸길이 암컷 24~28cm, 수컷 25~35cm, 꼬리 길이 암컷 11.4~17.3cm, 수컷 10.5~20.5cm, 몸무게 암컷 360~500g, 수컷 650~950g

🐾 **형태** 수컷이 암컷보다 크다. 네다리는 짧고 몸은 길다. 입에서 아래턱 부분에 뚜렷한 흰색 무늬가 있으나 무늬가 없는 것도 있다. 겨울털은 털이 길고 누런빛이 도는 갈색을 띠지만, 보다 옅은 색을 띠는 것도 있다. 몸 아랫면은 뚜렷하게 연한 색깔이며, 얼굴은 회색빛을 띤 흰색이다. 여름털은 더 진한 색을 띠며, 어릴수록 색이 진하다.

🔍 **생태** 산림 지대의 바위와 돌이 많은 계곡에 살고, 죽은 나무나 나무뿌리 밑, 돌담 사이 구멍에 보금자리를 만든다. 겨울에는 산에서 내려와 인가 근처의 창고 속에서도 산다. 후각, 청각은 뛰어나지만 시각은 약한 야행성이다. 발가락 사이에 물갈퀴가 발달하여 헤엄을 잘 치며, 물고기도 잘 잡아먹는다. 5월 초~6월 초에 짝짓기를 하며, 임신 기간은 31~34일로 보통 4~7마리의 새끼를 낳는다. 새끼는 만 1년 뒤에 성적으로 성숙한다. 새끼는 암컷이 기르고, 수컷은 단독 생활을 한다. 수명은 7년 이내이다.

🎨 **먹이** 작은 쥐 종류가 주식, 조류의 알이나 새끼, 개구리, 뱀, 곤충, 물고기, 다람쥐, 토끼 등

⛰️ **사는 곳** 평지, 산림 지대의 하천

🌐 **분포** 동아시아, 우리나라 제주도를 포함한 전국

### 이야기마당

'족제비'는 귀엽게 생긴 외모와는 달리 성질이 거칠어 '살모사'와 같은 독사도 죽이며, 닭장에 침입하여 닭을 모조리 잡아 죽이기도 한답니다. 또한 위험할 때에는 악취를 풍겨 적을 물리치기도 합니다. 모피는 우수하여 제품으로 만들어 사용되며, 꼬리털은 붓을 만드는 데 쓰입니다.

▲ 족제비(여름털)

▲ 족제비(겨울털)

# 검은담비 [족제비과]

- **학 명** *Martes zibellina*
- **영 명** Sable

📏 **크기** 몸길이 32~55cm, 꼬리 길이 13~19cm, 몸무게 1.5kg

🐾 **형태** 몸은 '족제비'보다 훨씬 크며, 암컷은 수컷보다 약간 작다. 꼬리는 짧고 북슬북슬하며, 길이가 몸통 길이의 1/3 정도이다. 머리는 좁고 코끝이 뾰족하며, 머리 옆에 붙어 있는 큰 귓바퀴는 끝이 둥근 삼각형이다. 비교적 발이 크며, 5개의 발가락이 있다. 털은 길고 조밀하며 부드럽고, 여름에는 검은색, 겨울에는 엷은 갈색을 띤다. 목덜미에는 주황색을 띤 옅은 반점이 있다.

🔍 **생태** 대부분 침엽수림의 나무 구멍이나 바위틈에서 살지만, 가끔 활엽수림에서도 발견된다. 주로 밤에 활동하고, 다람쥐나 들쥐 등 작은 동물을 잡아먹으며, 나무 열매나 벌꿀, 새알 등도 즐겨 먹는다. 1월경에 짝짓기를 하며 임신 기간은 260~300일이고, 한 번에 3~4마리의 새끼를 낳는다. 새끼의 성장은 매우 빨라서 태어난 지 15~16개월 정도가 되면 성적으로 성숙한다. 번식기 이외에는 홀로 생활하며, 자신의 영역 내에 다른 개체가 나타나면 격렬한 싸움을 벌여 영역을 지킨다.

🍒 **먹이** 소형 포유동물, 새와 새알, 나무 열매

⛰️ **사는 곳** 침엽수림의 나무 구멍, 바위틈

🌐 **분포** 일본 홋카이도, 캄차카 반도, 중국, 시베리아, 한반도 북부

💬 **이야기마당**

동북아시아 특산종으로, 털이 매우 부드럽고 가벼우며 보온력이 뛰어나 최상급의 모피 동물로 취급되고 있습니다.

▲ 검은담비

# 담비 [족제비과]

- **학 명** *Martes flavigula*
- **영 명** Yellow-throated marten

📏 **크기** 몸길이 59~68cm, 꼬리 길이 40~45cm, 몸무게 2~5kg

🐾 **형태** 담비류 가운데 몸집이 가장 큰 동물이다. 몸은 가늘고 길며, 꼬리는 몸길이의 2/3 정도로 매우 길다. 네다리는 짧고, 발가락 사이에는 물갈퀴가 있다. 겨울털의 경우 머리는 광택이 있는 검은 갈색, 목은 흰색, 가슴은 금색을 띤 노란색, 등의 앞부분은 약간 금색을 띤 황색 털이 섞여 있는 검은 갈색, 뒷부분은 검은 갈색, 네다리 아래 부위와 꼬리는 검은색이다. 모피는 거칠다.

🔍 **생태** 바위가 많은 산기슭에서 2~3마리씩 무리를 지어 생활한다. 먹이는 동물성으로 알려져 있으나, 식물성도 즐겨 먹어 잡식성에 가깝다. 이른 아침과 저녁 해 지기 전후에 가장 활발하게 활동하며, 나무를 잘 타고 땅 위를 빠르게 달리기 때문에 천적을 잘 피한다. 임신 기간은 약 6개월이며, 3~5마리의 새끼를 낳는다.

🍎 **먹이** 잡식성. 곤충, 들쥐, 조류, 과일, 도토리, 꿀

⛰️ **사는 곳** 산지 산림 및 산악 지대

🌐 **분포** 아시아 남부~동북부, 우리나라 전국 내륙 산지 삼림

**🔸이야기마당**

국내에서는 최근 조사에 의해 매우 넓은 생활 영역을 가지고 활동하는 것이 확인되었습니다. 숲에 사는 소형 동물을 잡아먹는 동물로서, 소형 동물 수의 증가를 조절하는 역할과 식물의 씨를 먹고 배설을 통하여 널리 퍼뜨리는 기능을 한답니다. [멸종위기야생생물 II급]

▲ 담비

▲ 나무를 잘 타는 습성이 있다.

# 산달 [족제비과]

- **학 명** *Martes melampus*
- **영 명** Japanese marten

📏 **크기** 몸길이 45~66cm, 꼬리 길이 19~37cm, 몸무게 1.1~1.5kg

🐾 **형태** 몸은 비교적 크고, 가늘고 길며, 다리는 짧다. 꼬리 길이는 몸통 길이의 2/3 정도로 '검은담비'에 비해 훨씬 길다. 주둥이는 비교적 뾰족하고, 귓바퀴는 작고 둥글다. 머리의 털은 누런빛을 띤 흰색, 목에서 어깨까지는 황색, 뺨과 귓바퀴는 흰색, 이마는 붉은색을 띤다. 꼬리와 네다리는 누런빛을 띤 흰색이다. 수컷이 암컷보다 크다.

🔍 **생태** 산림, 주로 높은 산의 활엽수림 근처에서 살지만 때로는 평지나 침엽수림 근처에서 생활하기도 한다. 야행성이어서 낮에는 나무 구멍이나 바위틈에 숨어서 휴식을 취한다. 육식성이지만 때로 과일을 먹기도 한다. 자신의 영역 경계선을 중심으로 배변 활동을 하는데, 변 냄새를 이용하여 다른 개체들에게 자신의 영역을 알린다. 여름에 짝짓기를 하며, 임신 기간은 7주이나 수정란의 착상이 늦게 이루어지기 때문에 이듬해 4~5월경 1~4마리의 새끼를 낳는다.

🍖 **먹이** 새와 새알, 소형 척추동물, 곤충, 과일

⛰️ **사는 곳** 산림, 높은 산의 활엽수림, 평지, 침엽수림, 나무 구멍, 바위틈

🌐 **분포** 홋카이도를 제외한 일본, 우리나라 충청북도 음성, 충청남도 천안

### 이야기마당

우리나라에서는 1923~24년 음성과 천안에서 단 2번 포획된 기록이 남아 있지만, 그 이후 생존 사실이 알려지지 않은 수수께끼의 동물입니다. 북한에서는 '누른돈'이라고 합니다.

▲ 산달

# 수달 [족제비과]

- **학 명** *Lutra lutra*
- **영 명** Eurasian river otter

**크기** 몸길이 90~100cm, 꼬리 길이 40~45cm, 몸무게 10~15kg

**형태** 몸은 수중 생활을 하기에 알맞게 발달되어 있다. 유선형의 몸과 조타수와 같은 역할을 하는 꼬리가 있고, 발가락 사이에는 물갈퀴가 있어 헤엄치기에 편리하다. 털은 짙은 갈색으로, 은백색 광택이 나는 빳빳한 털이 피부에 직접 수분이 침투하는 것을 방지하는 기능을 한다. 귀는 매우 작고, 코는 큰 편이나 콧구멍 주변에 육질 근육이 발달하여 물속에서 콧구멍을 닫는 작용을 한다.

**생태** 하천이나 호수에서 물가의 바위 구멍이나 땅에 구멍을 파고 산다. 밤에 활동하지만, 사람의 왕래가 드문 지역에서는 대낮에도 활동한다. 다 자란 성체의 경우 수면에 머리만 내밀고 천천히 유영하나, 어린 수달은 머리와 꼬리를 드러낸 채 어미 뒤를 따라 헤엄친다. 북쪽 지역에서는 겨울철에 짝짓기를 하고 봄에 새끼를 낳지만, 남부 지역에서는 한 해 동안 내내 짝짓기를 하고 새끼를 낳는다. 수명은 약 10년이다.

**먹이** 물고기가 주식. 갑각류, 양서류, 파충류, 조류, 소형 포유류

**사는 곳** 산골짜기, 하천, 강, 저수지, 댐, 해안 및 섬 지역

**분포** 유라시아, 우리나라 제주도와 울릉도를 제외한 전국

### 이야기마당

하천이나 둑마다 제방을 쌓고 콘크리트로 둘러쳐서 '수달' 들이 살아갈 터전을 잃고 있습니다. 또, '수달' 의 가죽을 얻으려고 불법으로 잡는 경우도 있어서 '수달' 의 수가 점점 감소하고 있습니다. 국제적 멸종 위기 야생 동물입니다. [천연기념물 제330호, 멸종위기야생생물 Ⅰ급]

▲ 불빛에 경계하는 수달(진주 진양호)

▲ 바위 밑에 숨어 있는 모습

▲ 수달(진주 진양호)

▲ 먹이 사냥을 위해 이동 중인 수달(전라남도 구례군)

틈 새 정 보

## 세계 멸종 위기종 '수달'

  '수달'은 한반도의 물에 사는 포유동물 중 물과 물속 생활에 적응한 유일한 동물이다. 물속에서 머리만을 내밀고 헤엄치는 '수달'을 보고 옛사람들은 마치 큰 뱀이 헤엄치는 것 같다고 상상하여 이무기 전설을 만들어 내기도 하였다. 또한, 영국에서 네시 호의 괴물 소동을 일으킨 주인공이기도 하다. '수달'은 이와 같이 우리의 생활 환경 주변에서 살고 있으면서도 지금까지 참모습이 알려지지 않은 포유동물이다.

  '수달'은 전 세계적으로 멸종되어 가고 있는 야생 동물이다. '수달'을 멸종 위험에 빠뜨리는 가장 큰 원인은 서식지의 급격한 개발과 어자원을 마구 잡는 것이다. 그러나 오늘날 생활용수에 의한 수질 오염과 농약의 과다 사용에 의한 어류의 생체 내 잔류 독성 축적에 따른 2차적 피해도 적지 않다. 종 자체의 밀렵도 문제이지만, 서식지 환경 훼손은 '수달' 뿐만 아니라 다른 생물들의 생존에도 큰 위협이 되고 있다.

수달 ▶

# 오소리 [족제비과]

- **학 명** *Meles leucurus*
- **영 명** Eurasian badger

**크기** 몸길이 50~70cm. 꼬리 길이 11~19cm, 몸무게 암컷 약 10kg, 수컷 약 12kg

**형태** 몸이 크고 뚱뚱하며, 얼굴은 원통형이고, 주둥이는 뭉툭하다. 털은 거칠고 끝이 가늘며 뾰족하다. 눈 주위는 검은 갈색이나 눈 사이는 흰색으로 다른 종과 쉽게 구별된다. 또 다른 종과 달리 몸 윗면은 검은 갈색 바탕에 서리가 온 것처럼 하얗게 보이고, 네다리와 배는 짙은 갈색을 띤다. 눈은 작은 반면 후각이 발달하였고, 먹이를 잘 찾을 수 있도록 콧등이 길다. 앞발이 뒷발에 비해 길고, 오므릴 수 없는 갈고리발톱이 있다. 암수의 크기가 같다.

**생태** 나무가 드문 산이나 관목 숲, 물이 흐르는 골짜기에 굴을 파거나 바위굴에서 생활한다. 강한 발톱이 있는 앞발로 구멍을 파고, 그 구멍에서 생활하는 특징이 있다. 동굴 가까운 곳이나 행동권 경계 지역에 배설물을 쌓아 놓는 습성이 있는데, 딱정벌레를 많이 먹기 때문에 '너구리'의 배설물과 구별된다. 야행성이며, 먹이를 저장하는 습성이 있다. 11월 말~12월 초에 겨울잠을 자지만 따뜻한 날에는 굴 밖으로 나오기도 한다. 늦가을 겨울잠에 들어가기 전에 짝짓기를 하며, 이듬해 3월경에 굴 안에서 2~8마리의 새끼를 낳는다. 새끼는 태어난 지 2년 정도가 되면 성적으로 성숙한다.

**먹이** 지렁이, 땅강아지, 과일, 감자, 벌, 개미, 개구리, 쥐 등

**사는 곳** 산의 숲

**분포** 유럽에서 동아시아까지 유라시아 북부의 넓은 지역, 우리나라 전국 내륙, 제주도를 포함한 섬 지역

### 이야기마당

몇 년 전까지 보신용으로 찾는 사람이 많아서 전국적으로 밀렵이 성행하여 그 수와 서식 지역이 갑자기 줄어든 대표적인 동물입니다. 그러나 최근 보호 정책에 의해 차츰 마릿수가 늘고 있습니다.

▲ 오소리

▲ 새끼 오소리

# 물개 [바다사자과]

- **학 명** *Callorhinus ursinus*
- **영 명** Northern fur seal

✎ **크기** 태어날 때의 몸길이 0.7m, 몸무게 4.5~6kg. 성숙한 암컷의 몸길이 1.3~1.6m, 몸무게 35~60kg. 성숙한 수컷의 몸길이 1.9~2.3m, 몸무게 185~275kg

🐾 **형태** 몸 색깔은 수컷은 흑갈색, 암컷은 어두운 회색으로 배 부위가 밝은 회색 또는 밤색이다. 갓 태어난 새끼의 몸 색깔은 검은색이다. 피부 표면은 부드럽고 빽빽이 나 있는 속털과 거세고 조잡하게 나 있는 바깥 털로 덮여 있으며 앞다리의 발목 부분까지 나 있다. 코는 끝이 짧고 밑을 향하고 있으며, 뾰족한 모양이다. 수컷이 암컷보다 몸집이 크고, 성숙한 수컷은 근육질의 목과 탐스럽게 더부룩한 갈기 털을 가지고 있다.

🔍 **생태** 연안에서 먼바다에 걸쳐 산다. 특히 겨울에는 번식 장소에서 멀리 떨어진 먼바다에 나가 생활하는 경우가 많다. 번식기는 6월로, 1마리의 수컷이 최대 60마리의 암컷을 거느리는 일부다처제(하렘) 번식 집단을 이룬다. 새끼는 태어난 지 4개월이 지나면 젖을 뗀다. 번식 기간 이외에 육지로 올라오거나 무리를 이루는 경우는 드물다. 수명은 암컷이 최대 26년이며, 수컷은 암컷에 비해 짧은 것으로 추정된다.

🍽 **먹이** 오징어, 정어리, 아귀, 넙치, 가오리 등

⛰ **사는 곳** 외딴섬, 바닷가

🌐 **분포** 북위 42도 이북의 북태평양 동서 연안 및 해양의 섬 지역, 우리나라에는 겨울에만 동해를 거쳐 남해 및 황해 남부에 나타남.

💬 **이야기마당**

현재 북태평양 지역에 사는 '물개'의 개체 수는 약 120만 마리입니다. [멸종위기야생생물 II급]

▲ 번식기에 수컷(가운데) 물개 한 마리와 수십 마리의 암컷이 무리를 이룬다. [사진/M. Boylan]

▲ 수컷(가운데) 물개 한 마리와 여러 마리의 암컷(러시아 캄차카 반도) [사진/Романов А.]

# 큰바다사자 [바다사자과]

- **학 명** *Eumetopias jubatus*
- **영 명** Steller sea lion

📏 **크기** 태어날 때의 몸길이 1m, 몸무게 17~23kg. 성숙한 암 컷의 몸길이 2.2~2.7m, 몸무게 260~330kg. 성숙한 수컷 의 몸길이 2.8~3m(최대 3.25m), 몸무게 560~800kg(최대 1120kg)

🐚 **형태** 바다사자과 가운데 몸집이 가장 크다. 피부 표면에 털 이 듬성듬성 나 있고, 수컷의 털색은 갈색 또는 붉은 갈색이 며, 암컷은 약간 엷은색이다. 머리와 주둥이가 크고 넓으며, 끝은 둥글다. 앞뒤 지느러미발은 매우 길고 넓으며 검은색 이다. 새끼는 검은 갈색이지만 태어난 지 6개월이 되면 털 갈이를 한다. 어금니는 다섯 쌍으로, 위턱의 넷째 번 작은 어금니와 첫째 번 큰 어금니 사이의 간격이 넓다. 이빨 수는 총 34개이다.

🔍 **생태** 연안에서 먼바다에 걸쳐 산다. 우리나라에서는 번식 하지 않고, 겨울에서 봄에 걸쳐 나타나는 것은 사할린 주변 과 캄차카 반도의 번식지에서 남하한 것이다. 번식 장소 주 변의 해양에서 1년 내내 무리를 지어 생활하며, 번식 장소는 육지로, 번식기 이외에도 때때로 뭍으로 올라온다. 5~6월에 새끼를 낳고, 한 번에 1마리의 새끼를 낳는다. 수명은 15년 이며, 25년 전후까지 살기도 한다.

🍴 **먹이** 물고기, 오징어, 문어

⛰️ **사는 곳** 바닷가에서 먼바다까지

🌐 **분포** 동부 캘리포니아 만에서 일본 홋카이도 연안, 겨울과 봄에 걸쳐 우리나라 동해, 남해, 황해 남부 연안

### 🗨️ 이야기마당

1985년에 전 세계에 약 29만 마리가 살고 있는 것으로 추정되었으나, 1991년에는 9만 마리로 크게 줄었습니다. 우리나라에서는 드물게 제 주도와 울릉도를 포함한 연안에서 겨울철에만 볼 수 있습니다. [멸종 위기야생생물 II급]

▲ 바위에서 휴식하고 있다.(제주도)

▲ 바위섬에서 휴식하는 큰바다사자(가장 큰 개체가 수컷) 무리(러시아 캄차카 반도) [사진/Гонта K.]

# 바다사자 [바다사자과]

- **학 명** *Zalophus japonicus*
- **영 명** Japanese sea lion

✏️ **크기** 태어날 때의 몸길이 0.7m, 몸무게 5.5~6.4kg. 성숙한 암컷의 몸길이 1.5~1.8m, 몸무게 50~110kg. 성숙한 수컷의 몸길이 2.3~2.5m, 몸무게 440~563kg

🐾 **형태** 몸은 방추형이고, 귀는 작고 가늘며, 꼬리는 짧다. 네 발은 수생 생활의 적응에 따른 진화로 물고기의 지느러미와 같은 모양으로 변화하였다. 그러나 다섯 발가락의 발톱 흔적은 그대로 남아 있다. 암수의 형태 차이가 뚜렷하여, 수컷은 암컷에 비해 돌출한 화살촉 모양의 이마와 근육질의 가슴을 가졌으며, 목 부위가 매우 잘 발달하였다. 몸 색깔은 대부분의 수컷은 검은 갈색이고, 암컷과 새끼는 누런빛을 띤 갈색이다. 암수 모두 지느러미발은 검은색이다.

🔍 **생태** 주로 연안에서 생활하며, 하구에서도 발견된다. 1년 내내 무리를 지어 생활한다. 일부다처제로, 집단으로 번식한다. 5~6월에 1년에 한 번 1마리의 새끼를 땅에서 낳고 기른다. 날카롭게 짖는 듯한 크고 높은 소리로 '아윽 아윽' 또는 '오억 오억' 하고 울며, 울음소리는 멀리까지 전달된다. 천적은 범고래와 상어이다.

🍴 **먹이** 오징어, 명태, 정어리, 연어 등

🏔️ **사는 곳** 연안, 하구 등의 바위, 모래, 풀 위

🌐 **분포** 러시아 연해주, 일본, 우리나라 동해(1970년대까지 볼 수 있었으나, 최근 20년 동안 목격된 사례가 없음.)

💬 **이야기마당**

수생 동물들이 펼치는 서커스 등에서 흔하게 볼 수 있습니다. '물개'와 비슷하게 생겼지만 '물개'에 비해 몸집이 크고, 입 모양이 둥글어 '물개'와 구별된답니다. 따라서 흔히 '물개 쇼'라고 알고 있지만, 사실 묘기를 부리는 주인공은 '물개'가 아닌 '바다사자'랍니다. [멸종위기야생생물 Ⅰ급]

▲ 어미와 새끼 바다사자(일본 우에노 동물원)

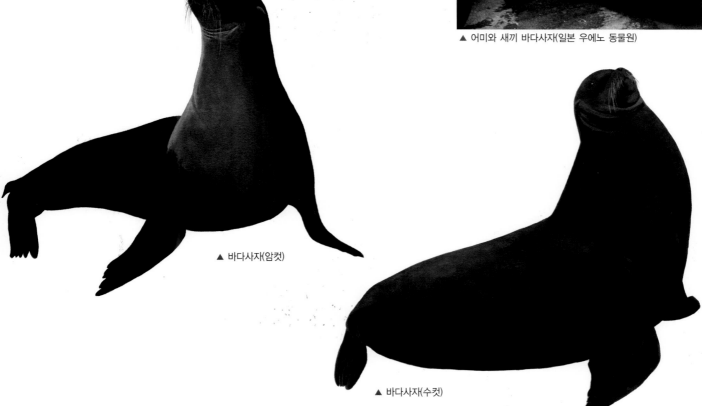

▲ 바다사자(암컷)

▲ 바다사자(수컷)

# 물범(점박이물범) [물범과]

- **학 명** *Phoca largha*
- **영 명** Largha (Spotted) seal

📏 **크기** 태어날 때의 몸길이 77~92cm, 몸무게 7~12kg. 성숙한 암컷·수컷의 몸길이 1.4~1.7m, 몸무게 82~123kg

🦭 **형태** 소형 종이다. '물개'와 비슷하지만 머리가 둥글고 귓바퀴가 없으며 몸 자체에 억센 털이 나 있다. 암수 차이가 크지 않다. 몸은 회색 바탕에 작고 검은 점무늬가 많다. 주둥이는 비교적 짧다. 지느러미 앞발의 제1·제2발가락은 제3발가락보다 길다. 젖꼭지 수는 1쌍, 이빨 수는 34개이다.

🔍 **생태** 바다와 민물에서 산다. 암컷은 태어난 지 3~4년이 되면 성적으로 성숙하며, 3월경에 물 위를 떠다니는 얼음 위에서 1마리의 새끼를 낳는다. 새끼는 태어난 직후에는 온몸이 흰색 털로 덮여 있어, 얼음과 눈이 많은 주위 환경과 비슷하여 천적의 눈에 잘 띄지 않는다. 수명은 암컷의 경우 20~35년이다.

🍽 **먹이** 명태, 청어, 오징어 등

⛰ **사는 곳** 대륙붕, 경사면의 연안

🌐 **분포** 베링 해, 오호츠크 해, 동해 북부, 발해만 주변, 우리나라에는 2가지 유형의 개체군이 분포함.
- **연중 서식 개체군**: 서해 연안 강화도 이북에서 북한 황해 지역을 거쳐 중국 동북부 발해만에 걸쳐 산다.
- **회유 개체군**: 겨울 동안 캄차카 반도와 오호츠크 해역에서 생활하는 무리 중 일부가 한반도 해역에 출현하여 해안 섬 지방에서 겨울을 나고, 봄이 되면 다시 북태평양으로 되돌아 간다.

### 🗨 이야기마당

북반구에서 가장 많은 물범류로, 우리나라 황해의 백령도에 사는 물범의 수는 약 300여 마리로 추측합니다. [천연기념물 제331호, 멸종위기야생생물 II급]

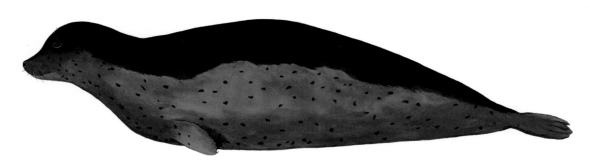

▲ 물범(수컷)

▲ 물범(암컷)

▲ 바위에서 무리를 지어 휴식하고 있다.(백령도는 대한민국 영토에서 황해 최북단의 섬으로, 북한과 매우 가까운 위치에 있다. 뒷배경의 육지는 북한이다.)

▲ 바닷물 위에서 헤엄치며 주위를 둘러보고 있다.

▲ 바위에서 휴식하고 있다.

▼ 백령도 연봉바위 일대의 물범 무리

# 흰띠백이물범 [물범과]

- **학 명** *Histriophoca fasciata*
- **영 명** Ribbon seal

**크기** 태어날 때의 몸길이 0.7~1m, 몸무게 6~10kg. 성숙한 암컷·수컷의 몸길이 1.6~1.8m(최대 1.9m), 몸무게 72~148kg

**형태** 다른 물범류보다 몸이 약간 가늘다. 머리는 작고 편평하며, 다소 고양이 같은 모양이다. 수컷이 암컷보다 조금 크다. 수컷은 어두운 갈색 바탕에 목에서 정수리, 양쪽 어깨 부위에서 앞발을 둘러싼 흰색 띠무늬가 있으며, 무늬는 항문 부위 쪽 허리에 있는 흰색 띠무늬와 연결되어 있다. 암컷은 잿빛 갈색으로, 흰색 띠무늬가 눈에 띄게 두드러지지 않는다. 젖꼭지 수는 1쌍, 이빨 수는 36개이다.

**생태** 육지에서 멀리 떨어진 바다의 얼음 근처에서 단독으로 생활하며, 해안에 올라오는 일이 거의 없다. 일반적으로 얼음 위에서 휴식하는데, 얼음 위에서는 뱀과 같이 빠르게 움직일 수 있다. 3~4월경에 바다 위를 떠다니는 얼음 위에서 순백색의 털을 지닌 새끼를 1마리 낳는다. 수명은 약 30년이다.

**먹이** 오징어, 새우, 명태 등

**사는 곳** 육지에서 멀리 떨어진 바다

**분포** 베링 해, 오호츠크 해, 우리나라 동해(겨울철에 드물게 북태평양에서 남하하여 물 위를 떠다니는 얼음덩어리와 함께 나타남.)

### 이야기마당

우리나라에서는 평안남도 대동강 하류에서 처음 발견되었습니다. 분포 지역에서 약 20만 마리가 살고 있는 것으로 추정하고 있으며, 주 먹이인 명태가 감소하고 연안 개발 등으로 개체 수가 점점 줄고 있습니다.

▲ 흰띠백이물범(수컷)

▲ 흰띠백이물범(암컷)

# 고리무늬물범 [물범과]

- **학 명** *Pusa hispida*
- **영 명** Ringed seal

**크기** 몸길이 1.2~1.5m(최대 1.65m), 몸무게 60~70kg

**형태** 소형 물범류로, 수컷이 암컷보다 조금 크다. 머리가 다른 물범에 비해 작다. 몸 색깔과 무늬는 변이가 많다. 일반적으로 등은 짙은 잿빛 갈색 바탕에 연녹색이 섞인 어두운 갈색 반점 무늬가 있다. 배는 반점 무늬가 없고 옅은 색이다. 젖꼭지 수는 1쌍, 이빨 수는 34개이다.

**생태** 얼음 위나 바다에 산다. 단독으로 생활하나 번식기에는 가족이 함께 지낸다. 헤엄을 잘 치며, 대개 45m 깊이의 물속에서 활동하지만 최대 145m 깊이까지 잠수한 기록이 있다. 한번 잠수하면 8분 정도 버티며 물속에서 활동한다.

태어난 지 5년이 지나면 성적으로 성숙하여 3월 중순~4월에 얼음 위에서 새끼를 낳는다. 야생에서 최대 수명 기록은 45년이다. 바다 이외에 민물에서도 생활한다.

**먹이** 어류, 갑각류

**사는 곳** 얼음으로 덮인 육지나 얼음이 있는 바다

**분포** 북태평양, 북대서양 및 북극해의 북극권, 우리나라의 동해

**이야기마당**

'물범'과 닮았으나 몸통이 훨씬 크고 뚱뚱합니다. 주둥이는 좁고 짧아 고양이와 비슷합니다.

▲ 고리무늬물범(수컷)

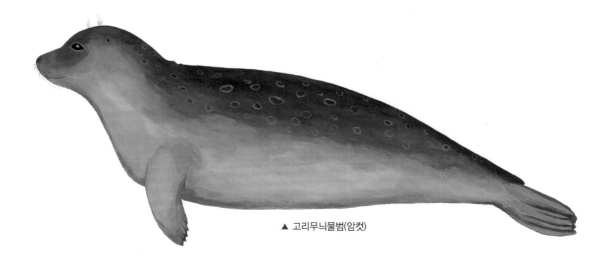

▲ 고리무늬물범(암컷)

# 긴턱수염물범 [물범과]

- **학 명** *Erignathus barbatus*
- **영 명** Bearded seal

🖋 **크기** 태어날 때의 몸길이 1.3m, 몸무게 35kg. 성숙한 암컷의 몸길이 2.2m, 성숙한 수컷의 몸길이 2.4m. 몸무게 200~250kg

🐾 **형태** 대형 종으로, 입과 턱 주변의 털이 다른 물범에 비해 매우 길다. 몸 전체가 회색을 띤 갈색으로 무늬가 없고, 배는 약간 옅은 색이다. 몸통은 다른 물범류에 비해 크다.

🔍 **생태** 얕은 바다에 산다. 번식기 이외에는 단독으로 생활한다. 최대 물속 잠수 깊이는 288m이며, 19분간 잠수한 기록이 있으나 대개 100m 깊이의 물속에서 10분 정도 잠수한다. 태어난 지 5~7년이 되면 성적으로 성숙하며 4~8월에 얼음 위에서 1마리의 새끼를 낳는다. 최대 수명은 31년이다.

🦭 **먹이** 물고기, 게, 새우, 오징어, 문어 등

⛰ **사는 곳** 수심 200m 이하의 얕고 찬 바다

🌐 **분포** 북반구의 극지와 극지 가까운 곳, 우리나라 동해

💬 **이야기마당**

전 세계에 50만 마리 정도가 살고 있는데, 그중 50%가 태평양 북부의 베링 해역에서 살고 있습니다. 일부는 동해 북부 지역까지 남하하여 겨울을 납니다.

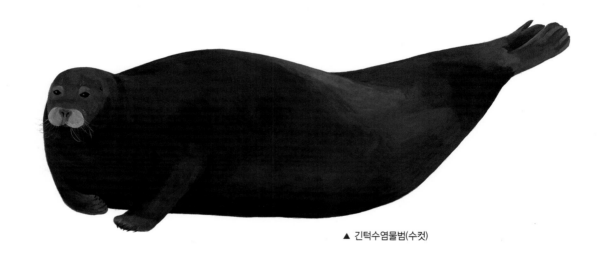

▲ 긴턱수염물범(수컷)

▲ 긴턱수염물범(암컷)

# 우제목(소목)

중·대형의 초식성 포유동물로 멧돼지, 고라니, 사슴, 노루, 산양 등이 속한다. 이 동물들은 일반적으로 다리가 길고 발가락 끝이 각질 발굽으로 덮여 있다. 발가락은 보통 2개 또는 4개로 짝수이다. 대부분의 동물들은 위가 네 부분으로 나뉘어 있어 식물성 먹이를 먹고 되새김질을 한다.

암수 구별은 동물의 크기에 의존하는데, 보통 수컷이 더 크다. 또한 뿔이 있는지 없는지, 있다면 뿔 속이 차 있는지 비어 있는지에 따라서 몇 개의 과로 나뉜다. 뿔이 없는 멧돼지과와 사향노루과, 속이 차 있는 뿔을 가진 사슴과, 속이 비어 있는 뿔을 가진 소과로 나뉜다. 사슴과의 뿔은 수컷에게만 있으며 가지를 치는데, 주기적으로 떨어지고 또다시 자라난다. 이에 비해 소 종류는 뿔의 크기는 다르지만 암수 모두에 뿔이 있으며 가지를 치지 않는다.

이빨은 원시적인 종류에서는 완전히 갖추어져 있지만, 진화된 종류에서는 위턱의 앞니가 퇴화하고 아래턱의 송곳니는 앞니 모양으로 되어 있다. 어금니는 단단한 에나멜질 부분이 복잡하게 휘어진 채로 접혀 섬유질이 많은 먹이를 씹는 데 알맞게 발달하였다.

많은 종류가 초식성이지만 멧돼지류는 잡식성이다. 숲과 초원, 툰드라, 사막, 고산 지대 등 여러 환경에서 산다. 어린 새끼는 태어나자마자 곧 걸을 수 있고, 몇 시간 이내에 달릴 수 있다. 우리나라에는 4과 6속 7종이 살고 있다.

# 멧돼지 [멧돼지과]

- 학 명 *Sus scrofa*
- 영 명 Wild boar

📏 **크기** 몸길이 120~180cm, 꼬리 길이 40~50cm, 몸무게 70~200kg(드물게 300kg 이상)

🐗 **형태** 지역에 따라 몸의 크기 차이가 크며, 암수의 형태 차이가 뚜렷하다. 몸은 굵고 길며 머리는 크고, 목은 짧다. 눈은 작고 귀는 비교적 큰 편이다. 다리는 비교적 짧고, 주둥이는 길고 원통형이다. 콧등에는 2개의 송곳니가 뻗어 나와 있다. 몸은 뻣뻣한 검은 갈색 털로 덮여 있으며, 나이가 들수록 털색이 옅어진다.

🔍 **생태** 적응력이 강하고 행동이 민첩하다. 해뜰 무렵이나 해질 무렵뿐만 아니라, 낮에도 왕성하게 활동한다. 청각과 후각이 발달하였으며, 몸을 돌이나 나무에 잘 비비는 성질이 있다. 바람이 없고 햇볕이 잘 드는 따뜻한 남향을 좋아하며, 수목이 우거진 곳이나 잡초가 무성한 곳에 땅을 파고 낙엽을 모아 보금자리를 만든다. 보통 1년에 한 번 새끼를 낳으나 봄과 가을에 두 번 낳는 경우도 있다. 12월에서 이듬해 1월에 짝짓기를 하며, 이때 암컷 1마리가 수컷 여러 마리를 거느린다. 임신 기간은 120일 내외, 5월에 3~10마리의 새끼를 낳으며 암컷 혼자 새끼를 기른다. 새끼는 태어난 지 1~2년 정도 되어야 성적으로 성숙한다. 어미와 새끼 이외에는 보통 암수 모두 단독으로 생활하나 가끔 작은 무리를 짓는 경우도 있다. 수명은 15~20년이다.

🍪 **먹이** 잡식성

⛰️ **사는 곳** 야산에서 높은 산에 이르는 활엽수림 또는 침엽수림 지대

🌐 **분포** 유라시아 대륙 전역, 우리나라 전국

### 🎨 이야기마당

산림과 가까이 있는 농가에 내려와 농작물에 피해를 입히는 경우가 있어 문제가 되고 있습니다. 제주도에는 야생 '멧돼지'와 집돼지의 교배 종이 사육 농장에서 도망하여 한라산 일대에 적응해 살게 됨으로써 그 수가 증가하고 있습니다.

▲ 멧돼지(수컷)

▲ 새끼 멧돼지

▲ 멧돼지

# 사향노루 [사향노루과]

- **학 명** *Moschus moschiferus*
- **영 명** Musk deer

🖊️ **크기** 몸길이 70~100cm, 꼬리 길이 3~6cm, 어깨높이 50~70cm, 몸무게 7~15kg

🐾 **형태** 몸의 형태가 '고라니'와 매우 비슷하나, 몸에 반점 무늬가 있고 목에 흰 세로줄무늬가 위에서 아래로 길게 나 있다. 등의 털색은 어두운 갈색이며, 배는 흰색 또는 우윳빛이다. 몸의 크기와 발굽이 작고 네다리가 짧으며, 꼬리가 매우 짧아 겉에서 잘 보이지 않는다. 수컷은 길이 5cm 정도 되는 송곳니가 입 밖으로 길게 나와 있다.

🔍 **생태** 식생이 풍부한 장소, 특히 바위가 겉으로 드러난 침엽수림이나 혼합림 또는 낙엽활엽수림에 산다. 겁이 많고 청각이 매우 예민하여 좀처럼 눈에 띄지 않는다. 보통 숲 그늘이나 바위틈, 쓰러진 고목 뒤에 몸을 숨기고 있다가 이른 새벽이나 저녁 무렵에 먹이를 찾아 활동한다. 가을에는 낮과 밤 모두 활발하게 활동하나, 겨울에는 활동이 둔하다. 암수 단독 생활을 하며, 암컷이 혼자 새끼를 기른다. 암수가 세력권을 지니고, 수컷은 침입자가 있으면 세력권을 지키기 위하여 맹렬히 싸우는데, 송곳니에 찔려 상처를 입고 죽는 경우도 있다.

🍴 **먹이** 잎, 꽃, 새싹, 벼과 식물, 작은 나뭇가지, 이끼류, 지의류 등 30종 이상

🏔️ **사는 곳** 고산 지대 산악, 산림

🌐 **분포** 히말라야에서 러시아 연해주 지역, 우리나라 전국

 **이야기마당**

예로부터 '사향'은 동서양을 막론하고 귀중한 한약재 및 향수의 원료로 이용되어 왔습니다. 사향은 수컷 '사향노루'의 성호르몬이 한데 모인 것으로 단백질, 지방 등 여러 가지 화합물로 조성되어 있습니다. 국제적 보호 동물입니다. [천연기념물 제216호, 멸종위기야생생물 I급]

▲ 사향노루

틈 새 정 보

## '사향노루'의 학술적 가치

'사향노루'는 빙하기의 혹독한 생존 환경을 극복하고 오늘날까지 살아 있는 '고대 동물'로서, 학술적으로 과거 지질 시대의 한반도 및 주변 국가와의 대륙 연결과 해수면의 상승에 의한 단절 등 생물 분포에 따른 역사를 밝히는 데 중요한 지표 생물이다. '사향노루'를 원시형 동물이라고 하는 이유는 초기 원시형 사슴류의 특징인 뿔이 없고, 수컷의 위턱 송곳니가 잘 발달되어 있기 때문이다. 현재 백두 대간의 깊은 산악 지대를 중심으로 한정적으로 분포하고 있으며, 생존 개체 수는 수십 마리로 짐작된다. '사향노루'는 습성을 잘 아는 밀렵꾼들에게 쉽게 잡혀 국제적으로 그 수가 감소하고 있다.

# 노루 [사슴과]

- **학 명** *Capreolus capreolus*
- **영 명** Roe deer

📏 **크기** 몸길이 100~140cm, 꼬리 길이 10~40cm, 어깨높이 60~90cm, 몸무게 15~30kg

🐾 **형태** 몸과 귀가 크고 위턱에 보통 송곳니가 없다. 뿔은 길이 27~35cm로 수컷에만 있는데, 각각 3개의 가지로 나뉘어 있다. 겨울털은 거칠고 물결 모양이며 부스러지기 쉽다. 몸 윗면은 누르스름한 빛이 감도는 잿빛 갈색으로 검은색의 작은 반점이 있고, 엉덩이의 흰색 반점은 겨드랑이 부분까지 연결되어 있다. 여름털은 가늘고 잘 부스러지지 않는다. 몸 윗면과 목은 누런빛을 띤 갈색, 배는 누런빛을 띤 흰색, 머리는 갈색이다. 엉덩이의 반점은 선명한 갈색으로 변하여 주위의 털과 구분되지 않는다.

🔍 **생태** 울창하지 않은 혼합림, 활엽수림, 초원, 늪, 골짜기, 산비탈의 숲 등 사는 곳이 다양하다. 식성은 사슴류와 비슷하다. 9월 초순경 짝짓기를 하는데, 1마리의 수컷이 2, 3마리의 암컷을 따라다니며 '케욱 케욱' 하고 개 울음소리를 낸다. 6월경에 1~3마리의 새끼를 낳으며, 암컷은 어린 새끼들과 무리를 지어 살지만 수컷은 단독 생활을 한다.

🍂 **먹이** 풀 및 나무의 잎과 줄기, 씨앗 등 식물

⛰️ **사는 곳** 산지 산림 지대

🌐 **분포** 동북아시아, 유럽(20세기 초에 아시아에서 들어와 야생화됨.), 우리나라 제주도를 포함한 전국

**이야기마당**

밀렵으로 그 수가 많이 줄어들었다가 최근 다시 회복하고 있습니다. 반면, 제주도에서는 특별 보호로 인해 그 수가 차츰 늘어나 농작물에 피해를 주고 있기도 합니다.

▲ 노루(수컷)

▲ 노루(암컷)

▲ 노루 엉덩이

▲ 새끼 노루

▲ 노루(지리산)

# 대륙사슴 [사슴과]

- **학 명** *Cervus nippon*
- **영 명** Sika deer

📏 **크기** 몸길이 암컷 90~150cm, 수컷 90~190cm. 어깨높이 암컷 60~110cm, 수컷 70~130cm. 몸무게 암컷 25~80kg, 수컷 50~130kg

🐾 **형태** 중형 종으로, '노루'보다 크다. 사는 지역에 따라 몸 크기의 차이가 뚜렷하다. 우리나라의 경우, 북부 지역의 개체가 남부 지역에 비해 30% 정도 몸이 더 크다. 수컷이 암컷보다 1.5배 정도 크다. 여름털은 갈색 바탕에 소형의 흰 반점이 있고, 겨울에는 흰 반점 무늬가 사라져 잿빛 갈색이 된다. 수컷은 뿔이 있는데, 뿔의 크기나 가지의 수는 지역에 따라 조금씩 다르다. 뿔 길이는 30~80cm이다.

🔍 **생태** 상록수림, 낙엽활엽수림, 혼합림 등에 살며, 겨울에 눈이 많이 내리는 지역에 사는 개체는 눈이 적은 지역으로 이동을 한다. 아침과 저녁에 주로 활동한다. 가을에 짝짓기를 하며, 약 220일간의 임신 기간을 거쳐 5~7월에 대개 1마리의 새끼를 낳는다. 보통 암수가 서로 다른 무리를 이루어 생활하고, 짝짓기 시기에 일시적으로 만나며, 수컷이 세력권을 가지고 여러 마리의 암컷을 거느린다. 수명은 수컷은 15년 전후, 암컷은 20년 전후이다.

🎨 **먹이** 조릿대 등의 벼과 식물, 나뭇잎, 견과 등

⛰️ **사는 곳** 산지 산림 지대

🌐 **분포** 동북아시아 일대, 유럽(20세기 초에 아시아 지역에서 들어와 야생화됨.), 북한

### 🗨️ 이야기마당

남한에서는 1940년대에 종적을 감추었으며, 현재 국내에서 사육되고 있는 사슴은 모두 외국에서 수입한 것입니다. 북한의 백두산 삼지연 부근에서는 흰 털을 지닌 사슴들이 자주 목격되는데, 이는 유전적 색소 결핍증으로 태어난, 알비노 현상을 보이는 사슴들로, 예부터 진귀한 동물로 여겨 신성시하곤 하였습니다.

▲ 여름철의 대륙사슴 수컷(북한)

▲ 풀을 뜯고 있는 모습

▲ 겨울철의 대륙사슴 수컷(일본 홋카이도)

# 붉은사슴 [사슴과]

- 학 명 *Cervus elaphus*
- 영 명 Red deer

✏️ **크기** 몸길이 165~250cm, 어깨높이 75~150cm, 몸무게 58~255kg

🦌 **형태** 우리나라에 살고 있는 사슴 가운데 가장 큰 종류이다. 겨울털은 털이 길고 빽빽하며 속털이 있다. 몸 윗면은 황갈색이며, 배와 엉덩이 주위는 엷은 색을 띤다. 귓볼은 흰색이다. 암컷은 흑갈색 줄무늬가 머리에서 뒷목의 중앙선을 지나 어깨 부분까지 뻗어 있다. 여름털은 겨울털과 비슷하나 속털이 없다. 뿔은 길이가 80~120cm이며, 무게가 10~15kg에 이르는 것도 있다.

🔍 **생태** 산악 지역의 숲에서 산다. 여름에는 큰 산맥을 따라 산 꼭대기까지 올라가서 숲과 계곡의 해충을 피하며 산열매 등을 먹고, 겨울에는 큰 산맥에서 작은 산맥으로 내려와 마른 풀이나 연한 나뭇가지 등을 먹는다. 수컷의 뿔은 2~3월에 떨어지고 7월에 새로 나온다. 1년 중 대부분의 기간 동안 암수가 떨어져서 지내다가, 9~10월 뿔의 벨벳이 벗겨질 때쯤 암컷을 차지하기 위한 경쟁에서 이긴 수컷이 암컷 무리를 이끈다. 이 시기에 짝짓기를 하는데, 임신 기간은 230~240일이며, 5~6월에 1~2마리의 새끼를 낳는다. 수명은 야생의 경우 15~18년이다.

🎨 **먹이** 부드러운 나뭇잎, 풀, 산열매, 버섯, 연한 나뭇가지 등

⛰️ **사는 곳** 산악의 삼림 지대

🌐 **분포** 아시아, 서유럽, 북아프리카, 캐나다 서부, 미국 북서부, 북한

💬 **이야기마당**

짝짓기 철이 되면 수컷이 말과 비슷한 소리를 내며 암컷을 찾아다녀서 '말사슴' 이라고도 합니다.

▲ 붉은사슴(수컷) 얼굴

▲ 붉은사슴(수컷)

# 고라니 [사슴과]

- **학 명** *Hydropotes inermis*
- **영 명** Water deer

📏 **크기** 몸길이 102~112cm, 꼬리 길이 8cm, 어깨높이 52~57cm, 몸무게 18~30kg

🐾 **형태** '노루'보다 훨씬 작고, 암수 모두 뿔이 없으므로 수노루와 쉽게 구별된다. 수컷은 길이 5~6cm나 되는 송곳니가 입 밖으로 약간 나와 있는 점이 '사향노루'와 비슷하지만, 크기가 조금 더 크다. 네다리는 가늘고 길며, 각 발에는 4개의 발가락이 있으나 제2, 제5발가락은 높이 붙어 있어 땅에 닿지 않는다. 겨울털은 물결 모양의 긴 털이 빽빽하게 나 있고, 여름털은 바늘같이 곧고 짧으며 성글게 나 있다. 어린 새끼의 몸에는 네 줄로 된 흰색의 작은 점무늬가 세로로 줄지어 있다.

🔍 **생태** 야산의 중턱 이하 산기슭이나 강기슭, 억새가 무성한 황무지, 풀숲 등에서 살며, 계절에 따라 사는 장소를 옮긴다. 봄에는 논밭과 풀숲, 여름에는 버들밭이나 그늘진 냇가, 가을에는 풀숲, 버들밭, 곡식 낟가리 속에서 발견되며, 겨울에는 양지바른 논둑 위에 누워 있는 것을 볼 수 있다. 3~6월에 여름털로 바뀌고, 8~10월에 겨울털로 바뀐다. 물을 좋아하여 하루에 보통 두 번은 물가에서 물을 먹고 헤엄도 친다. 12월에 짝짓기를 하고, 이듬해 6월에 2~6마리의 새끼를 낳는다.

🍎 **먹이** 연한 풀. 겨울에는 나뭇가지나 보리의 끝을 잘라 먹음.

⛰️ **사는 곳** 해안의 낮은 지대 평원에서 중산간 지대 숲

🌐 **분포** 중국 일부, 유럽(20세기 초에 아시아에서 들어와 야생화됨.), 한반도, 우리나라 제주도를 제외한 전국

### 🗨️ 이야기마당

암컷에는 4개의 젖꼭지가 있는데, 이것은 '고라니'가 고대형의 노루임을 입증해 주는 증거랍니다. 왜냐하면 다른 노루의 경우 진화하여 새끼 수가 적고 젖꼭지 수도 2개이기 때문입니다. 국제적 보호 동물이나, 우리나라에서는 그 수가 많고 농작물에 피해를 주어 매년 수만 마리가 희생되고 있습니다.

▲ 달리는 모습

▲ 풀을 뜯고 있는 모습

▲ 고라니(암컷)

# 산양 [산양과]

- **학 명** *Nemorhaedus caudatus*
- **영 명** Amur goral

📏 **크기** 몸길이 105~130cm, 꼬리 길이 11~18cm, 어깨높이 65~75cm, 몸무게 32~47kg, 뿔 길이 15~18cm

🐾 **형태** '염소'와 비슷하게 생겼으나 턱에 수염이 없고 몸통이 두꺼운 점이 다르다. 암수가 모두 뒤쪽으로 굽은 뿔이 있다. 털이 길고, 꼬리 끝에 나 있는 털도 길이 20cm에 이른다. 몸의 털색은 대부분 잿빛 갈색이고, 배는 흰색 또는 우윳빛이다. 다리는 굵고, 발은 끝이 뾰족하며 험한 바위에서 생활하는 데 유리하도록 적응된 발굽을 가지고 있다. 일본의 '산양'과 달리 눈밑샘이 없는 것이 특징이다.

🔍 **생태** 해발 1000m 이상의 험한 바위산에서 가파른 벼랑을 타며 활동한다. 거의 이동하지 않고, 한 지역에서 평생을 산다. 낮에 활동하는데, 오전과 오후 두 번에 걸쳐 서식처인 바위 벼랑 가까이에 있는 숲에서 먹이를 찾는다. 밤에는 바위 벼랑의 안전한 은신처에서 잠을 잔다. 총 30종 이상의 식물을 먹으며, 먹이가 귀한 겨울철에는 나무껍질, 침엽수의 잎, 지의류, 산죽 잎과 줄기 등을 먹는다. 일반적으로 단독 생활을 하거나, 가족 단위 또는 소규모 집단으로 무리를 이룬다. 9월 중순~10월 말에 짝짓기를 하며, 이듬해 4~6월에 1~2마리의 새끼를 낳는다.

🍴 **먹이** 벼과 식물, 잎이 넓은 풀, 나무의 잎이나 눈, 나무껍질, 지의류

⛰️ **사는 곳** 산악 지역, 숲

🌐 **분포** 동북아시아 중북부 산악 및 해안 지역, 우리나라 강원도, 경상북도, 충청북도 등의 백두 대간

### 이야기마당

'산양'은 성격이 온순한 동물로 알려져 있습니다. 폭설로 민가에 내려와 사람들에게 쉽게 잡히는 이유도 이 때문입니다. 과거에 모피와 고기뿐만 아니라 약재로 이용하기 위해 '산양'을 마구 잡아 현재 그 수가 매우 적습니다. [천연기념물 제217호, 멸종위기야생생물 Ⅰ급]

▲ 어미와 새끼 산양(경상북도 봉화)

▲ 산양 얼굴

▲ 먹이 식물을 찾고 있는 모습

# 토끼목

토끼는 긴 귀와 큰 뒷발이 특징적이며, 햇빛이 잘 드는 숲이나 초원, 키 작은 나무들이 자라는 환경을 좋아한다. 거의 식물성 먹이를 먹으며, 개체 수가 많기 때문에 육식성 포유동물이나 대형 맹금류의 중요한 먹이가 된다.

설치목(쥐목)과 달라서 위턱의 앞니가 2쌍이고, 송곳니는 없다. 아래턱을 양옆으로 움직여서 먹이를 먹는다. 뒷발이 앞발에 비해 길고, 발에는 5개의 발가락이 있다. 종에 따라 크기는 매우 다양하여 몸무게가 작게는 0.3~1.5kg, 크게는 6kg에 이르기도 한다.

우리나라에는 '우는토끼과' 와 '토끼과' 의 2과 2속 3종이 있다.

# 멧토끼 [토끼과]

- **학 명** *Lepus coreanus*
- **영 명** Korean hare

📏 **크기** 몸길이 450~540mm, 꼬리 길이 20~50mm, 귀 길이 76~83mm, 몸무게 2.1~2.6kg

🐰 **형태** 토끼류 가운데 중소형이다. 여름과 겨울의 털색 변화가 없다. 몸 색깔은 대부분 다갈색이다. 나이가 들거나 사는 곳에 따라 약간 변이가 있는데, 주로 털색이 다갈색에서 옅어지는 경우가 많다.

🔍 **생태** 야산, 평야, 농경지 등에 산다. 일정한 집이 없이 흙구덩이나 나무 밑구멍, 덤불 안에서 휴식을 취한다. 주로 밤에 활동하나 낮에도 활동한다. 1년에 2~3회 이상 번식하며, 한 번에 1~4마리의 새끼를 낳는다. 2~7월에 짝짓기를 하며, 4~8월에 새끼를 낳는다. 새끼는 태어난 지 8~10개월이 지나면 성적으로 성숙한다. 천적은 삵, 여우, 늑대, 수리부엉이 등이며, 구렁이도 어린 토끼를 잡아먹는다.

🐾 **먹이** 초식성. 식물의 씨앗이나 줄기, 어린 나무껍질

⛰️ **사는 곳** 야산, 평야, 논밭, 산의 숲

🌐 **분포** 우리나라 전국

낮과 밤의 배설물 색깔이 다르며, 낮에 배설한 배설물을 다시 먹고 재소화하여 밤에 배설하는 습성이 있습니다. 우리나라에만 있는 고유종으로, 최근 전국적으로 점차 감소하는 지역이 많습니다.

▲ 멧토끼

▲ 먹이를 찾고 있는 멧토끼

▲ 임산 도로에서 주변을 경계하는 모습

▲ 이른 새벽 적외선 카메라에 촬영된 모습

# 북방토끼 [토끼과]

- **학 명** *Lepus mandschuricus*
- **영 명** Mandchurian hare

📏 **크기** 몸길이 400~480mm, 꼬리 길이 45~74mm, 귀 길이 75~104mm, 몸무게 약 2kg

🐾 **형태** 뒷발은 비교적 짧다. 꼬리 길이는 뒷발 길이의 절반이 채 안 된다. 몸의 털색은 변이가 심하며, 겨울에는 일반적으로 옅은 흑갈색이고, 코 부위는 짙은 갈색을 띤다. 귀 끝은 검은색이고, 털의 기부는 회색이다. 야생 상태에서 배는 흰색이나, 그 밖의 털색이 검은색인 검은색형도 있다. 어린 토끼는 보통 짙은 갈색으로, 어른 토끼에 비해 어두운 털색을 띤다.

🔍 **생태** 높은 산의 삼림에서 산다. 일정한 집이 없이 움푹하게 패인 흙구덩이나 떨기나무, 잡초 위에서 휴식하거나 잠을 잔다. 밤에 주로 활동하며, 대낮에도 드물게 활동한다. 봄부터 번식하기 시작하여 일반적으로 1년에 두 번 새끼를 낳는다. 6월 하순에는 어린 토끼를 관찰할 수 있다. 태어난 지 2년이 되면 임신이 가능하다. 천적이 많으며, 늑대, 여우, 스라소니 등의 식육성 포유동물과 매와 수리 등의 맹금류가 대부분을 차지한다.

🍴 **먹이** 풀, 나무껍질, 나무의 눈

⛰️ **사는 곳** 높은 산의 숲

🌐 **분포** 중국 동북부, 우리나라 일부 높은 산이 있는 지역(주로 북한)

**이야기마당**

오랫동안 '만주토끼'라는 이름으로 불렸으나, 만주라는 지명은 현재 존재하지 않기 때문에 중국에서도 '동북토끼'라고 부르고 있습니다. 한반도를 포함하여 중위도 북방 지역에 많이 살고 있으므로 '북방토끼'라고 새로이 이름을 지었습니다.

▲ 북방토끼

# 우는토끼 [우는토끼과]

• 학 명 *Ochotona hyperborea*
• 영 명 Northern pika

**크기** 몸길이 127~186mm, 꼬리 길이 5~12mm, 귀 길이 15~20mm, 몸무게 150g

**형태** 꼬리가 매우 짧고, 머리뼈는 편평하다. 귀는 둥글고 작으며, 앞발과 뒷발의 아랫면에는 털이 있다. 계절에 따라 털갈이를 하는데, 여름털은 붉은 갈색, 겨울털은 잿빛 갈색 또는 어두운 갈색이다.

**생태** 우리나라에서는 높은 산의 삼림에 살지만, 외국에서는 해안 기까운 암초 지대, 초원의 암석 지대 등에서 산다. 겨울잠을 자지는 않지만, 겨울을 나기 위한 준비로 가을에 바위 구멍이나 틈새에 먹이를 대량으로 저장한다. 밤낮으로 활동하며, 암수 모두 '키칙 키칙' 하는 날카로운 울음소리를 낸다. 암수 모두 동성의 다른 토끼를 방어하는 세력권을 가진다. 봄~여름에 걸쳐 짝짓기와 출산을 하며, 1년에 한 번 대개 2~4마리의 새끼를 낳는다.

**먹이** 풀의 잎과 줄기, 꽃 등

**사는 곳** 높은 산 암석 지대와 쓰러진 고목들이 많은 숲

**분포** 동북아시아, 북한 동북부 해발 2000m 이상

**이야기마당**

다른 토끼들이 소리를 내지 않는 데 반해 우는 소리를 낸다고 하여 '우는토끼' 라고 하며, 또 쥐처럼 생겼다고 하여 '쥐토끼' 라고도 부릅니다.

▲ 생김새가 쥐를 닮았다.

▲ 우는토끼(백두산 천지)

# 설치목 (쥐목)

포유동물 가운데 가장 번성한 동물로, 사는 곳이 남극 대륙을 제외한 열대 지역에서 극지대, 해안에서 고산 지대, 열대 우림에서 사막에 이르기까지 매우 다양하다. 대부분의 종이 지하에 집을 만들고 땅 위에서 먹이를 구하는 형태이지만, 그 밖에 나무 위나 물가에서도 산다.

이들의 앞니는 위아래 모두 1쌍뿐이며 일생 동안 자라는데, 끌 모양이고 앞면만 에나멜질이다. 꼬리는 길고, 앞발과 뒷발은 먹이를 쥐거나 집을 만들고 터널을 파는 등의 복잡한 작업을 할 수 있도록 발달해 있다. 보통 발가락이 5개이지만, 앞발의 엄지발가락이 흔적만 남아 있거나 없는 것이 많다.

우리나라에는 4과 14속 20종이 있다.

# 청설모 [청설모과]

- **학 명** *Sciurus vulgaris*
- **영 명** Eurasian red squirrel

🖊 **크기** 몸길이 215~268mm, 꼬리 길이 157~202mm, 몸무게 275~345g

🐾 **형태** 입 아래와 가슴, 배의 털은 일년 내내 순백색이다. 여름털은 등이 붉은 갈색, 겨울털은 잿빛 갈색으로 계절에 따른 털갈이에 의해 털색도 변화한다. 여름털에 비해 겨울털은 2배 정도 길고 빽빽하게 난다. 특히 겨울에는 귀에 길이 4cm가량의 길고 총총한 털이 자라나 여름털과 뚜렷한 차이를 나타낸다. 네발은 비교적 길고, 발가락도 길다. 앞발의 가장 긴 발가락(발톱 포함)은 발바닥의 너비보다 길다. 젖꼭지 수는 6~8개이다.

🔍 **생태** 평야나 산의 숲에서 살며, 상록침엽수가 있는 숲을 좋아한다. 낮에 주로 나무 위에서 활동하며, 땅 위에서 활동하는 시간은 매우 짧다. 나뭇가지나 나무껍질을 사용하여 둥근 모양의 집을 나무 위에 짓거나, 나무 구멍을 집으로 이용하기도 한다. 겨울철의 먹이 부족을 대비하여 가을에 도토리 등을 땅속에 저장하거나, 바위와 나무 틈새에 감추어 두는 습성이 있다. 봄부터 가을에 걸쳐 1~2회 번식하고, 한 번에 1~7마리의 새끼를 낳는다.

🍪 **먹이** 호두, 잣, 과일, 버섯, 곤충 등

🏔 **사는 곳** 낮은 지대의 공원, 산의 숲

🌐 **분포** 동북아시아, 우리나라 일부 섬 지역을 포함한 전국

💬 **이야기마당**

요즘 '청설모'는 잣이나 호두 농가에 피해를 주는 일이 자주 생김에 따라 유해 동물로 지정되어 한 해에 수천 마리가 잡혀 죽어가고 있습니다. 그러나 따지고 보면 '청설모'는 삼림 생태계에 중요한 기능을 담당하는 동물입니다. '청설모'가 즐겨 먹는 나무들의 경우, '청설모'가 그 씨앗을 멀리 퍼뜨려 주어 나무와 공생 관계를 맺고 있기 때문입니다.

▲ 청설모

▲ 몸을 청결히 하기 위해 손을 비비고 있다.

▲ 물을 먹고 있는 청설모

# 하늘다람쥐 [청설모과]

- **학 명** *Pteromys volans*
- **영 명** Eurasian flying squirrel

📏 **크기** 몸길이 146~163mm, 꼬리 길이 97.5~121mm, 몸무게 81~120g

🐾 **형태** 작은 몸집에 비해 눈이 매우 크다. 앞발과 뒷발 사이에 피부막이 발달한 비막을 지니고 있으며, 꼬리는 긴 털이 양옆으로 많고 위아래에는 적어 모양이 편평하다. 등은 엷은 회색이나 회색을 띤 갈색이고, 배는 흰색, 눈 주변은 검은 갈색이다.

🔍 **생태** 산악 지대의 자연림 또는 일부 30년 이상 된 인공 숲에서 생활한다. 야행성 동물로, 비막을 이용하여 나무에서 나무로 활공을 하는데, 한 번의 활공으로 보통 20~30m, 때로는 100m 이상 이동하기도 한다. 집은 나무 구멍에 만들며, 딱따구리가 파 놓은 낡은 나무 구멍이나 나무에 설치한 인공 새집을 이용하기도 한다. 1년에 한 번 내지 두 번 번식하며, 봄~여름에 2~6마리의 새끼를 낳는다. 새끼는 태어난 지 35일 후에 눈을 뜨고, 50일이 되면 활공 연습을 하며, 60일이 지나면 어미의 곁을 떠나 독립 생활을 한다. 천적은 올빼미, 부엉이, 담비, 구렁이 등이다.

🐛 **먹이** 나무껍질, 잎, 눈, 씨앗, 과일, 버섯 등 식물성

⛰️ **사는 곳** 산악 지대의 숲

🌐 **분포** 유라시아 북부, 중국 북부, 사할린, 일본 홋카이도, 우리나라 섬 지방을 제외한 전국

### 이야기마당

일부 지역에서는 '하늘다람쥐'가 고질병의 치료제로 잘못 알려져, 지역 주민들에 의해 잡혀 먹히기도 합니다. 또, 삼림 벌채와 댐 건설 등에 의한 서식지 환경 변화와 훼손, 고립화, 농약 중독 등의 원인으로 마릿수가 점점 줄어들고 있습니다. [천연기념물 제328호, 멸종위기야생생물 II급]

▲ 하늘다람쥐

활강을 위해 나무에 올라가고 있다. ▶

◀ 위에서 본 모습

▲ 보금자리 구멍에서 밖을 살피고 있다.

▲ 활강 지점에서 주위를 둘러보고 있다.

▲ 안전한 것을 확인하고 보금자리 밖으로 나오는 하늘다람쥐

틈 새 정 보

## '하늘다람쥐'를 관찰하려면

　'하늘다람쥐'는 암수가 따로 생활하고, 개체마다 자신의 생활 영역을 가지고 있다. 또 계절에 따라 활동 시간대가 다른데, 봄부터 가을에는 보통 해가 진 후에 활동을 시작하여 해 뜨기 전에 집으로 되돌아온다. 겨울에는 낮에도 활동하는 모습이 자주 관찰되나, 불규칙적이고 활동 시간도 짧다. 숲에서 '하늘다람쥐'를 관찰하기 쉬운 시기는 2월 하순~3월 상순, 6월 중순~7월 상순의 짝짓기 때와 그 사이의 번식기이다. 이때, 암수가 내는 울음소리나 어미와 새끼 간의 교신하는 울음소리를 듣고 '하늘다람쥐'가 있는 것을 확인할 수 있다. 울음소리는 금속음으로 '츠-츠-츠' 또는 '츄-츄-츄' 하는 연속음을 5, 6회 반복한다.

# 다람쥐 [청설모과]

- **학 명** *Tamias sibiricus*
- **영 명** Siberian chipmunk

**크기** 몸길이 124~165mm, 꼬리 길이 105~130mm, 몸무게 68~100g

**형태** 소형 종으로, 네발과 귀는 비교적 짧고 꼬리는 편평하다. 입안에 큰 볼주머니가 있어, 한 번에 도토리 등의 씨앗을 가득 저장하여 운반하는 데 유용하게 쓰인다. 등에는 5개의 검은색 줄무늬가 있고, 검은색 줄 사이에는 크림색 줄이 있다. 배는 흰색이다. 머리는 전체적으로 가늘고 길다.

**생태** 해안에서 높은 지대에 이르는 초원, 교목림, 관목림 등 다양한 환경에 산다. 키가 큰 나무가 밀집하여 자라는 숲에서는 마릿수가 적고, 노출된 환경에 많이 있다. 나무 위에서도 활동하지만, 주로 땅 위와 숲의 낮은 곳에서 활동한다. 낮에 주로 활동하며, 나무 구멍을 집으로 이용하지만, 겨울잠과 번식은 땅속에 파 놓은 굴에서 한다. 봄부터 가을에 걸쳐 1년에 한 번 3~7마리의 새끼를 낳는다. 겨울철을 대비해 먹이를 저장하는 습성이 있고, 홀로 겨울잠을 잔다. 수명은 사육 상태에서 최대 9년, 야생의 경우 수컷은 5년, 암컷은 6년이다. 천적은 여우, 족제비, 무산쇠족제비, 담비 등의 식육목 포유류와 구렁이 등의 파충류, 매와 같은 맹금류이다.

**먹이** 나무나 풀의 씨앗, 꽃, 곤충, 달팽이

**사는 곳** 도시 공원, 해안의 초원, 산의 숲

**분포** 시베리아에서 캄차카 반도, 중국 북부, 사할린, 일본(홋카이도), 우리나라 전국

**story 이야기마당**

도토리 등 식물만 먹는 것으로 알려져 있으나, 곤충 등 동물성 먹이도 먹습니다. 아시아에는 1종이 분포하지만, 베링 해협 너머 아메리카 주 대륙에는 2속 22종의 유연종이 있습니다.

▲ 바위에서 휴식을 취하고 있다.

▲ 다람쥐

# 긴꼬리꼬마쥐 [뛰는쥐과]

- **학 명** *Sicista caudata*
- **영 명** Chinese birch mouse

✏️ **크기** 몸길이 50~70mm, 꼬리 길이 100~125mm, 몸무게 5~9g

🐾 **형태** 몸이 매우 작고, 몸길이에 비해 꼬리 길이가 일반적으로 1.5배 정도 길다. 앞발에 비해 뒷발이 길고, 앞발과 뒷발에는 각각 5개의 발가락이 있다. 몸의 윗면은 노란빛을 띤 갈색이고, 아랫면은 옅은 회색이다.

🔍 **생태** 들에 살고, 습지대를 좋아한다. 다른 쥐와 달리 뒷발과 꼬리를 이용하여 점프하듯이 달려서 행동이 민첩하지 못한 편이며, 나무 위에 잘 올라간다. 풀의 씨앗 및 줄기의 연한 부위를 먹으며, 가을부터 겨울에 걸쳐 지하 터널에서 겨울잠을 잔다. 임신 기간은 4~5주이다.

🐛 **먹이** 풀의 줄기 및 씨앗, 곤충 등

⛰️ **사는 곳** 강변, 초지의 습지대, 경작지

🌐 **분포** 중국 동북부, 시베리아 동부, 한반도 북부

💬 **이야기마당**

이 쥐의 긴 꼬리는 여러 가지로 활용된답니다. 달릴 때는 꼬리를 이용하여 점프하고, 나무에 올라갈 때는 꼬리로 나뭇가지를 휘감아 몸의 균형을 유지한답니다.

▲ 긴꼬리꼬마쥐

# 갈밭쥐 [쥐과]

- **학 명** *Microtus fortis*
- **영 명** Reed vole

✏️ **크기** 몸길이 120~180mm, 꼬리 길이 47~57mm, 몸무게 48~107g

🐾 **형태** 몸집이 비교적 큰 밭쥐로, 꼬리도 다른 밭쥐에 비해 길다. 털이 길고 부드러우며 가늘다. 털색은 머리와 등은 검은 갈색이며, 털 기부는 회색빛을 띤 검은색, 끝은 밤색이다. 배는 회색빛을 띤 흰색이다.

🔍 **생태** 주로 습기가 많은 환경에서 생활하며, 수로 및 저수지의 갈풀 군락지에 많이 산다. 서식하는 굴은 입구가 최대 20개까지로 매우 복잡한 구조를 가지고 있으며, 가족이 함께 생활한다. 여름철에는 밤에 활동하지만 그 밖의 계절에는 낮에 활동한다. 먹이가 부족한 겨울철에는 나무껍질도 먹는다. 번식률은 비교적 높은 편이어서 4월에서 11월까지 여섯 번 번식하며, 한 번에 5~11마리의 새끼를 낳는다. 천적은 맹금류, 뱀류, 족제비, 고양이 등 식육 동물이다.

🐛 **먹이** 사초과 식물, 벼과 식물의 씨앗, 줄기 등

⛰️ **사는 곳** 저지대 수로 및 저수지, 호수의 갈풀 군락지, 높은 지대의 습지

🌐 **분포** 아시아 중부~북부, 북한 북부, 우리나라 황해 내륙 및 연안, 강화도 등 섬 지방

💬 **이야기마당**

최근 갯벌 주변의 개발 등으로 서식지가 갑자기 줄고 있는 대표적인 소형 포유동물입니다.

▲ 갈밭쥐

# 쇠갈밭쥐 [쥐과]

- **학 명** *Lasiopodomys mandarinus*
- **영 명** Mandarin vole

📖 이야기마당

1950년대 이후 국내 학자에 의해 채집된 사례가 없습니다. 국내에서는 유일하게 경희대학교 자연사박물관에 한 개체의 표본이 소장되어 있습니다.

- 📏 **크기** 몸길이 115mm, 꼬리 길이 25mm, 몸무게 17~23g

- 🐾 **형태** 몸의 털색은 검은색을 띤 갈색이다. 꼬리 길이는 몸길이의 1/3을 넘지 않는다. '갈밭쥐' 보다 작고, '비단털들쥐'와 외형이 매우 닮았다.

- 🔍 **생태** 농경지 및 하천의 풀이 무성한 곳에 산다. 식물의 씨앗과 줄기를 먹는다. 생태에 대한 연구가 아직 이루어지지 않아서 자세한 사항을 알 수 없다.

- 🍪 **먹이** 식물의 줄기 및 씨앗

- ⛰ **사는 곳** 농경지, 강변의 초원 등

- 🌐 **분포** 중국 중부, 우리나라 남부 및 중서부

▲ 쇠갈밭쥐 얼굴

▲ 쇠갈밭쥐

# 비단털들쥐 [쥐과]

- **학 명** *Myodes regulus*
- **영 명** Korean red-backed vole

✏️ **크기** 몸길이 75~127mm, 꼬리 길이 33~55mm, 몸무게 20.5~40g

🐭 **형태** 등은 붉은 갈색 또는 누런 갈색이며, 배는 대개 옅은 황색이다. 꼬리는 비교적 짧아서 몸길이의 40~60% 수준이다. 젖꼭지 수는 적다.

🔍 **생태** 낮은 지대 논밭에서 높은 산의 숲에 이르는 다양한 환경에서 산다. 산림 내 바위가 많은 비탈진 경사 지대나 조릿대 군락 지역에 특히 많이 사는데, 때로는 개체 수가 크게 늘기도 한다. 집단으로 생활하며, 땅속에 굴을 파서 집을 삼는다. 남부 지역에서는 봄가을에 한 번, 북부 높은 지대에서는 여름에 한 번 번식한다. 한 번에 평균 2~3마리의 새끼를 낳는다.

🍎 **먹이** 풀, 씨앗 등

⛰️ **사는 곳** 낮은 지대 논밭에서 높은 산의 숲

🌍 **분포** 우리나라 전국 내륙 및 일부 연안 섬 지방

 **이야기마당**

한반도 북부 이남 지방에서만 살고 있는 한반도 고유의 포유동물 종이랍니다.

▲ 휴식을 취하고 있다.

▲ 바위가 많은 비탈진 경사지에 산다.

▲ 비단털들쥐

# 대륙밭쥐 [쥐과]

- 학 명 *Myodes rufocanus*
- 영 명 Gray red-backed vole

📏 **크기** 몸길이 110~142mm, 꼬리 길이 39~55mm, 몸무게 20~50g

🐾 **형태** '숲들쥐' 보다 몸집이 크다. 머리와 뒷발이 크다. 꼬리는 위아래 색의 차이가 불명확하며, 털이 적게 나서 겨울에도 비늘 모양의 피부가 보인다. 등은 어두운 붉은 갈색이며, 배는 상아색을 띤 흰색이다.

🔍 **생태** 초원에 많이 산다. 어린 나무들로 된 숲에서 때때로 많은 수가 발생하여 나무의 성장에 큰 피해를 주기도 한다. 땅 위 식물 군락, 낙엽·부식층에서 생활한다. 개체 수가 많고, 사는 곳의 환경에 따라 봄가을에 걸쳐 두 번 번식하는 무리와 여름에 주로 번식하는 무리가 있다. 18~19일간의 임신 기간을 거쳐, 한 번에 평균 4~5마리의 새끼를 낳는다. 번식에 참여하는 암컷의 경우에는 세력권을 가진다. 천적은 족제비, 너구리, 올빼미, 솔개, 여우 등이다. 수명은 야생의 경우 대개 1년 이내이다.

🍂 **먹이** 풀의 씨앗 및 줄기, 도토리, 호두, 잣 등

🏔 **사는 곳** 초원, 크고 작은 나무숲

🌐 **분포** 유라시아 중북부 지역, 한반도 북부

### 🗨 이야기마당

우리나라에 살고 있는 '대륙밭쥐' 는 '비단털들쥐' 와 함께 들쥐 가운데 마릿수가 많은 종으로, 족제비, 올빼미, 담비, 여우 등 소·중형 육식성 동물의 가장 중요한 먹이 동물입니다. 최근 들어서 속명이 *Clethrionomys*로부터 *Myodes*로 바뀌었습니다.

▲ 대륙밭쥐

---

# 숲들쥐 [쥐과]

- 학 명 *Myodes rutilus*
- 영 명 Northern red-backed vole

📏 **크기** 몸길이 84~114mm, 꼬리 길이 30~41mm, 몸무게 15~30g

🐾 **형태** 소형 종으로, 꼬리가 짧아서 몸길이의 1/3 정도이다. 뒷발은 작아서 길이 18mm를 넘는 경우가 거의 없다. 등은 붉은 갈색이고, 몸의 옆쪽은 어두운 갈색, 배는 크림색이다. 꼬리는 비교적 긴 털이 빽빽이 나 있고, 이빨은 작다.

🔍 **생태** 낮은 지대에서 고산 지대까지의 산림에 산다. 특히 인공 숲 등을 포함한 침엽수림에 많은 수가 살고, 주로 숲의 아래쪽에서 생활한다. 봄부터 가을에 걸쳐 번식하며, 한 번에 2~7마리의 새끼를 낳는다.

🍂 **먹이** 풀, 씨앗, 곤충 등

🏔 **사는 곳** 산림

🌐 **분포** 일본 홋카이도, 중국, 유라시아 북부, 한반도 북부

### 🗨 이야기마당

'대륙밭쥐' 와 생김새가 매우 닮았고 사는 곳도 같지만, '대륙밭쥐' 에 비해 개체 수가 적고 돌담 등의 열악한 환경에서 생활합니다.

▲ 숲들쥐

# 사향쥐 [쥐과]

- **학 명** *Ondatra zibethicus*
- **영 명** Musk rat

✎ **크기** 몸길이 230~330mm, 꼬리 길이 180~300mm, 몸무게 586~900g

🐾 **형태** 대형 종으로, 수중 생활에 알맞은 몸의 형태를 가지고 있다. 앞발·뒷발은 크고 뒷발의 발가락에 굳은 털의 줄이 있는데, 물갈퀴 대용으로 쓰인다. 꼬리는 헤엄치는 데 노가 될 수 있을 정도로 좌우로 납작하며 길고, 털이 거의 없다. 귀는 작다. 등의 털은 검은 갈색으로 조밀하게 나 있고, 광택이 있는 긴 털이 있다. 배는 옅은 갈색이다.

🔍 **생태** 강이나 연못의 둑에 사는 반수서 동물로, 둑이나 제방에 굴을 파서 집을 짓는다. 물 위에 수생 식물을 모아 지붕 모양을 한 둥근 보금자리를 만들기도 한다. 연중 여러 차례 번식하며, 한 번에 1~11마리의 새끼를 낳는다. 임신 기간은 25~30일이고, 수명은 야생의 경우 보통 3년이다.

🍴 **먹이** 수생 식물, 조개

⛰ **사는 곳** 강이나 연못 등 물가

🌐 **분포** 유라시아 지역, 북아메리카, 북한 북부

💬 **이야기마당**

북아메리카에 널리 분포하는 종으로, 20세기 초 모피용 사육을 위해 들여온 것이 야생의 상태로 자란 것입니다. 모피 생산을 위한 상업용으로 많이 기릅니다.

▲ 사향쥐

# 비단털등줄쥐 [쥐과]

- **학 명** *Cricetulus barabensis*
- **영 명** Striped hamster

✎ **크기** 몸길이 74~104mm, 꼬리 길이 21~36mm, 몸무게 17~31g

🐾 **형태** '비단털쥐' 보다 크기가 더 작고, 꼬리가 짧은 것이 특징이다. 볼주머니가 있으며, 젖꼭지 수는 4쌍이다. 등은 황갈색을 띠고, 배는 어두운 회색이다. 검은 줄이 이마에서 꼬리까지 세로로 나 있는 개체도 있다. 네다리는 회색빛을 띤 흰색이다.

🔍 **생태** 국내에서의 생태에 관한 연구 자료가 아직 없어 정확하게 알 수 없다. 다만 번식력이 매우 강하여 1년에 4~5회 번식하고 한 번에 4~8마리의 새끼를 낳으며, 간혹 10마리 이상 낳는 경우도 있다. 중국 동북 지방에서는 산림의 초원, 반사막 지대에서 산다.

🍴 **먹이** 풀과 나무의 씨앗, 꽃잎, 줄기 등

⛰ **사는 곳** 산림의 풀밭, 모래 지대

🌐 **분포** 몽골, 중국 동북부, 시베리아 남부, 북한 북부

💬 **이야기마당**

1947년 북한의 압록강변에서 18마리가 처음 채집된 이후 함경북도 은성군에서 8마리, 1964년에 평안북도에서 5마리가 채집된 기록이 있습니다.

▲ 비단털등줄쥐[사진/Ivan Seryodkin]

# 비단털쥐 [쥐과]

- **학 명** *Tscherskia triton*
- **영 명** Greater long-tailed hamster

📏 **크기** 몸길이 120~175mm, 꼬리 길이 67~95mm, 몸무게 57~150g

🐾 **형태** '집쥐'와 형태가 비슷한 대형 종으로, 꼬리 길이가 '집쥐'에 비해 짧다. 머리가 크고 볼주머니가 있으며, 몸의 털은 길고 부드럽다. 등은 검은 갈색을 띠고, 몸의 옆면으로 가면서 차츰 회색으로 바뀌며, 배 면과의 경계가 뚜렷하지 않다.

🔍 **생태** 관목이 무성하고 건조한 장소 또는 경작지 주변의 땅속에 구멍을 파고 생활한다. 구멍 속에는 먹이 저장고와 화장실을 가지고 있다. 번식력이 강해서 1년에 2~3회 새끼를 낳으며, 한 번에 보통 10~12마리를 낳는다.

🍴 **먹이** 콩, 옥수수, 밀, 팥, 도토리, 감자, 해바라기, 곤충, 양서류, 새알 등

🏔 **사는 곳** 풀이 무성한 지대, 경작지, 습지대 등

🌐 **분포** 중국 동북부, 러시아 연해주, 우리나라 제주도를 포함한 전국

### 🗨 이야기마당

한 번에 새끼를 가장 많이 낳는 동물은 몸집이 작은 쥐 종류입니다. 특히 '비단털쥐'는 번식력이 매우 강해서 한 번에 10~12마리의 새끼를 낳는다고 합니다.

▲ 비단털쥐

---

# 집쥐(시궁쥐) [쥐과]

- **학 명** *Rattus norvegicus*
- **영 명** Norway rat, Brown rat, Common rat

📏 **크기** 몸길이 186~280mm, 꼬리 길이 149~220mm, 몸무게 150g 이상

🐾 **형태** 등은 갈색 또는 회갈색이며, 배는 회색이다. 꼬리 길이는 머리와 몸길이의 2/3 이상이나 몸길이보다 길지 않다. 귀는 짧고 육질이 두꺼우며, 짧은 털이 많다. 젖꼭지 수는 변이가 많고 8개에서 12개까지 다양하다.

🔍 **생태** 잡식성으로, 주로 밤에 활동하지만 어두운 곳에서는 낮에도 왕성하게 활동한다. 추위에 강하여 산악 지대의 산막에서도 발견된다. 일년 내내 번식이 가능하지만, 봄부터 가을 사이에 번식 활동이 가장 왕성하다. 임신 기간은 21~24일이며, 한 번에 평균 7~9마리의 새끼를 낳는다. 새끼는 태어난 지 8~12주가 지나면 번식이 가능하다. 수명은 야생의 경우 1~2년, 사육 상태에서는 3년이다.

🍴 **먹이** 감자, 옥수수, 콩, 쌀, 곤충, 새알, 물고기

🏔 **사는 곳** 하수구, 쓰레기장, 지하 상가, 식품 창고 등 습기가 많은 장소

🌐 **분포** 전 세계, 우리나라의 전국 내륙 및 섬 지역

### 🗨 이야기마당

대부분 사람의 거주지에서 생활하지만, 땅속에 굴을 파고 그 속에서 생활하며, 논과 밭에서도 산답니다. 또 헤엄을 매우 잘 칩니다.

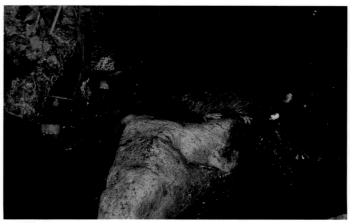

▲ 집쥐

# 애급쥐(지붕쥐, 곰쥐) [쥐과]

- **학 명** *Rattus rattus*
- **영 명** Roof rat, Black rat, Ship rat

✎ **크기** 몸길이 146~240mm, 꼬리 길이 150~260mm, 몸무게 200g 이하

🐾 **형태** 대형 종으로, 꼬리 길이는 대개 몸길이보다 길다. 등은 갈색, 배는 옅은 황갈색이나 누런색을 띤다. 젖꼭지 수는 10~12개이다.

🔍 **생태** 사람이 거주하는 지역에 살지만, 원래 아시아 지역의 아열대 숲에서 생활하던 동물로 추운 지역에서는 야외에 사는 일이 드물다. 도시에서는 빌딩이나 인가의 지붕 밑과 같은 비교적 건조하고 높은 장소에서 생활한다. 민첩하고 원래 나무 위에서 생활하는 습성이 있어, 빌딩과 빌딩을 연결하는 전선을 타고 이동하기도 한다. 원산지에서는 나무 위에 잎을 말아 만든 둥근 형태의 집을 짓고 살며, 낮에는 '청설모'와 같이 몸을 둥글게 말아 휴식하는 일이 자주 있다. 낮에도 활동하나 도시에서는 밤에 주로 활동한다. 활동과 번식 습성은 '집쥐'와 같다. 한 번에 평균 5~7마리의 새끼를 낳고, 새끼는 태어난 지 12~16주가 지나면 번식이 가능하다. 수명은 야생의 경우 1~2년이다.

🍖 **먹이** 씨앗, 과일 등

⛰ **사는 곳** 논밭, 전원 지역, 도시

🌐 **분포** 전 세계, 우리나라 섬 지방을 포함한 전국

###  이야기마당

최근 300~400년 사이에 전 세계로 널리 퍼지고 있는 대표적인 동물입니다.

▲ 애급쥐

# 생쥐 [쥐과]

- 학 명 *Mus musculus*
- 영 명 House mouse

✎ **크기** 몸길이 58~92mm, 꼬리 길이 48~74mm, 몸무게 6.5~15.5g

🐾 **형태** 몸의 털은 짧고 부드럽다. 등의 털은 갈색으로 붉은색을 띠지 않으며, 배를 포함한 부위는 회색빛을 띤 흰색이다. 꼬리는 일반적으로 몸길이에 비해 짧고, 털이 많이 나 있다. 앞니의 앞 끝에 패인 곳이 있다.

🔍 **생태** 논밭이나 초원에서는 구멍을 파고 살며, 집 안에서는 천장, 마루 밑 등에서 산다. 때로는 항구의 곡물 창고에서도 산다. 자연에서 생활하는 '생쥐'는 봄과 가을의 뚜렷한 번식기가 있는 데 비해, 집 안에서 생활하는 개체들은 일년 내내 번식한다. 임신 기간은 약 21일이며, 한 번에 4~8마리의 새끼를 낳는다. 새끼는 태어난 지 8~12주가 지나면 번식이 가능하다. 수명은 사육 조건에서는 2년이지만, 야생의 경우에는 보통 8개월이다.

🍪 **먹이** 잡식성. 풀의 씨앗이 주식

⛰ **사는 곳** 초원, 평야 및 논밭

🌐 **분포** 전 세계, 우리나라 울릉도 등 섬 지방을 포함한 전국

💬 **이야기마당**

약 수천 년 전부터 지구상에 발달한 농경 문화와 더불어 전 세계로 퍼져 나간 동물입니다. 물을 먹지 않아도 10일 이상 견딜 수 있는 생리적 특성으로 곡식을 실은 배를 이용하여 공짜로 해외여행을 하며, 마음에 드는 항구에 내려 정착하곤 한답니다.

▲ 생쥐 얼굴

▲ 생쥐

# 등줄쥐 [쥐과]

- **학 명** *Apodemus agrarius*
- **영 명** Striped field mouse

✏️ **크기** 몸길이 70~140mm, 꼬리 길이 61~96mm, 몸무게 12~49.5g

🐾 **형태** '생쥐'와 비슷하며, 등은 황갈색이고, 머리 위부터 꼬리 아래쪽까지 검은색 줄이 있다. 배는 흰색이다. 꼬리는 몸길이보다 짧다. 젖꼭지 수는 8개이다.

🔍 **생태** 주로 평야, 하천, 논밭 등 낮은 지대와 전원에 산다. 초기 1~5년 동안은 자연림을 벌채한 후 생겨난 숲에서 일시적으로 사는데, 생태적 경쟁 종인 '흰넓적다리붉은쥐'가 분포하지 않는 지역(주로 섬 지방)에서는 높은 산 삼림 지대까지 진출하여 산다. 일년 내내 3~4회 번식하며, 한 번에 2~8마리의 새끼를 낳는다.

🍒 **먹이** 벼과 식물의 씨앗, 풀의 씨앗, 과일 등

⛰️ **사는 곳** 평야, 하천, 논밭, 야산 과수원, 산지 농경 지대, 이차 산림 지대

🌐 **분포** 유라시아 대륙, 우리나라 전국

🗨️ **이야기마당**

국제적으로 유행성출혈열과 츠츠가무시병을 사람에게 옮기는 동물로 악명을 떨치고 있습니다.

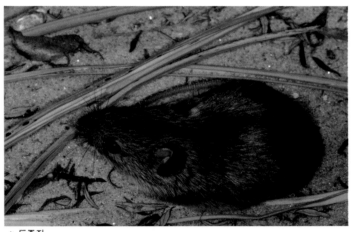
▲ 등줄쥐

# 북숲쥐 [쥐과]

- **학 명** *Apodemus sylvaticus*
- **영 명** Wood mouse

✏️ **크기** 몸길이 71~99mm, 꼬리 길이 78~109mm, 몸무게 10~23g

🐾 **형태** '흰넓적다리붉은쥐'와 매우 닮았으나 몸집이 작아서 그 어린 개체와 비슷하다. 꼬리 길이는 머리를 포함한 몸길이와 거의 같다. 털은 부드럽고, 털색은 등이 밝은 붉은 갈색 또는 어두운 황갈색이며, 배는 흰색에 가깝다.

🔍 **생태** 주로 낙엽 활엽수림에 산다. 산의 숲에서 식물의 씨앗을 주식으로 하지만, 여름에는 곤충을 즐겨 먹기도 한다. 4~8월에 번식한다.

🍒 **먹이** 식물의 씨앗, 곤충 등

⛰️ **사는 곳** 낮은 지대에서 높은 산에 이르는 자연 숲

🌐 **분포** 유라시아 대륙의 일부, 서북 아프리카, 지중해의 섬 지역, 북한

🗨️ **이야기마당**

유럽 원산으로, 유라시아 동부 지역에서의 분포는 아직 확인되지 않았습니다. 1970년대에 북한 북부 지역에서 단 한 차례 채집된 보고가 있으나, 분류학적 재검토가 필요합니다.

▲ 북숲쥐

# 흰넓적다리붉은쥐 [쥐과]

- **학 명** *Apodemus peninsulae*
- **영 명** Korean wood mouse

📏 **크기**  몸길이 76~125mm, 꼬리 길이 75~112mm, 몸무게 15~38g

🐀 **형태**  '등줄쥐' 종류 가운데 중형 종으로, 몸은 가늘고 길며, 등에 검은 줄이 없어 '등줄쥐'와 구별된다. '등줄쥐'에 비해 뒷발이 발달하였으며, 길이는 대개 21~23mm이다. 등의 털은 부드럽고 긴 가시털이 없다. 털색은 등이 밝은 붉은 갈색 또는 어두운 누런 갈색이며, 배는 흰색에 가깝다. 젖꼭지 수는 8개이다.

🔍 **생태**  낙엽 활엽수림에 주로 사는 삼림성 쥐이다. 산의 숲에서 식물의 씨앗을 주식으로 하지만, 여름에는 곤충을 즐겨 먹기도 한다. 4~8월에 번식하고, 한 번에 1~7마리, 평균 4~5마리의 새끼를 낳는다. 우리나라 숲 환경의 자연성을 상징하는 환경 지표 동물이기도 하다.

🍴 **먹이**  식물의 씨앗, 곤충 등

⛰️ **사는 곳**  낮은 지대에서 높은 산에 이르는 자연 숲

🌐 **분포**  동부 아시아, 우리나라 제주도와 울릉도를 제외한 전국

### 이야기마당

학술적으로 우리나라가 종의 모식 표본 산지로 알려진 몇 안 되는 포유동물이랍니다.

▲ 흰넓적다리붉은쥐

# 멧밭쥐 [쥐과]

- **학 명** *Micromys minutus*
- **영 명** Harvest mouse

📏 **크기** 몸길이 54~78.5mm. 꼬리 길이 47~91mm, 몸무게 5.3~14g

🐾 **형태** 설치류 중에서 가장 작다. 몸은 매우 작고, 주둥이와 귀가 짧다. 등은 붉은 갈색 또는 어두운 갈색이고, 배는 흰색이다. 털색을 제외하면 등줄쥐속의 어린 새끼와 닮아 있다. 꼬리는 길고, 끝의 윗면은 털이 없어 피부가 노출되어 있다. 젖꼭지 수는 8개이다.

🔍 **생태** 하천 고수부지의 초원에 많다. 주로 벼과 식물의 줄기에 억새 줄기, 갈풀 줄기, 이끼류를 이용하여 둥근 모양의 새집과 같은 집을 짓고 생활한다. 늦은 봄과 초겨울에는 집을 낮게 짓고, 봄부터 가을 사이에는 높게 짓는다. 겨울철에는 퇴적물이나 지하에 갱도를 파서 생활하기도 한다. 번식 시기는 봄과 가을, 연 2회로 알려져 있으나 드물게 여름에도 번식하며 한 번에 2~8마리의 새끼를 낳는다. 수명은 야생의 경우 평균 1.8~2년, 사육 조건에서는 2년 7개월이다.

🍎 **먹이** 풀의 씨앗, 연한 줄기, 과일, 곤충

⛰️ **사는 곳** 낮은 지대 평원, 논밭, 산지 초원(억새 군락이나 높은 지역의 습기가 많은 초원 등)

🌐 **분포** 유라시아 대륙, 우리나라 울릉도를 제외한 전국

💬 **이야기마당**

미국의 월트디즈니 사에 의해 제작되어 세계적인 인기를 누리고 있는 애니메이션의 주인공인 미키마우스는 '멧밭쥐'를 모델로 한 것이랍니다. 의학적 실험 동물로 품종 개량되어 인류의 의학 발전에 큰 공헌을 하고 있는 종입니다.

▲ 풀씨를 먹는 모습

▲ 억새나 갈풀 줄기로 새집과 같은 집을 짓는다.

▲ 멧밭쥐

# 뉴트리아 [뉴트리아과]

• 학 명 *Myocastor coypus*
• 영 명 Coypu

✎ **크기** 몸길이 400~700mm, 꼬리 길이 350~450mm, 몸무게 4~8.3kg

🐾 **형태** 설치류 중에서 대형 종으로 귀가 작고 수염이 길다. 꼬리는 원통형이며, 비늘로 덮여 있고 털이 듬성듬성 나 있다. 다리는 짧고, 뒷발이 앞발보다 매우 크며, 발가락 사이에 물갈퀴가 있다. 털색은 몸 윗면은 다갈색이고 아랫면은 황토색이다. 젖꼭지 수는 8개, 이빨 수는 20개이다.

🔍 **생태** 물가 주위의 제방이나 흙더미에 구멍을 파거나 물 위에 수생 식물을 모아 물위 집을 만들어 생활한다. 수생 식물을 먹지만 가끔 사람이 경작하는 채소류를 먹어 피해를 주

기도 한다. 1년에 두세 번 번식하고 한 번에 3~8마리, 평균 5마리의 새끼를 낳는다. 수명은 야생의 경우 암컷 11년, 수컷 8년이다.

🍎 **먹이** 수생 식물, 홍당무 등의 채소류

🏔 **사는 곳** 강이나 하천, 호수 등 물가

🌐 **분포** 남아메리카(원산지), 유라시아(도입), 한국(도입)

### 🗨 이야기마당

남아메리카가 원산인 '뉴트리아' 는 모피 가공을 목적으로 20세기 초 유라시아에 도입되었습니다. 우리나라에서는 1980년대 후반 식용(보신용)을 위해 도입되었으나 1990년대 후반부터 야생화되어 경남 창녕 우포늪, 밀양천, 양산천과 전남 영산강 일대에서 살고 있습니다. 현재 우리나라에서는 생태계 교란 야생 생물로 지정되어 관리ㆍ규제하고 있습니다.

▲ 뉴트리아

# 고래목

고래목 동물은 물속에서 생활하나 육상 포유동물과 같은 특징을 가지고 있다. 즉, 폐로 공기 호흡을 하며, 새끼를 낳아 젖을 먹여 키운다. 진화 과정에서 고래는 수중 생활에 적응하기 쉽도록 털이 변형되어 피부가 매끈해지고, 체온 유지를 위해 피부 밑에 두꺼운 지방층이 발달함에 따라 몸체가 유선형이 되었다. 몸의 크기는 전체 길이가 2~3m 안팎의 작은 종들도 있지만, 25m를 넘는 대형 종도 있어 고래목 동물은 지구상의 가장 큰 동물이라 할 수 있다. 고래는 수중 생활에 적응하기 쉽도록 앞발은 가슴지느러미 모양이며, 뒷발이 퇴화되어 몸체의 표면에 나타나지 않는다. 먹이를 먹기에 편리하도록 주둥이는 비교적 크며 머리뼈의 앞쪽으로 뻗어 있다.

고래목은 수염고래류와 이빨고래류로 나뉜다. 수염고래류는 이빨이 없고, 그 대신 위턱의 피부가 변화하여 각질의 판이 일렬로 늘어선 빗 모양의 고래수염이 있다. 두개골은 좌우가 대칭이며 멜론(음향 위치를 찾는 데 활용되는 이빨고래류 이마의 지방층)이 없고, 분기공(콧구멍)이 2개이다. 이빨고래류는 이빨이 모두 똑같은 모양이고, 두개골은 좌우가 비대칭이며 멜론이 있고 분기공이 1개이다.

수염고래류는 1마리 혹은 2~3마리 정도가 함께 유영하고, 이빨고래류는 수마리에서 수백 마리가 무리를 이루어 유영한다. 무리를 이루는 것은 번식뿐만 아니라 효과적인 먹이 사냥과도 관계가 있다. 대형 고래류의 먹이는 플랑크톤이며, 몸집이 작고 이동 범위가 좁은 소형 고래류의 먹이는 작은 갑각류나 오징어, 물고기 등이다. 또한 수염고래류는 대체로 먹이 사냥과 번식을 위하여 계절적 남북 회유를 하는 반면, 이빨고래류는 광범위한 남북 회유를 하지 않고 일정한 수역에서 머무는 경우가 많다.

고래류는 육상의 포유동물과 짝짓기, 태아 발육 및 육아가 비슷하다. 수염고래류의 암컷은 일반적으로 10세 전후에 성적으로 성숙하며, 이빨고래류는 성적 성숙 연령이 소형 종일수록 낮다. 보통 1마리의 새끼를 낳는다.

우리나라 연해에는 9과 25속 35종이 살고 있는 것으로 알려져 있다.

# 북방긴수염고래 [긴수염고래과]

- **학 명** *Eubalaena japonica*
- **영 명** North Pacific right whale

✏️ **크기** 전체 길이 17~18m, 암컷이 수컷보다 큼. 몸무게 80~100t. 태어날 때의 전체 길이 4.5~6m

🐋 **형태** 몸이 두껍고, 머리가 매우 커서 몸길이의 1/3을 차지한다. 분기공은 좌우로 크게 갈라져 있고, 분기는 V자형으로 높이가 5m에 이른다. 입안에는 200~270개의 길고 너비가 좁은 수염이 나 있고 길이 3m에 이른다. '흰긴수염고래', '긴수염고래' 등 수염고래과 고래들은 목과 배에 신축이 가능한 주름이 있으나, 이 종은 주름이 없다. 피부 지방층의 두께가 최대 40cm 정도로 두껍다.

🔍 **생태** 주로 홀로 생활하지만 짝짓기 시기에는 10여 마리가 무리를 이루기도 한다. 먹이를 잡는 해역에서는 더 큰 무리를 이루기도 한다. 해면 위에서 활발하게 활동하고, 깊이 잠수할 때에는 꼬리지느러미를 수면 위로 많이 드러낸다. 번식 해역인 열대와 아열대의 바다에서 겨울과 봄에 새끼를 낳는다. 수심이 얕고, 해안에 가까운 해역에서 새끼를 기르거나 먹이를 구한다. 먹이는 해면이나 해면 가까이에서 입을 벌린 채 천천히 헤엄치면서 먹이를 건져 올리듯이 하여 먹는다.

🦐 **먹이** 요각류, 작은 갑각류

🌐 **분포** 태평양 북부, 북대서양의 동부와 서부(동부 집단은 거의 절멸 직전임.). 현재의 분포 상황은 상세히 밝혀져 있지 않은 상태임.

### 🗨️ 이야기마당

'북방긴수염고래'는 상업적인 고래잡이의 첫 대상물로 유명합니다. 그 이유는 지방층이 두꺼워 기름이 많고, 고래수염이 길고 유연하여 오늘날의 플라스틱 대용으로 사용되었으며, 유영 속도가 느려서 포획이 쉽고, 죽으면 물 위로 떠오르기 때문입니다. 북대서양에 분포하는 종은 절멸 위기로, 보호 대상 종이나 회복될 징후를 보이지 않고 있습니다.

▲ 북방긴수염고래

# 흰긴수염고래 [수염고래과]
## (대왕고래)

- **학 명** *Balaenoptera musculus*
- **영 명** Blue whale

✏️ **크기** 전체 길이 30~33m, 암컷이 수컷보다 조금 큼. 몸무게 180t. 태어날 때의 전체 길이 약 7m

🔎 **형태** 지구상에서 가장 큰 대형 고래로, 몸은 가늘고 긴 유선형이다. 머리는 위에서 보면 너비가 넓고 U자형을 이룬다. 가슴지느러미는 길고 뾰족하다. 등지느러미는 비교적 작고 형태는 변이가 심하며, 몸의 3/4 정도 뒤에 있다. 목에서 배꼽 또는 그 부근까지 55~88개의 주름이 나 있다. 입에는 270~395개의 검고 1m 정도 길이의 수염판이 있다. 꼬리지느러미는 넓은 삼각형이다. 분기는 가늘고 높으며, 높이 9m 이상이다.

🔍 **생태** 대개 단독 또는 2마리가 같이 활동하나, 주요 번식 해역에서는 10마리 안팎 또는 그 이상의 무리가 관찰되기도 한다. 대부분 짧은 시간 동안 잠수를 하지만 15~20초 간격으로 몇 차례 수면 위로 머리를 드러낸 후 30분 이상 잠수를 한 사례도 있다. 꼬리지느러미를 수면 위로 드러내는 일은 드물지 않지만, 모든 '흰긴수염고래' 가 꼬리지느러미를 수면 위로 드러내지는 않는다. 겨울철에 열대~아열대 번식 해역에서 새끼를 낳는다. 먹이를 섭취하는 해역에서는 구름처럼 떼지어 있는 난바다곤쟁이 무리에 돌진하여 먹이를 먹는 것이 관찰된다.

🦐 **먹이** 연안의 난바다곤쟁이가 가장 중요한 먹이임.

🌐 **분포** 전 세계 대양

### 🗨️ 이야기마당

지구상의 동물 가운데 가장 커서 '대왕고래' 라고도 합니다. 19세기 말부터 20세기 전반에 걸쳐 고속 보트와 화약 탄두의 작살을 이용하여 마구 잡아들여 전 세계적으로 절멸 직전에 이르렀으나, 1965년 국제포경위원회가 보호하기 시작한 이래 현재 남극, 동부 북대서양 및 동부 북태평양에서 매년 약 7%씩 개체 수가 증가하고 있습니다.

▲ 흰긴수염고래

# 긴수염고래 [수염고래과]
## (참고래)

- 학 명 *Balaenoptera physalus*
- 영 명 Fin whale

📏 **크기**  전체 길이 24~27m. 몸무게 약 120t. 태어날 때의 전체 길이 6~6.5m

🐋 **형태**  '흰긴수염고래' 다음으로 큰 고래로, 몸은 크지만 유선형이다. 머리는 위에서 보면 '흰긴수염고래'보다 앞으로 돌출해 있어 뾰족하다. 등지느러미는 크고 낫 모양이며, 등 뒤쪽에 있다. 등과 옆구리는 검거나 어두운 갈색을 띤 회색, 배는 흰색이고, 머리 색깔은 좌우 비대칭형이어서 특이하다. 등지느러미와 꼬리지느러미 사이에 뚜렷한 융기선이 있다. 수염판은 한쪽에 260~480개가 있다.

🔍 **생태**  대형 고래류 가운데 유영 속도가 가장 빠른 종으로, 시속 37km에 이르는 빠른 속도로 헤엄칠 수 있다. 잠수할 때 꼬리지느러미를 물 밖으로 드러내는 경우는 드물다. 2~7마리 또는 그 이상이 무리를 지어 함께 생활한다. 겨울철 열대나 아열대의 번식 해역에서 새끼를 낳는다. 먹이를 보면 활발하게 돌진하여 잡아먹는다. 분기는 높이 4~6m에 이르나 평소에 물을 잘 뿜어내지 않는다.

🍴 **먹이**  소형 무척추동물, 군집성 어류와 오징어

🌍 **분포**  전 세계 열대, 온대, 한대 대양

💬 **이야기마당**

'흰긴수염고래'가 거의 사라진 뒤 포경업자들은 '긴수염고래'를 잡기 시작했고, 곧 모든 해역에서 개체 수가 감소하였으나, 현재는 특별한 위험이 발견되지 않습니다.

▲ 긴수염고래

# 보리고래 [수염고래과]

- **학 명** *Balaenoptera borealis*
- **영 명** Sei whale

✏️ **크기** 전체 길이 18m. 몸무게 큰 개체는 30t. 태어날 때의 전체 길이 4.5~4.8m

🐋 **형태** 등지느러미가 낫 모양이어서 '긴수염고래'나 '브라이드고래'와 많이 닮았다. 몸 색깔은 배가 부분적으로 희지만 거의 전체가 검은빛을 띤 회색이다. 등에는 다른 물고기의 피를 빨아먹는 기생 어류인 '칠성장어'가 낸 상처의 흔적이 있다. 32~60개 정도의 주름은 짧은 편이고 배꼽보다 훨씬 앞쪽에서 끝난다. 수염판은 검고 한쪽에 219~402개가 있다. 호흡할 때 분기는 높이 3m에 이른다.

🔍 **생태** 먼바다에 서식하며, 연안 가까이에서 발견되는 일은 거의 없다. 일반적으로 2~5마리가 무리 지어 생활한다. 유영 속도는 고래류 가운데 매우 빠른 편이다. 느리게 헤엄치며 물 위로 모습을 드러내는 경우에는 분기공과 등지느러미를 동시에 수면 위에서 볼 수 있다. 먹이를 먹을 때 규칙적으로 잠수와 떠오름을 반복하며, 호흡할 때에도 수면 바로 밑이 보이는 범위에 머무는 경우가 많다. 다른 수염고래류가 해면 위로 솟구치거나 크게 입을 벌려 먹이를 대량으로 흡입하는 것과 달리, '보리고래'는 천천히 헤엄치면서 먹이를 먹는다. 겨울에 짝짓기를 하고 새끼를 낳는다.

🦐 **먹이** 요각류, 난바다곤쟁이, 작은 물고기

🌐 **분포** 전 세계 열대에서 추운 바다 해역. 중위도 온대 해역에서 자주 관찰됨.

### 🗨️ 이야기마당

수염고래류는 상업 포경으로 인하여 그 수가 줄었으나, 1986년 상업 포경이 금지된 이후 점차 회복되고 있습니다.

▲ 보리고래

# 밍크고래 [수염고래과]

- **학 명** *Balaenoptera acutorostrata*
- **영 명** Minke whale

📏 **크기** 전체 길이 약 9m, 드물게 암컷 길이 최대 10.7m. 몸무게 최대 약 14t. 태어날 때의 전체 길이 2.4~2.8m

🐋 **형태** 대형 긴수염고래류와 쉽게 구별된다. 머리는 옆이나 위에서 보아 뾰족하고, 등지느러미는 높이가 높고 뒤로 굽었으며 몸길이의 2/3 정도에 위치한다. 주름은 30~70개로 비교적 짧고, 가슴지느러미를 조금 넘는 위치까지 나 있다. 수염판은 한쪽에 231~360개로 흰색 또는 회색을 띤다. 등은 검은빛이 나는 회색이고, 배는 흰색이다. 가슴지느러미 중앙을 가로지르는 흰무늬는 서식 해역에 따라 차이가 있다. 북반구에 사는 종은 거의 흰무늬가 있어서 수면 가까이에 있는 경우 멀리에서도 관찰된다. 분기는 거의 관찰되지 않는다.

🔍 **생태** 온대 낮은 수온 지대에서 극지대에 걸쳐 연안이나 먼바다에 서식하며, 먹이를 먹기 위해 여러 마리가 모이는 경우를 제외하고는 보통 무리는 매우 작다. 일반적으로 혼자 또는 2~3마리가 관찰되지만, 남극해의 집단에서는 수백 마리가 모여들기도 한다. 잠수할 때 꼬리지느러미를 물 밖으로 드러내지 않지만, 때로 상반신을 물 밖으로 드러내는 등 수면 위에서 특이한 행동을 보이기도 한다.

🐟 **먹이** 난바다곤쟁이, 군집성 어류, 오징어

🌏 **분포** 전 세계 열대에서 극지방 해역

### 이야기마당

과거 '밍크고래'는 남극해 고래잡이의 주요 대상이었습니다. 국제포경위원회의 상업적인 고래잡이 금지로 대형 고래류는 보호되고 있지만 최근 노르웨이에서 상업적인 '밍크고래' 잡이가 다시 시작되었습니다. 일본에서도 북서 태평양과 남극해에서 조사를 목적으로 '밍크고래'를 잡고 있습니다. '밍크고래'는 수염고래류 중에서 개체 수가 가장 많은 종입니다.

▲ 밍크고래

▲ 수면 위로 머리만 내놓은 모습

▲ 수면 위로 올라와 다시 잠수하기 직전의 모습

▲ 헤엄치는 뒷모습

▲ 물속을 살펴보고 있는 모습

# 브라이드고래 [수염고래과]

- **학 명** *Balaenoptera edeni*
- **영 명** Bryde's whale

**크기** 전체 길이 15.5m. 몸무게 최대 20~25t. 태어날 때의 전체 길이 약 4m

**형태** '보리고래'와 매우 닮아서 오랫동안 같은 종으로 여겨져 왔으나, 현재는 형태적으로 구별이 가능하여 2종을 따로 구분하고 있다. 등지느러미는 높이가 높고 낫 모양으로 등 한가운데에서 드러나기 때문에 '긴수염고래'와 구분된다. 분기의 높이는 '보리고래'보다 낮은데, 물속에서 숨을 잘 내뿜기 때문에 수면 밖으로 나와서도 잘 볼 수 없는 경우가 많다. 몸 색깔은 등이 검은빛을 띤 회색이며, 배는 흰색이다. 40~70개의 주름은 배꼽까지 이른다. 수염판은 회색이며, 한쪽에 250~370개가 있다.

**생태** 혼자 또는 2마리가 함께 다니는 것이 일반적이다. 먹이를 먹는 해역에서는 10~20마리가 무리를 이루는 경우도 있다. 다른 수염고래류와 달리 주로 열대와 아열대 해역에서 살기 때문에 특별히 정해진 번식 시기 없이 연중 새끼를 낳는다. 무리를 이룬 물고기를 쫓아 돌진하여 잡아먹거나 때로는 방향을 바꾸어 돌진하는 행동을 보이기도 한다.

**먹이** 작은 물고기, 요각류, 난바다곤쟁이

**분포** 열대에서 아열대 해양. 남북 40도 이상의 고위도 지역에서는 회유하지 않음. 캘리포니아 만 등의 해역에서는 한곳에 머물러 사는 무리도 있음.

### 이야기마당

오랜 기간 동안 포경업자는 물론 고래를 연구하는 학자들까지도 '보리고래'와 '브라이드고래'를 같은 종으로 생각하여, 거의 최근까지 이 두 종을 구별하지 않았습니다. '브라이드고래'는 대형 고래류 가운데 절멸 위기에 처하지 않은 극히 드문 종입니다.

▲ 브라이드고래

# 혹등고래 [수염고래과]

- **학 명** *Megaptera novaeangliae*
- **영 명** Humpback whale

**크기** 전체 길이 11~16m. 몸무게 최대 35t. 태어날 때의 전체 길이 4.5~5m

**형태** 몸은 전체적으로 통통하고, 가슴지느러미가 매우 길어 몸길이의 1/3에 해당한다. 등지느러미는 낮고 등과 접촉 부위가 넓다. 등은 검거나 검은빛을 띤 회색이고 배는 흰색을 띠지만 검은색과 흰색 경계의 변화가 많다. 가슴지느러미는 전체가 흰색을 띠기도 하지만, 대개 윗면은 검은색, 아랫면은 흰색이다. 수염판은 검은색에서 올리브색으로 한쪽에 270~400개이고, 주름은 14~35개로 길게 배꼽 또는 그 아래까지 나 있다. 분기는 수염고래류 중에서는 낮은 편이어서 높이 3m에 불과하다.

**생태** 보통 혼자 또는 2~3마리를 이루어 활동하지만, 먹이를 구하는 해역이나 번식 해역에서는 꽤 큰 무리를 이룬다. 대형 고래류 가운데 가장 운동성이 강하여 완전 브리칭(고래뛰기, 수면 밖으로 몸을 드러내는 행동)을 하여 몸의 대부분이 수면 위로 점프하기도 한다. 또한, 수면 밖으로 튀어 오르면서 먹이를 먹기도 한다. 큰 무리의 먹이를 발견하면 여러 마리가 협동하여 먹이를 쫓아 사냥하기도 한다. 번식기에는 수컷들이 짝짓기를 위한 과시 행동의 하나로 '고래의 노래'를 부르는 것으로 알려져 있다. 겨울에 연안 해역에서 새끼를 낳는다.

**먹이** 군집성 어류

**분포** 전 세계 열대에서 극지방 해역

**이야기마당**

'혹등고래'는 비교적 느린 유영 속도와 연안 가까이에 출현하는 습성 때문에 육상에 기지를 두고 고래를 잡았던 초기에는 포경 표적이 되었습니다. 1944년부터 국제적인 보호가 시작되어 현재 개체군이 증가하고 있습니다.

▲ 잠수할 때의 수면 위 꼬리 모습(남극 세종과학기지)

▲ 혹등고래

# 쇠고래(귀신고래) [쇠고래과]

- **학 명** *Eschrichtius robustus*
- **영 명** Gray whale

✏️ **크기** 전체 길이 11~15m. 몸무게 최대 35t. 태어날 때의 전체 길이 4.5~5m

🐋 **형태** 몸의 굵기는 '북방긴수염고래'와 '긴수염고래'의 중간이다. 머리는 위에서 보면 뾰족한 삼각형이고, 등지느러미도 너비가 넓고 삼각형이다. 몸 색깔은 갈색을 띤 회색~흰색을 띤 회색이며, 어린 새끼는 짙은 회색이다. 몸의 대부분에 흰색 반점이 있고, 오렌지색 또는 흰색 조개류 등 외부 기생충이 부착되어 있는데, 특히 머리와 꼬리 부위에 많다. 입에는 누런색을 띤 수염판이 한쪽에 130~180개가 있다. 분기는 높이 3~4m이다.

🔍 **생태** 대개 3마리 이하의 무리를 이루지만 회유할 때에는 16마리의 무리 기록이 있다. 먹이를 구하는 해역과 번식 해역에서는 더욱 큰 무리를 이룬다. '물 위로 뛰어오르기'나 '지느러미 치기' 등의 행동이 자주 관찰된다. 해저의 수심이 낮은 대륙붕 지역에서만 먹이 활동을 하고 겨울철에 새끼를 낳는다.

🦐 **먹이** 소형 갑각류, 게 등

🌐 **분포** 북태평양

### 이야기마당

경남 울산 앞바다는 쇠고래가 회유하는 곳으로, 러시아 오호츠크 해에서 우리나라 동해를 거쳐 멕시코 만까지 회유하여 번식하는 것이 최근 위성 추적을 통해 밝혀졌습니다. 동해 어민들이 '쇠고래'가 바다 위에 갑자기 머리를 내밀어 주위를 둘러보는 행동을 보고 귀신으로 착각하여 '귀신고래'라고 부릅니다. [천연기념물 제126호(울산 쇠고래 회유 해면)]

▲ 쇠고래

▲ 호흡하는 장면. 분기공에서 수증기처럼 물보라가 치고 있다.

▲ 수면 위로 머리만 내놓은 모습

▲ 잠수할 때의 수면 위 꼬리 모습

▲ 수면 위로 얼굴을 드러내고 있다.

# 향유고래 [향유고래과]

- **학 명** *Physeter macrocephalus*
- **영 명** Sperm whale

📏 **크기** 전체 길이 암컷 12m, 수컷 18m. 몸무게 최대 57t. 태어날 때의 전체 길이 3.5~4.5m

🐋 **형태** 이빨고래류 중에서 가장 큰 종이다. 몸 색깔은 어두운 갈색을 띤 회색이며, 배 쪽과 머리 앞쪽은 회색 또는 회색빛을 띤 흰색이다. 머리의 모양은 사각형으로 매우 크고, 옆에서 보면 위에서 칼로 벤 듯이 각을 이룬다. 아래턱은 가늘고 마치 매달려 있는 듯하다. S자 모양의 분기공 1개가 머리 앞 왼쪽에 있다. 등지느러미는 없고, 대신 몸체 뒷부분으로 혹 같은 피부돌기가 있다. 가슴지느러미는 몸에 비해 작지만 단단하다.

🔍 **생태** 깊은 바닷속까지 잠수하는 특성이 있어 먼바다에 산다. 50마리 이하의 무리를 이루어 생활한다. 여름과 가을에 짝짓기를 하며, 수컷은 새끼를 키우는 암컷과 함께 지낸다. 바닷속 수심 3200m 이상의 깊이까지 잠수가 가능하며, 한 번의 호흡으로 2시간 정도 숨을 참고 잠수한다. 독특한 음향을 내는데, 다른 고래를 식별하는 데 사용하는 것으로 보인다. 대개 여름과 가을에 새끼를 낳는다.

🦑 **먹이** 오징어와 문어 등의 두족류, 물고기

🌐 **분포** 전 세계 남북 40도 이하 해역

### 이야기마당

바닷속 깊은 곳에는 정체불명의 많은 생물 종이 살고 있습니다. '대왕오징어'도 그중의 하나인데, 길이 10m에 이르는 '대왕오징어'는 포경선에서 잡은 '향유고래'의 위를 해부하면서 발견되었습니다. '대왕오징어'는 심해에 사는 동물로, '향유고래'가 '대왕오징어'를 잡아먹기 위해 심해로 잠수한다는 이야기도 있습니다. '향유고래'는 머리에서 강한 음파를 내보내 '대왕오징어'를 기절시킨 다음 잡아먹습니다.

▲ 향유고래

# 꼬마향고래 [꼬마향고래과]

- **학 명** *Kogia breviceps*
- **영 명** Pygmy sperm whale

📏 **크기** 전체 길이 2.7~4.2m. 몸무게 340~680kg. 태어날 때의 전체 길이 약 1.2m

🐋 **형태** 머리 모양은 상어와 비슷하며, 아래턱은 가늘고 머리 아래에 붙어 있다. 가슴지느러미는 머리 가까이에 위치한다. 등지느러미는 작은 낫 모양으로, 등 중앙보다 훨씬 뒤쪽에 위치한다. 등은 검은빛을 띤 회색이고 배 쪽으로 갈수록 흰색 또는 핑크색을 띤 것이 많다. 아래턱에 12~16쌍의 길고 날카로운 이빨이 있고, 위턱에는 보통 이빨이 없다.

🔍 **생태** 땅 위로 올라가 죽는 소형 고래류의 하나로, 5~6마리 이하의 무리로 발견되는 경우가 많다. 위 속의 내용물 조사 결과 심해에서 먹이 활동을 하는 것으로 보이며, 바다에서의 유영은 느리게 보인다. 생태에 대한 연구가 아직 이루어지지 않았다.

🍴 **먹이** 두족류, 물고기, 새우

🌐 **분포** 전 세계 온대·열대 해역

### 이야기마당

상업적으로 잡힌 적은 없지만 최근 스리랑카에서 정치망 어업에 의해 죽은 사례가 있으며, 일본과 인도네시아 연안에서도 포경업자에 의해 여러 차례 잡힌 적이 있습니다.

▲ 꼬마향고래

# 쇠향고래 [꼬마향고래과]

- 학 명 *Kogia simus*
- 영 명 Dwarf sperm whale

✎ **크기** 전체 길이 2.7m. 몸무게 210kg. 태어날 때의 전체 길이 약 1m

🐋 **형태** '꼬마향고래'와 같이 머리 모양이 상어와 비슷하다. 등 중앙에 큰 등지느러미가 있다. 등은 회색이고, 배는 흰색이다. 주둥이는 '꼬마향고래'에 비해 뾰족한 편이다. 눈과 가슴지느러미 사이에 상어의 아가미뚜껑 모양의 무늬가 있다. 아래턱에 8~11쌍(드물게 13쌍)의 이빨이 있다. 때로는 위턱에도 같은 수의 이빨이 있다.

🔍 **생태** '꼬마향고래'에 비해 많은 수가 무리를 이루어 최대 12마리가 관찰되었으며, 평소에는 1~5마리가 모여 생활한다. 해수면 근처에서 드물게 보이는데, 느리게 헤엄치며 배 등이 접근하면 잠수해 버린다. 놀라면 잠수 후에 녹색의 똥 같은 찌꺼기를 남긴다. 1년에 한 번 여름에 새끼를 낳는 것으로 추측된다.

🍽 **먹이** 심해의 두족류

🌐 **분포** 전 세계 온대·열대 해역

💬 **이야기마당**

'쇠향고래'와 '꼬마향고래'는 많이 닮았습니다. 그러나 '꼬마향고래'가 '쇠향고래'에 비해 1.5배 이상 크며, '꼬마향고래'의 등지느러미 끝은 둥근 모양인 데 비해 '쇠향고래'의 등지느러미 끝은 삼각형으로 뾰족합니다. 인도양과 다른 지역의 정치망에서 물고기와 섞여 많은 수가 잡히고 있으며, 땅 위에 올라가 죽는 소형 고래류로 잘 알려져 있습니다.

▲ 쇠향고래

# 흰돌고래 [일각고래과]

- **학 명** *Delphnapterus leucas*
- **영 명** White whale

🖊 **크기** 전체 길이 암컷 4.1m, 수컷 5.5m. 몸무게 1.6t. 태어날 때의 전체 길이 1.5m

🐋 **형태** 몸은 통통하고, 머리는 작고 둥글다. 주둥이가 매우 짧고, 등지느러미는 없다. 가슴지느러미는 작고 둥글다. 다른 고래류에 비해 목이 잘 돌아간다. 갓 태어난 새끼는 검은색이 도는 회색 또는 갈색을 띤 회색이나, 성장하면서 흰색이 늘어 5~12세가 되면 순백색으로 변한다. 위턱에 9쌍, 아래턱에 8쌍의 이빨이 있다.

🔍 **생태** 연안 가까운 수심이 낮은 해역이나 근해의 수심이 깊은 해역에 산다. 15마리 이하의 무리를 이루며, 때로는 수천 마리의 무리가 발견되기도 한다. 수면에서 눈에 잘 띄지 않으며, 거의 점프를 하지 않고 천천히 헤엄친다. 여름 동안 큰 무리가 강 입구의 낮은 수심 지역에 집합하며, 이때 매우 활발하게 행동하는데, 대단히 시끄러워 '바다의 카나리아' 라는 별명이 붙었다. 4~8월에 새끼를 낳는다.

🦐 **먹이** 물고기, 조개, 저서성 무척추동물

🌐 **분포** 북반구의 고위도 해역

### 이야기마당

오랜 옛날부터 극지방의 원주민들에게 '흰돌고래' 잡이는 생계 수단이었습니다. 현재 상업적인 고래잡이는 이루어지지 않으며, 잡은 고래의 대부분은 원주민의 식량으로 이용되고 있습니다. 최근 알래스카, 그린란드, 러시아 인에 의한 고래잡이는 매년 수천 마리에 이르는데, 포획에 의한 위협보다 원유나 천연가스 사업에 따른 서식지의 환경 오염에 의한 위협이 더 심각합니다.

▲ 흰돌고래

# 큰부리고래 [부리고래과]

- **학명** *Berardius bairdii*
- **영명** Baird's beaked whale

📏 **크기** 전체 길이 암컷 12.8m, 수컷 11.9m. 몸무게 12t. 태어날 때의 전체 길이 4.5m

🐋 **형태** 부리고래류 중 가장 크다. 주둥이는 길고 뚜렷한 관 모양이며, 머리 앞은 둥글다. 등지느러미는 작지만 뚜렷한 삼각형으로, 몸체 후방에 위치하고 끝은 둥글다. 몸 색깔은 검은빛을 띤 다갈색으로 등 옆면 앞 부위에 흰색의 할퀸 상처 자국과 무늬가 있다. 아래턱의 앞 부위에 2쌍의 이빨이 있다. 성숙한 종은 위턱의 이빨이 크게 자라 입을 다물었을 때 밖으로 보이는 경우도 있다.

🔍 **생태** 대륙 사면과 해저산의 정상 또는 그 부근에서 5~20마리의 무리를 이루며, 때로는 50마리의 큰 무리가 발견되기도 한다. 그룹을 이루어 해면 근처를 표류하듯이 유영하는데, 이때 다른 개체의 등 위에 주둥이를 얹어 놓고 있는 모습이 발견되기도 한다. 깊이 잠수하여 1시간 이상 물 밖으로 나오지 않기도 한다. 수명은 수컷이 암컷보다 길고, 3~4월에 새끼를 낳는다.

🍴 **먹이** 심해성 · 저서성 어류, 두족류, 갑각류

🌏 **분포** 북태평양, 동해, 오호츠크 해, 베링 해의 깊은 대양부

### 이야기마당

미국, 캐나다, 러시아, 일본 등이 대규모로 '큰부리고래' 잡이를 해 왔으며, 일본의 연근해 포경 기지에서는 연간 40마리까지 잡는다고 합니다. 지금도 일본의 '연어' 잡이 그물에 걸려 죽는 경우가 있습니다.

▲ 큰부리고래

# 민부리고래 [부리고래과]

- **학 명** *Ziphius cavirostris*
- **영 명** Cuvier's beaked whale

✎ **크기** 전체 길이 암컷 7m, 수컷 7.5m. 몸무게 최대 3t. 태어날 때의 전체 길이 2.7m

🐋 **형태** 다른 부리고래류와 같이 비교적 몸통이 통통하다. 주둥이는 짧고 경계가 불분명하다. 목에 1쌍의 V자형 홈이 있다. 등지느러미는 작고 낫 모양이며, 전체 길이의 2/3 위치에 있다. 몸 색깔은 검은빛을 띤 회색 또는 밝은 녹갈색이며, 머리와 배에 흰 부분이 있다. 수컷은 아래턱 앞쪽 끝에 앞을 향한 1쌍의 원추형 이빨이 있다.

🔍 **생태** 깊은 바다에 사는 심해성 고래이다. 2~7마리의 작은 무리로 발견되지만 1마리만 발견되는 경우도 드물지 않다. 수명은 약 35년이다.

🦐 **먹이** 오징어, 물고기, 갑각류

🌐 **분포** 전 세계 온대 · 열대 해역

**이야기마당**

대규모 상업 포경은 이루어진 적이 없고, 소규모의 포획이 일본, 소안틸 제도와 지중해에서 이루어지고 있습니다.

▲ 민부리고래

# 혹부리고래 [부리고래과]

- **학 명** *Mesoplodon densirostris*
- **영 명** Blainville's beaked whale

✎ **크기** 전체 길이 암수 모두 최대 약 4.7m. 몸무게 최대 1033kg. 태어날 때의 전체 길이 2~2.5m

🐋 **형태** 몸의 옆면이 푸른빛을 띤 회색이고, 배는 흰색이다. 수컷의 아래턱에 위를 향해 부풀어 있는 혹이 있는 것이 특징이다. 수컷은 편평한 송곳니가 밖에서 관찰될 정도로 길게 자라나 있다.

🔍 **생태** 깊은 바다에 산다. 3~7마리가 무리 지어 이동하고, 1~2마리가 관찰되기도 한다. 45분 이상 잠수한다.

🦐 **먹이** 오징어, 물고기

🌐 **분포** 전 세계 온대 · 열대 해역

**이야기마당**

북태평양의 타이완에서 포경선이 소량 포획하고 있으며, 일본의 참치 어선이 인도양에서 다른 어종과 함께 잡은 적이 있습니다.

▲ 혹부리고래

# 은행이빨부리고래 [부리고래과]

- **학 명** *Mesoplodon ginkgodens*
- **영 명** Ginkgo-toothed beaked whale

📏 **크기** 전체 길이 암컷 최대 4.9m, 수컷 최대 4.8m. 몸무게 1t 미만. 태어날 때의 전체 길이 2.5m

🐋 **형태** 수컷의 몸 색깔은 검은빛을 띤 회색이며 흰 반점이 있다. 암컷은 약간 희다. 수컷은 편평한 송곳니와 같은 이빨이 있는데, 피부를 조금 뚫고 밖으로 드러나 있으며, 아래턱 중앙보다 조금 뒤에 위치한다. 암컷의 이빨은 밖으로 드러나 있지 않다.

🔍 **생태** 알려진 것이 없다.

🍴 **먹이** 오징어 등 두족류, 물고기

🌐 **분포** 인도양~태평양의 온대 · 열대 해역

### 이야기마당

1958년 일본 연안에서 죽은 개체가 발견된 신종 부리고래로, 생태에 대해서 알려진 사실이 없으며, 연안에 상륙하여 죽은 개체도 매우 적습니다. 일본 연안에서 서너 차례 잡힌 적이 있습니다.

▲ 은행이빨부리고래

---

# 큰이빨부리고래 [부리고래과]

- **학 명** *Mesoplodon stejnegeri*
- **영 명** Stejneger's beaked whale

📏 **크기** 전체 길이 암수 약 5.3m. 몸무게 1.5t. 태어날 때의 전체 길이 2~2.5m

🐋 **형태** 몸통은 크고, 머리와 꼬리는 작다. 몸 색깔은 암수 모두 회색~검은색으로, 수컷의 몸 전체에는 상처 흔적이 남아 있는 경우가 많다. 수컷은 아래턱 중앙 부근에 편평한 송곳니가 있고 앞쪽 끝은 앞을 향한다.

🔍 **생태** 수심 200m 이하 깊은 바다의 해저 분지에서 생활하며, 먼바다에서도 관찰된다. 5~15마리의 무리가 관찰되며, 크기가 다른 경우가 많다. 그 밖의 생태에 대해서는 알려진 사실이 없다.

🍴 **먹이** 오징어 등

🌐 **분포** 북태평양, 미국 캘리포니아 해역에서 동해 해역

### 이야기마당

3~4마리가 일본 연안의 '연어' 잡이 그물에 잡힌 사례가 알려져 있습니다.

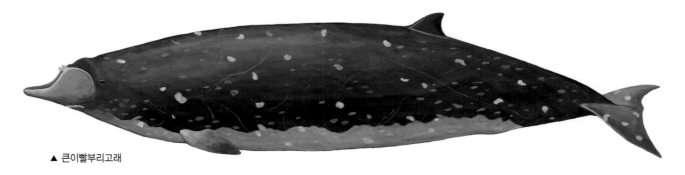

▲ 큰이빨부리고래

# 범고래 [돌고래과]

- **학 명** *Orcinus orca*
- **영 명** Killer whale

✎ **크기** 전체 길이 암컷 8.5m, 수컷 9.8m. 몸무게 암컷 7.5t, 수컷 10t. 태어날 때의 전체 길이 2.1~2.4m, 몸무게 약 180kg

🐋 **형태** 등 위로 높게 솟아오른 등지느러미의 길이가 암컷은 0.9m, 수컷은 1.8m나 되며, 수컷의 등지느러미 모양은 삼각형이다. 주둥이는 매우 짧고 앞쪽이 둥글다. 가슴지느러미는 크고 둥근 모양으로, 수컷의 경우 길이 2m에 이른다. 아래위 턱에 10~12쌍의 굽은 이빨이 있으며, 이빨 횡단면은 달걀 모양이다. 눈 위 후방에는 희고 둥근 큰 반점이 있다. 아래턱에서 목과 가슴을 지나 생식기에 이르는 몸 아래는 흰색이며, 개체에 따라 조금씩 모양에 차이가 있다.

🔍 **생태** 평생 같은 지역에서 생활하는 정주 그룹과 다른 지역을 오가며 이동하는 이동 그룹이 있으며, 이 두 그룹은 생태적인 차이뿐만 아니라, 몸의 형태 및 색깔에도 차이가 있다. 정주 그룹은 주로 물고기를 먹고, 이동 그룹은 해양 포유류를 주식으로 한다. 대부분 1~55마리로 무리를 이루며 같은 지역에서 사는 정주 그룹이 개체 수가 많다. 태평양 북서부에서는 여름을 피해 10월부터 이듬해 3월에 걸쳐 새끼를 낳고, 대서양 북동부에서는 늦가을부터 한겨울에 걸쳐 새끼를 낳는다.

🍴 **먹이** 돌고래, 물범 등 다른 해양 포유동물, 펭귄 등 조류, 물고기 등

🌐 **분포** 전 세계 해역. 고래 가운데 가장 넓은 지역에 분포함.

### 이야기마당

모든 고래류 가운데 외형적으로 구별하기가 가장 쉽습니다. 또, 성질이 난폭하여 '바다의 늑대'로 불리기도 합니다. 그러나 지능이 뛰어나 영화에 출연하기도 하고, 해양 박물관 또는 동물원 등에서 고래 쇼의 주역으로 활동하고 있습니다.

▲ 범고래

# 들쇠고래 [돌고래과]

- 학 명 *Globicephala macrorhynchus*
- 영 명 Short-finned pilot whale

📏 **크기** 전체 길이 암컷 5.5m, 수컷 6.1m. 몸무게 약 3.6t. 태어날 때의 전체 길이 약 1.4m

🐋 **형태** 돌고래류 가운데 대형 종이다. 머리는 둥글고, 주둥이는 매우 짧거나 없다. 머리 모양은 연령이나 성별에 따라 다르며, 수컷이 더 둥근 모양이다. 등지느러미는 전체 길이의 1/3 위치에 있으며 낫 모양이다. 가슴지느러미는 길고 길이가 몸길이의 20% 정도이다. 가슴에 흰색, 회색의 쇠사슬 줄무늬가 있으며, 등지느러미 뒤에는 말 안장 모양의 회색 무늬가 있다. 아래위 턱에는 보통 7~9쌍의 짧고 날카로운 이빨이 있다.

🔍 **생태** 수심이 깊은 먼바다에 산다. 다른 고래 종들과 함께 헤엄치는 경우가 많다. 수백 마리에 이르는 무리가 관찰되며, 사회성이 강하여 한 마리가 관찰되는 경우는 거의 없다. 암컷은 약 35년 동안 새끼를 낳으며, 그 이후 15년 정도 수유를 계속한다. 수유 기간을 연장하여 자신의 새끼 외에 무리 내 다른 혈연 새끼에게도 젖을 나누어 양육한다. 새끼를 낳는 시기는 남반구에서는 봄부터 가을이고, 북반구에서는 개체군에 따라 다르다.

🐟 **먹이** 물고기, 오징어

🌐 **분포** 온대·열대 해역. 보통 북위 50도 이북 혹은 남위 40도 이남에는 분포하지 않음.

💬 **이야기마당**

일본에서는 소규모 연안 포경 기지에서 매년 수백 마리가 포획되고 있고, 카리브 해역에서도 매년 수백 마리가 포획되어 왔지만, 포획량은 감소하고 있습니다. 동해와 주변 해역에 두 그룹의 다른 무리가 있습니다.

▲ 들쇠고래

# 흑범고래 [돌고래과]

- **학 명** *Pseudorca crassidens*
- **영 명** False killer whale

**크기** 전체 길이 암컷 5m, 수컷 6m. 몸무게 큰 수컷의 경우 2t. 태어날 때의 전체 길이 1.5~2.1m

**형태** 돌고래류 가운데 대형 종이다. 몸통은 가늘고 길며, 머리는 둥글고 앞으로 튀어나와 있지만, 주둥이는 없는 것이 특징이다. 등지느러미는 가늘고 낫 모양으로 끝이 약간 둥글다. 가슴지느러미는 모양이 독특하여 이 종을 식별하는 중요한 특징이 된다. 몸 색깔은 검은 회색 또는 검은색으로, 가슴 부위는 드러나지 않지만 흰색을 띤 회색 무늬가 있다. 아래위 턱에 7~12쌍의 크고 끝이 뾰족한 이빨이 줄지어 있다. 이빨의 단면은 둥글다.

**생태** 수심이 깊은 해역에 산다. 해역에 따라 경제성 물고기를 먹기 때문에 지역 어부와 갈등 관계에 있다. 10~60마리가 무리를 이루는 것이 보통이지만 보다 많은 무리를 이루기도 한다. 빠른 속도로 헤엄치고 대단히 활발하여 중형 돌고래류라기보다는 귀여운 소형 돌고래와 같은 행동을 보인다. 번식 시기는 알려져 있지 않다.

**먹이** 물고기와 두족류를 먹지만, 소형 고래와 때로는 '혹등고래'를 습격하기도 함.

**분포** 온대 · 열대 해역. 보통 북위 50도 이북 또는 남위 50도 이남에는 분포하지 않음.

### 이야기마당

동해에 있는 일본의 오키 섬에서는 경제성 어종인 '방어'를 잡아먹는 해로운 동물로 여겨 연안으로 추적하여 많은 수를 포획하고 있으며, 어부에 의해 총에 맞아 죽기도 한답니다.

▲ 헤엄치는 모습

▲ 흑범고래

# 들고양이고래 [돌고래과]

- 학 명 *Feresa attenuata*
- 영 명 Pygmy killer whale

📏 **크기** 전체 길이 2.6m, 수컷이 암컷에 비해 약간 더 큼. 몸 무게 최대 225kg. 태어날 때의 전체 길이 약 80cm

🐋 **형태** '고양이고래'와 구별이 어려우나, 가슴지느러미가 '고양이고래'의 것보다 끝이 더 둥글다. 몸통은 약간 가늘고, 머리는 둥글고, 주둥이가 없다. 몸 색깔은 검은 회색 또는 검은색이다. 배에는 흰색 또는 회색 띠가 생식 홈 주위에 퍼져 있다. 입술과 주둥이 끝이 흰 경우도 있다. 위턱에 8~11쌍, 아래턱에 11~13쌍의 이빨이 있다.

🔍 **생태** 수백 마리의 무리가 관찰된 기록이 있지만, 대개 50마리 이하의 무리를 짓는다. '고양이고래'에 비해 헤엄 속도가 느리고 행동도 덜 활동적이다. 번식 생태는 알려진 사실이 없다.

🐟 **먹이** 물고기와 오징어가 주식이지만, 열대 동부 태평양에서는 참치 어업 시즌에 다른 돌고래류를 습격하기도 함.

🌐 **분포** 열대 · 아열대 해역. 북위 40도 이북과 남위 35도 이남에는 분포하지 않음.

💬 **이야기마당**

일본과 스리랑카에서 이 종의 고래잡이가 이루어지고 있습니다. 다른 지역에서는 고기잡이 그물에 적은 개체가 잡히는 것으로 알려져 있습니다.

▲ 들고양이고래

# 고양이고래 [돌고래과]

- **학 명** *Peponocephala electra*
- **영 명** Melon-headed whale

📏 **크기** 전체 길이 최대 2.75m. 몸무게 최대 275kg. 태어날 때의 전체 길이 약 1m 또는 그 이하

🐋 **형태** '들고양이고래'에 비해 가슴지느러미의 끝이 뾰족하고, 작은 이빨이 많다. 머리는 삼각형에 가깝다. 암컷과 새끼는 길이가 짧거나 거의 눈에 띄지 않을 정도의 주둥이가 있다. 몸 색깔은 보통 짙은 회색 또는 검은색이고, 입술은 희다. 생식 홈 주위로 흰 반점 무늬가 있다. 검은색 가면을 쓴 듯한 얼굴 모양이 독특하다. 아래위 턱에 20~25쌍의 작고 가는 이빨이 있다.

🔍 **생태** 사회성이 매우 발달한 고래로, 보통 100~500마리의 무리를 이루는데, 최대 2000마리의 무리를 이룬 기록이 있다. 동부 태평양 열대 해역과 필리핀, 멕시코 만 등에서는 다른 돌고래 종과 함께 헤엄치는 경우가 많다. 매우 빠른 속도로 헤엄치며, 해면 위에서 점프하기도 한다. 또한, 세력을 과시하는 행동을 매우 좋아하여 뱃머리 파도에서 다른 종의 돌고래를 쫓아 버리기도 한다. 7~8월에 새끼를 낳는다.

🦐 **먹이** 오징어, 작은 물고기

🌏 **분포** 열대와 아열대의 대양 해역. 우리나라에서는 남해, 동해 남부 해역

### 이야기마당

몸집이 작은 고래이지만, 성격이 매우 사납고 공격적이어서 다른 큰 고래들을 두려워하지 않는답니다. 가끔 수족관의 전시용으로 잡히기도 합니다.

▲ 고양이고래

# 낫돌고래 [돌고래과]

- **학 명** *Lagenorhynchus obliquidens*
- **영 명** Pacific white-sided dolphin

📏 **크기** 전체 길이 2.5m, 수컷이 암컷보다 조금 더 큼. 몸무게 최대 180kg. 태어날 때의 전체 길이 1m로 추정

🐋 **형태** 몸은 통통하며, 주둥이는 짧고 두껍다. 긴 가슴지느러미의 끝은 약간 둥근 모양이며, 등지느러미는 매우 특징적이어서 눈에 잘 띄는데, 위쪽으로 크고 길게 두 가지 색으로 나뉘어 있다. 검은 회색의 등과 옆구리는 검은 경계선으로 흰 복부와 확실히 구별되어 있다. 입술은 검고, 아래위 턱에 23~36쌍의 비교적 가늘고 끝이 뾰족하며 날카로운 이빨이 있다.

🔍 **생태** 수심이 깊은 대양에 살지만 해역에 따라 대륙붕과 해안 가까이 침입하기도 한다. 때로는 수백에서 수천 마리의 큰 무리가 관찰되며, 대단히 군집성이 강한 돌고래로 다른 돌고래들과 함께 무리를 이루는 경우도 많다. '점프', '공중회전' '물 튀기기' 등의 행동을 반복해서 행하는 돌고래 체조 행동을 하기로 유명하다. 여름부터 가을에 걸쳐 새끼를 낳는다.

🐟 **먹이** 작은 물고기, 오징어

🌐 **분포** 북태평양 온대 해역

###  이야기마당

전시용으로 잡히기도 합니다. 태평양 중앙부에서는 최근 아시아 국가 원양 오징어 어업의 그물에 의해 많은 수가 잡히고 있으며, 매년 8000~10,000마리가 죽어가고 있습니다.

▲ 낫돌고래

▲ 수면 위로 드러난 등지느러미 모습

▲ 수면 위로 점프하기를 좋아한다.

▲ 무리를 이루어 헤엄치는 모습

▲ 물 밖으로 솟구쳐 점프하는 모습

# 뱀머리돌고래 [돌고래과]

- **학 명** *Steno bredanensis*
- **영 명** Rough-toothed dolphin

📏 **크기** 전체 길이 2.8m. 몸무게 150kg. 태어날 때의 전체 길이는 알려져 있지 않음.

🐬 **형태** 머리는 원추형으로, 이마와 주둥이의 경계가 뚜렷하지 않다. 얼굴 모양이 파충류를 닮았다. 몸집에 비해 큰 가슴지느러미가 있고, 등지느러미는 높고 낫 모양이다. 몸 색깔은 검은 회색이고, 배와 입술, 아래턱의 대부분은 희고 핑크색을 띠며, 배 부분에는 흰 반점이 있다. 아래위 턱에 20~27쌍의 이빨이 있다.

🔍 **생태** 수심이 깊은 대양에 산다. 보통 10~20마리의 무리를 이루는 경우가 흔하지만, 100마리를 넘는 큰 무리가 관찰된 적도 있다. 그다지 활동적이지 않고, 때로는 뱃머리 물살에 맞추어 헤엄치기도 한다. 자주 턱과 머리를 드러낸 채 수면 가까이 미끄러지듯 헤엄치는 행동을 보인다. 동부 태평양 열대 해역에서는 부유물과 다른 고래류와 함께 있는 경우가 많다.

🍴 **먹이** 두족류, 물고기

🌐 **분포** 열대·아열대 해역의 북위 40도 이북 또는 남위 35도 이남에 드물게 분포함.

### 🗨️ 이야기마당

동부 태평양 열대 해역에서는 어망에 의해 잡히기도 합니다. 전시를 위해 생포된 사례도 몇 번 있습니다.

▲ 뱀머리돌고래

# 큰머리돌고래 [돌고래과]

- **학 명** *Grampus griseus*
- **영 명** Risso's dolphin

📏 **크기** 전체 길이 3.8m. 몸무게 400kg, 최대 약 500kg. 태어날 때의 전체 길이 1.2~1.5m

🐋 **형태** 머리와 가슴은 통통하고, 꼬리자루 부근은 가는 편이다. 머리는 둥글고, 주둥이는 뚜렷하지 않다. 가슴지느러미는 길고 휘어졌으며 끝이 뾰족하다. 등지느러미는 높고 낫모양이다. 몸 색깔은 갓 태어난 새끼는 검은빛을 띤 회색이나, 자라면서 상처나 반점이 생겨 회색 또는 흰색으로 변한다. 아래턱 앞부분에 2~7쌍의 이빨이 있고, 위턱에는 없다. 성체는 이빨이 닳아 빠지거나 없는 경우도 있다. 먹이 활동을 할 때 오징어들에 의해 물린 상처가 있다.

🔍 **생태** 수심이 깊은 대양부터 대륙 사면에 걸쳐 산다. 천천히 물 위로 떠오르는 것이 자주 관찰되지만 활발히 행동하는 경우가 많고, 때로는 점프도 한다. 보통 무리는 그다지 크지 않지만 4000마리의 대집단이 보고된 적도 있다. 다른 고래류와 함께 어울려 헤엄치기도 하는데, '큰머리돌고래'와 '큰돌고래'의 잡종이 보고되고 있다. 북대서양에서는 여름에 새끼를 낳는 것으로 추정된다.

🍴 **먹이** 오징어, 갑각류, 두족류

🌐 **분포** 전 세계 해역

**이야기마당**

스리랑카에서는 두 번째로 많이 잡히는 고래로, 고기는 식용 또는 물고기의 사료로 이용됩니다.

▲ 큰머리돌고래

# 큰돌고래 [돌고래과]

- **학 명** *Tursiops truncatus*
- **영 명** Bottlenose dolphin

✏️ **크기** 전체 길이 1.9~3.8m, 수컷이 암컷보다 조금 더 큼. 몸무게 최대 650kg. 태어날 때의 전체 길이 1~1.3m

🐚 **형태** 돌고래 중 대형으로, 몸통은 길고 전체적으로 통통하다. 주둥이는 짧고 통통한 모양이지만 멜론과의 경계가 분명하다. 등지느러미는 높고 낫 모양이며, 등 중앙에 위치한다. 몸 색깔은 등에서 옆구리를 지나 배 쪽으로 갈수록 짙은 회색에서 점차 흰색을 띤다. 배 또는 옆구리 아래에 점무늬가 있는 경우도 있다. 아래위 턱에 18~26쌍의 두꺼운 이빨이 있다. 나이를 먹을수록 이빨이 닳아 조금 밖에 남아 있지 않거나 없기도 한다.

🔍 **생태** 보통 20마리 이하의 무리를 이루지만, 근해에서는 수백 마리의 무리가 발견되는 경우도 많다. 다른 돌고래들과 함께 헤엄치는 경우가 많고, 다른 종과의 잡종도 알려져 있다. 적응력이 뛰어나 훈련하기 쉬워서 수족관이나 해양 박물관 등에서 가장 많이 사육되는 돌고래이다. 대단히 활동적이어서 꼬리지느러미로 수면을 때리거나 공중회전을 하기도 한다. 집단 사냥을 하거나 혼자 물고기를 사냥하기도 하고, 새우잡이 배 등 어선 옆에서 먹이를 몰래 먹기도 한다. 번식은 봄부터 여름 혹은 봄부터 가을에 걸쳐 이루어지는데, 2~3년에 한 번 새끼를 낳고, 임신 기간은 12개월이다.

🍎 **먹이** 물고기, 새우 등의 갑각류, 두족류

🌐 **분포** 전 세계 온대 · 열대 해역 연안

💬 **이야기마당**

고래류 중 가장 온순하고 친화력이 있어서 돌고래 쇼나 텔레비전 광고 등에 자주 출연한답니다. 번식할 때와 먹이를 먹을 때는 매우 활동적이어서 '점프', '아슬아슬한 곡예' 등 다양한 행동을 보입니다.

▲ 큰돌고래

▲ 여러 마리가 떼 지어 헤엄친다.

▲ 수면 위로 솟구쳐 한 바퀴 회전하는 곡예 행동

▲ 수면 위로 몸을 드러내고 있다.

◀ 해질 무렵 수면 위로 솟구쳐 보여 주는 곡예 행동

# 점박이돌고래 [돌고래과]

- **학 명** *Stenella attenuata*
- **영 명** Pantropical spotted dolphin

📏 **크기** 전체 길이 암컷 1.6~2.4m, 수컷 1.6~2.6m. 몸무게 약 120kg. 태어날 때의 전체 길이 약 85cm

🐋 **형태** 몸은 가늘고 유선형이다. 주둥이는 가늘고 길며, 멜론 과의 경계가 뚜렷하다. 등지느러미는 가늘고 끝이 뾰족하다. 태어난 직후에는 반점이 없지만, 자라면서 흰색 반점이 많이 나타나며, 간혹 반점이 없는 개체도 있다. 몸의 아랫부 분과 배는 회색이고, 주둥이 끝은 선명한 흰색을 띠는 경우 가 많다. 아래위 턱에 34~48쌍의 가늘고 날카로운 이빨이 있다.

🔍 **생태** 참치 무리와 함께 발견되거나, 해면에서 먹이를 찾는 다른 종류의 돌고래와 함께 헤엄치는 경우가 많다. 연안에 있는 무리는 대개 100마리 이하이지만 먼바다에서는 수천 마리의 무리를 이루기도 한다. 군집성으로, 유영 속도가 빠 르고 물 밖으로 점프하는 행동이 자주 관찰된다. 동부 태평 양에서는 봄과 가을에 한 번씩 1년에 2번 새끼를 낳는다.

🍽 **먹이** 수면 가까이에 있는 물고기, 오징어

🌐 **분포** 주로 열대 대양 해역에 분포하며, 동부 태평양 열대 해 역에 가장 많음.

💬 **이야기마당**

'점박이돌고래' 무리 아래의 물속에 참치 떼가 있는 경우가 많기 때 문에 참치 어업에 그 특징을 이용한답니다. 참치의 위치를 파악할 수 있어 효율적으로 참치를 잡을 수 있습니다.

▲ 점박이돌고래

# 긴부리돌고래 [돌고래과]

- **학 명** *Stenella longirostris*
- **영 명** Spinner dolphin

**크기** 전체 길이 암컷 2m, 수컷 2.4m. 몸무게 약 77kg. 태어날 때의 전체 길이 75~80cm

**형태** 몸은 유선형이고, 주둥이는 매우 가늘고 길다. 머리도 앞부분은 매우 가늘다. 등지느러미는 낫 모양에서 직각 삼각형까지 다양하다. 일반적으로 검은 선이 눈에서 가슴지느러미까지 이어져 있고, 입과 주둥이 앞부분은 검다. 지역적으로 다양한 계통으로 나뉘며, 형태도 변화가 있다. 아래위 턱에는 매우 가늘고 뾰족한 이빨이 45~62쌍 있으며, 고래 가운데 이빨의 개수가 가장 많다.

**생태** 한 번 점프하는 데 최대 7번 몸을 회전하는 행동에서 'Spinner dolphin' 이라는 영어 이름이 붙여졌다. 공중회전 자세가 특이한 돌고래로 유명하다. 50마리 이하부터 수천 마리의 무리를 이루며, 동부 태평양 열대 해역에서는 '점박이돌고래' 와 함께 헤엄치는 것이 자주 관찰된다. 봄이 끝날 무렵부터 가을에 걸쳐 번식하며, 주로 밤에 먹이 활동을 한다. 바다 중층에서 먹이 사냥을 하며, 낮에는 휴식하는 일이 많다. 참치 어망에 들어가 잡히는 경우도 있다.

**먹이** 물고기, 오징어

**분포** 남·북반구의 열대 및 아열대 해역. '점박이돌고래' 와 분포 영역이 거의 같음.

### 이야기마당

몸통이 유선형으로 아름다워 수족관에서 자주 볼 수 있는 돌고래이지만, 길들이기는 쉽지 않다고 합니다. 특히 태평양 열대 해역에 분포하는 '긴부리돌고래' 무리는 참치 어망에 들어가는 경우가 많으므로 참치 어업의 영향을 크게 받고 있습니다. 이 어로 행위에 의해 최근 수십 년 동안 지역에 따라 개체 수가 급격히 감소하였습니다.

▲ 긴부리돌고래

# 줄박이돌고래 [돌고래과]

- **학 명** *Stenella coeruleoalba*
- **영 명** Striped dolphin

📏 **크기** 전체 길이 2.6m, 수컷이 암컷에 비해 조금 큼. 몸무게 최대 156kg. 태어날 때의 전체 길이 약 1m

🐋 **형태** 몸은 돌고래 특유의 전형적인 유선형이다. 등지느러미는 낫 모양이며, 주둥이는 길다. 배는 흰색 또는 옅은 분홍색, 등은 검은 회색, 옆구리는 밝은 회색이다. 몸에는 여러 줄의 아름다운 검은색 띠무늬가 있다. 등지느러미는 길고 등의 중앙에 위치한다. 아래위 턱에 40~55쌍의 작고 뾰족한 이빨이 줄지어 있다.

🔍 **생태** 먼바다 또는 연안의 수심이 깊은 바다에 살며, 빠른 속도로 헤엄친다. 100~500마리의 무리를 이루지만 때로는 수천 마리의 무리를 이루기도 한다. 이들 큰 무리 가운데 연령과 성별에 따라 사는 곳을 달리하기도 한다. 여름과 겨울, 1년에 2번 번식하며, 2~3년에 한 번 새끼를 낳는다.

🎨 **먹이** 오징어, 물고기(특히 정어리류)

🌐 **분포** 온대 · 열대 해역. 북위 50도 이북 혹은 남위 40도 이남에는 분포하지 않음.

### 💬 이야기마당

동부 태평양 열대 해역에서 참치 어업에 의해 참치와 같이 잡히고 있으나, 그 수는 적습니다. 그러나 '줄박이돌고래'의 생태에 대해 많은 연구가 이루어지고 있는 일본에서는 매년 수천 마리를 대규모로 잡고 있습니다.

▲ 줄박이돌고래

# 긴부리참돌고래 [돌고래과]

- **학 명** *Delphinus capensis*
- **영 명** Long-beaked common dolphin

📏 **크기** 전체 길이 1.9~2.6m, 몸무게 135kg. 태어날 때의 전체 길이 80~85cm

🐋 **형태** 몸은 날씬하다. 등은 검은 청색, 배는 회색빛을 띤 흰색이며, 몸의 옆쪽으로 황토색과 잿빛 검은색을 띤 모래시계 모양의 무늬가 있는 것이 특징이다. 부리는 검고, 부리와 이마 사이는 흰색이며, 부리 끝을 잇는 중간의 검은색 가는 줄이 두 눈을 감싸고 있다. 등지느러미는 낫 모양이며 등의 중앙에 위치한다. 아래위 턱의 좌우에 각각 47~65쌍의 이빨이 있다.

🔍 **생태** 매우 넓은 범위에서 수십 개체가 무리를 이루어 생활하며, 활동적이고 빠른 속도로 헤엄칠 때에는 시끄러운 소리를 낸다. 떼로 다니는 먹이를 잡기 위해 협동하여 어군몰이를 하는 기술이 있으며, 먹이 활동은 주로 밤에 한다. 2~3년에 한 번 봄~가을에 새끼를 낳으며, 임신 기간은 10~11개월이다.

🍴 **먹이** 물고기, 플랑크톤, 오징어, 갑각류

🌐 **분포** 북위 50도~남위 50도의 열대 · 온대의 연안

### 이야기마당

'돌고래(짧은부리참돌고래) *Delphinus delphis*' 와의 차이는 부리가 길고 이마가 비교적 편평한 점입니다.

▲ 긴부리참돌고래

# 돌고래(짧은부리참돌고래) [돌고래과]

- **학 명** *Delphinus delphis*
- **영 명** Common dolphin

📏 **크기** 전체 길이 암컷 2.3m, 수컷 2.6m. 몸무게 최대 135kg. 태어날 때의 전체 길이 80~85cm

🐋 **형태** 몸은 약간 가늘고, 주둥이는 중간부터 앞으로 길게 뻗어 있다. 등지느러미는 높고 약간 낫 모양이다. 등은 짙은 갈색을 띤 회색이고, 배는 흰색이며, 옆구리에는 황갈색 또는 황토색 무늬가 있다. 아래위 턱에는 40~61쌍의 작고 뾰족한 이빨이 있다. 지리적으로 많은 지역형이 보고되고 있는데, 한 예로 주둥이가 긴 그룹과 짧은 그룹이 있다.

🔍 **생태** 큰 무리를 이루어 소란스럽게 빠른 속도로 질주하고 수면 위로 물거품을 내며 헤엄친다. 수십 마리에서 만 마리를 넘는 무리를 이루기도 하며, 다른 해양 포유동물과 함께 헤엄친다. 생기 있고 활발하게 행동하며, 저위도 해역에서 항해하는 배에게는 가장 친숙한 돌고래이다. 무리가 공동으로 먹이 사냥을 하는 일도 있으며, 대개 밤에 먹이를 구하고, 어두워지면 수면 가까이 이동하여 오는 작은 생물을 먹는다. 2~3년에 한 번 봄과 가을 사이에 새끼를 낳는다.

🎨 **먹이** 작은 군집성 어류, 오징어

🌏 **분포** 전 세계 열대 · 온대 해역

💬 **이야기마당**

세계의 다양한 어업 활동에 의해 그 수가 점점 줄고 있습니다. 가끔 수족관에서 전시를 위해 생포하는 경우도 있지만, 사육이 쉽지 않다고 합니다.

▲ 돌고래

▲ 무리를 이루어 헤엄치는 모습

▲ 물속에서 헤엄치는 모습. 분기공에서 물방울이 쏟아져 나온다.

▲ 물살을 가로지르며 헤엄치는 모습

◀ 먹이를 쫓아 쏜살같이 헤엄치고 있다.

# 고추돌고래 [돌고래과]

- **학 명** *Lissodelphis borealis*
- **영 명** Northern right whale dolphin

✏️ **크기** 전체 길이 암컷 2.3m, 수컷 3.1m. 몸무게 최대 115kg. 태어날 때의 전체 길이 약 1m

🐬 **형태** 소형 종으로, 몸이 가늘고 길다. 등지느러미가 없으므로 다른 종과 혼동할 일이 거의 없다. 꼬리지느러미와 가슴지느러미는 작다. 주둥이는 짧고 멜론 부위와 경계가 뚜렷하다. 몸 색깔은 기본적으로 검은색이지만 흰 띠가 목에서부터 꼬리지느러미까지 이어져 있다. 아래위 턱에 37~54쌍의 날카롭고 뾰족한 이빨이 있다.

🔍 **생태** 빠른 속도로 헤엄치고, 낮게 점프하거나 수면 위를 때리며 물거품을 만들기도 한다. 100~200마리가 무리를 이루는 경우가 많지만, 3000마리나 되는 큰 무리가 관찰된 기록도 있다. 이들 무리는 다른 해양 포유동물, 특히 '낫돌고래'와 함께 헤엄치는 일이 많은데, 이때 세력을 과시하는 행동을 하기도 한다. 겨울부터 초봄에 걸쳐 번식이 절정을 이룬다.

🍴 **먹이** 오징어, 정어리류, 다양한 표층 및 중층 해역의 생물

🌐 **분포** 태평양 북부 한대~온대 수역

💬 **이야기마당**

소형 이빨 고래류의 대표 종으로, 매년 만 마리에 가까운 개체가 잡혔으나 현재는 이 어업이 금지되었습니다.

▲ 고추돌고래

# 작은곱등어(까치돌고래) [쇠돌고래과]

- **학 명** *Phocoenoides dalli*
- **영 명** Dall's porpoise

📏 **크기** 전체 길이 암컷 2.3m, 수컷 2.4m. 몸무게 최대 약 200kg. 태어날 때의 전체 길이 약 1m

🐟 **형태** 몸은 통통하고, 등 면 부착 부위가 넓은 삼각형의 등지느러미와 머리 가까이에 위치한 작은 가슴지느러미가 특징이다. 머리는 작고 주둥이도 작으며, 멜론과의 경계는 없다. 위에서 보면 머리가 삼각형이다. 몸은 검은색으로 옆구리에 흰 반점 무늬가 선명하고 배와 연결되어 있다. 이 흰 반점 무늬의 크기에 따라 크게 두 가지 형태의 집단으로 구분되는데, 흰 반점 무늬가 가슴지느러미까지 이어진 유형과 그렇지 않은 유형이 있다. 고래 중 이빨이 가장 작으며, 아래위 턱에 23~38쌍이 있다.

🔍 **생태** 소형 이빨 고래류 가운데 가장 빨리 헤엄치는 돌고래이다. 고속으로 헤엄칠 때에는 수면에 독특한 수탉 꽁지 모양의 물보라를 만든다. 고속으로 달리는 뱃머리에 갑자기

나타나는 경우도 있으며, 수천 마리의 큰 무리가 관찰된 사례가 보고된 적도 있지만, 보통 2~12마리의 작은 무리를 이룬다. 대개 봄과 여름에 새끼를 낳는다.

🍽 **먹이** 표층에서 중층에 사는 물고기, 오징어

🌐 **분포** 북태평양 고유종. 난대부터 한대에 걸친 깊은 해역

💬 **이야기마당**

학계에서 오랫동안 '작은곱등어'라는 이름으로 불렸으나, 흑백의 몸 색깔이 까치와 닮아서 최근에 '까치돌고래'라고 불리기도 합니다.

▲ 수면 위로 등지느러미를 드러낸 채 휴식하고 있다.

▲ 작은곱등어

# 쇠돌고래 [쇠돌고래과]

- **학 명** *Phocoena phocoena*
- **영 명** Harbour porpoise

📏 **크기** 전체 길이 1.8m 미만, 최대 약 2m, 암컷이 수컷보다 큼. 몸무게 45~70kg. 태어날 때의 전체 길이 70~90cm

🐋 **형태** 몸은 통통하고, 머리끝은 둥글고 주둥이가 짧다. 등지느러미는 몸 중앙에 위치하고 높이가 낮은 삼각형 모양이다. 가슴지느러미는 작고 끝이 둥근 모양이다. 꼬리지느러미는 가운데가 움푹하게 안으로 들어간 모양이다. 등은 검은빛을 띤 회색, 배는 흰색이며, 옆구리는 중간색을 띤다. 아래위 턱에 19~28쌍의 끝이 둥근 주걱 모양의 이빨이 줄지어 있다.

🔍 **생태** 먼바다의 수심이 깊은 해역을 이동하는 경우도 드물게 있지만, 대개 연안 가까운 낮은 수심의 바다에서 발견된다. 8마리 이하의 작은 무리를 이루는데, 먹이를 구하거나 회유할 때에는 50마리에서 수백 마리에 이르는 큰 무리를 만들기도 한다. 다른 돌고래들과 달리 그다지 눈에 띄는 행동을 하지 않는다. 빠른 속도로 헤엄칠 때에는 수면 위로 솟아오르는 행동을 하고, 잠수에서 다음 잠수까지 수면 위에 드러눕는 행동을 한다. 봄부터 한여름에 걸쳐 새끼를 낳는다.

🦐 **먹이** 물고기, 두족류, 작고 가시가 없는 군집성 어류(꽁치류)가 주식

🌐 **분포** 북반구 해역

### 이야기마당

현재 흑해와 그린란드에서는 대규모 고래잡이가 이루어지고 있습니다. 또한, 이 종이 연안성 돌고래여서 해양 오염의 영향을 심각하게 받고 있으며, 이러한 해양 오염으로 유럽과 북아메리카의 개체 수가 감소하고 있습니다.

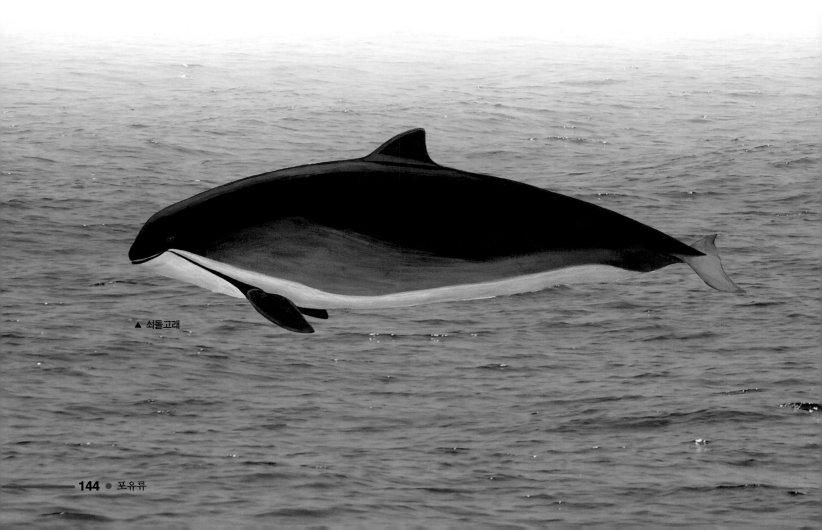

▲ 쇠돌고래

# 상괭이(쇠물돼지) [쇠돌고래과]

- **학명** *Neophocaena phocaenoides*
- **영명** Finless porpoise

**크기** 전체 길이 약 1.9m, 수컷이 암컷보다 큼. 몸무게 50~70kg. 태어날 때의 전체 길이 70~80cm

**형태** 등지느러미가 없는 것이 특징이다. 작고 몸이 가늘어 '흰돌고래'로 착각하기도 한다. 주둥이가 거의 없고, 둥근 앞머리 부분이 입과 직각을 이룬다. 목이 매우 유연하다. 크기와 형태는 지역적인 차이가 있다. 몸은 전체가 회색이지만, 나이가 많은 개체가 어린 개체에 비해 일반적으로 흰색을 띤 회색이다. 거의 검은색에 가까운 개체도 있다. 아래위 턱에 13~22쌍의 이빨이 있다.

**생태** 민물 또는 수심이 얕은 바닷물에 산다. 혼자 또는 2마리가 함께 다니는 것이 대부분이고, 많은 경우 최대 50마리까지의 무리가 보고된 적도 있다. 다른 쇠돌고래류와 같이 행동이 그리 활발하지 않다. 뱃머리 물살을 따라 헤엄치는 경우도 없으며, 해역에 따라서는 배에 접근조차 하지 않는다. 어미가 등 위의 작은 돌기가 나 있는 부분에 새끼를 태워 이동하는 것이 관찰되기도 한다. 번식 생태에 대해서는 거의 조사된 적이 없으나, 양쯔 강에서는 2~4월, 일본에서는 4~8월이 번식 시기로 보고되고 있다.

**먹이** 작은 물고기, 새우, 오징어, 쌀과 해조류 등

**분포** 우리나라 서해와 남해에서 페르시아 만에 이르는 인도양~태평양의 온난한 연해 해역

## 이야기마당

민물에서도 사는 고래로, 중국의 양쯔 강 개체군이 특히 유명한데, 양쯔 강에는 매우 오래전에 강 상류로 올라가 서식하고 있는 별도의 무리가 있습니다. 이 개체군은 몸 색깔이 검은색에 가까운 흑색형으로, 다른 곳의 '상괭이'와 달리 수면 위로 뛰어오르고 꼬리를 세우기도 한답니다.

▲ 천천히 유영하거나 휴식할 때 수면 위로 드러난 등의 모습

▲ 상괭이

# 양서류란

두꺼비, 개구리, 도롱뇽 등은 물속에 알을 낳고, 유생 시기에는 물속에서 아가미로 호흡하다가 변태 과정을 거쳐 땅 위에서 폐로 호흡하며 생활하는 척추동물이다. 이와 같이 생활사 중에 아가미로 호흡하는 시기와 폐로 호흡하는 시기가 있는 동물을 양서류라고 한다.

양서류는 약 3억 5천만 년 전인 고생대 말기에 가슴과 배지느러미가 발달하고 폐로 호흡하는 어류로부터 진화하여 최초로 육상 생활에 적응한 척추동물로 알려져 있다. 이후 양서류는 파충류와 포유류로 분화하여, 육상 척추동물의 선조로 일컬어지고 있다. 양서류는 몸의 외부 형태만 변화하는 것이 아니라 몸의 내부 구조도 변화하여 육상 생활에 적응한 동물이다. 즉, 물속에서는 아가미 호흡을 하지만, 물 밖에서는 폐 호흡을 하고, 물속에서는 식물질이나 동물질 먹이를 핥아 흡입하듯이 먹는 입이 육상에서는 곤충이나 지렁이와 같은 절지동물을 재빠르게 잡아먹기 위한 형태로 변화한다.

양서류는 외부 환경 변화에 극히 민감한 동물이다. 극지방을 제외한 전 세계에 분포하고 있으나, 최근의 급격한 기상 이변과 온난화 및 대규모 개발에 의해 척추동물 분류군 내에서 멸종 속도가 가장 빠른 것으로 알려져 있다. 양서류는 도롱뇽처럼 일생 동안 꼬리를 지니는 도롱뇽목(유미목, Caudata)과 개구리, 두꺼비와 같이 성장하면서 꼬리가 사라지는 개구리목(무미목, Anura), 그리고 발이 없는 무족목(Gymnophiona)으로 구분된다.

# 양서류의 생김새

## 개구리 생김새

**몸길이**

**눈** 툭 튀어나오고 눈꺼풀이 있다.

**코** 냄새를 맡을 수 있고, 숨을 쉴 때 공기가 드나든다.

**입** 몸에 비해 매우 크다. 아래턱 입 안쪽에 붙어 있는 혀는 중요한 사냥 도구이다.

**울음주머니** 턱 밑이나 양쪽 볼에 있다. 수컷에게 있으며, 번식기 때 이 울음주머니를 부풀려 암컷을 부르는 소리를 낸다.

**피부** 끈적끈적한 액이 끊임없이 나와 미끈미끈하다.

**뒷다리** 유난히 길어서 지렛대 역할을 한다.

**앞다리**

**발** 발가락은 앞발에 4개, 뒷발에 5개가 있다. 뒷발 발가락 사이에는 물갈퀴가 있다.

**고막** 눈 뒤편 양쪽에 있다. 눈과 크기가 비슷하며 납작하고 동그랗다.

## 도롱뇽 생김새

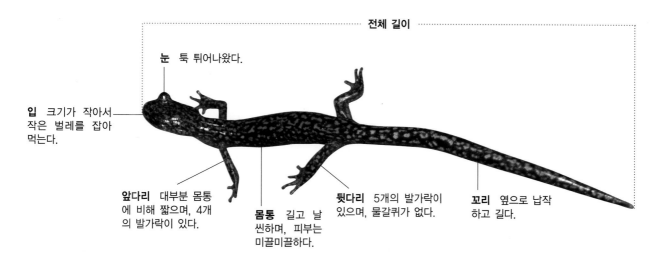

전체 길이

**눈** 툭 튀어나왔다.

**입** 크기가 작아서 작은 벌레를 잡아 먹는다.

**앞다리** 대부분 몸통에 비해 짧으며, 4개의 발가락이 있다.

**몸통** 길고 날씬하며, 피부는 미끌미끌하다.

**뒷다리** 5개의 발가락이 있으며, 물갈퀴가 없다.

**꼬리** 옆으로 납작하고 길다.

# |먹이와 천적

　물속에서 생활하는 개구리는 올챙이 시기에는 주로 썩은 식물의 유기물, 수생 식물 등을 갉아 먹으며 살아간다. 간혹 죽은 동물의 사체를 갉아 먹기도 한다. 그러나 도롱뇽의 유생은 수생 곤충, 작은 올챙이, 작은 물고기 등 입으로 삼킬 수 있는 크기의 살아 움직이는 수생 동물들을 잡아먹는다.

　육지로 올라온 개구리, 도롱뇽은 곤충이나 지렁이 또는 입으로 삼킬 수 있는 거의 모든 동물성 먹이를 먹는다. 혀를 길게 뻗거나 덥석 물어 씹어 먹지 않으므로 삼킨 먹이가 다시 입 밖으로 탈출하는 것을 방지하기 위해 입천장에는 V자 모양의 서구개골치가 있다.

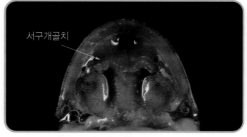

▲ 꼬리치레도롱뇽 서구개골치

▲ 산개구리 서구개골치

　양서류는 일반적으로 시력이 좋은 것으로 알려져 있으나, 움직이는 것은 잘 볼 수 있지만 세세한 형태를 구별하는 능력은 매우 낮다. 특히 황소개구리와 두꺼비는 앞에서 움직이는 작은 물체에 무턱대고 달려드는 습성이 있는 것으로 유명하다. 이에 따라 먹이가 부족한 시기에 같은 종끼리 잡아먹는 경우가 발생하곤 한다. 도롱뇽의 경우에는 먹이가 거의 없는 작은 웅덩이에서 같이 사는 유생끼리 잡아먹는 일이 발생하기도 하는데, 이를 '카인의 후예(동족 포식) 현상'이라고 한다.

　천적은 뱀이나 조류, 포유류 등이며, 올챙이 시기에는 수서 곤충이나 물고기도 천적이 된다.

# |한살이

개구리는 연못, 호수, 논과 같은 습지에 알을 낳으며, 1~10일이 지나면 알에서 올챙이가 깨어 난다. 깨어 난 올챙이는 아가미가 몸 밖으로 나와 있지만, 4일 이내에 피부로 덮여 아가미가 몸 안으로 들어가고 머리는 동그랗게 변하면서 꼬리가 있는 올챙이 모습이 된다. 자라면서 뒷다리가 먼저 나오며, 이후 앞다리가 나온 후 꼬리가 없어지고, 입이 커지며 아가미가 폐로 바뀌어 어른 모습이 된다. 맹꽁이는 25일 이내에 다 자라고, 황소개구리는 110일가량 걸려 그 해에 변태를 마치기도 하지만, 늦게 산란한 알이나 개체에 따라서 올챙이 상태로 겨울을 나고 다음 해에 변태를 마치기도 한다.

## 개구리류 한살이

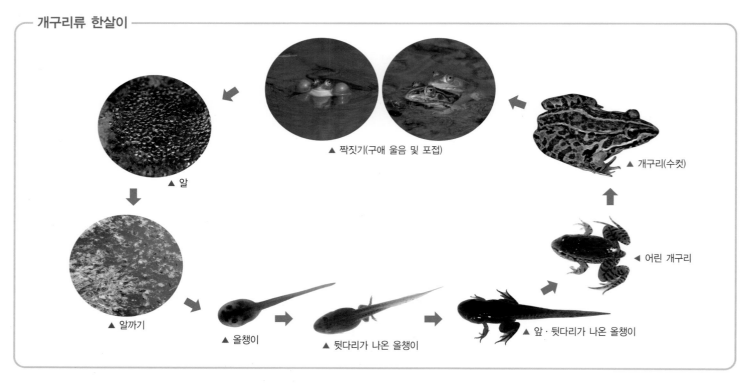

▲ 알

▲ 짝짓기(구애 울음 및 포접)

▲ 개구리(수컷)

▲ 알까기

▲ 올챙이

▲ 뒷다리가 나온 올챙이

▲ 앞 · 뒷다리가 나온 올챙이

◀ 어린 개구리

## 도롱뇽류 한살이

▲ 알

▲ 알 낳기

▲ 짝짓기

▲ 성체

▲ 유생

▲ 아성체

도롱뇽은 개구리의 올챙이와는 달리 몸이 길쭉하여 올챙이라고 하지 않고 유생이라고 한다. 유생 기간 동안 아가미는 몸 밖으로 나와 있으며, 앞다리가 먼저 나온 후 뒷다리가 나온다. 꼬리는 없어지지 않고 외부 아가미가 퇴화하여 폐로 변하면 물 밖으로 나온다.

## 알

우리나라 양서류 중 가장 이른 시기에 산란하는 종은 도롱뇽, 산개구리이다. 기온이 영상으로 되면 산란을 시작하며, 도롱뇽은 일찍 산란하는 경우에는 눈에 띄지 않는 돌 밑에 산란하므로 산란 여부를 파악하기가 어렵다.

도롱뇽, 산개구리, 계곡산개구리, 한국산개구리, 두꺼비가 2월에서 3월 초 사이에 산란하며 참개구리, 물두꺼비, 청개구리, 무당개구리가 4월 초부터 산란을 시작하고, 맹꽁이가 5월 말에서 6월 초에 가장 늦게 산란을 시작한다.

우리나라에 살고 있는 양서류의 알은 대부분 둥근 모양이며, 겉은 우무질로 싸여 있다. 알은 검은색과 고동색을 띤 부분과 회색이나 흰색을 띤 부분으로 구분되어 있다. 도롱뇽류는 투명한 바나나 모양의 알을 두 줄 낳으며, 개구리류는 덩어리 모양, 염주 모양, 평평한 모양 등 다양한 형태의 알을 낳는다.

산개구리, 한국산개구리, 계곡산개구리, 참개구리 등은 덩어리 모양으로 알을 낳으며, 한국산개구리와 산개구리 알은 물에 가라앉거나 떠 있다. 계곡산개구리는 알 덩어리를 돌이나 낙엽에 붙여 알이 떠내려가는 것을 막아 준다. 옴개구리는 물속의 나뭇가지나 수초에 부착하여 형태를 유지하며, 청개구리와 수원청개구리는 알이 물 위에 떠 있거나 수초에 붙어 있기도 하다. 두꺼비와 물두꺼비의 알은 긴 염주 모양의 줄 형태를 띤다. 두꺼비는 수초나 논의 그루터기에 알을 감아 놓으며, 물두꺼비는 돌 밑에 알을 낳는데, 두꺼비는 알이 불규칙하게 배열되어 있는 반면, 물두꺼비는 규칙적으로 배열되어 있어 구별된다. 무당개구리는 수초에 알을 붙이며, 다른 개구리들에 비하여 알을 둘러싸고 있는 우무질이 크다. 청개구리와 수원청개구리는 알의 크기가 다른 개구리들에 비해 작은 편이고, 알 수도 적다.

한편 도롱뇽, 제주도롱뇽, 고리도롱뇽 등의 도롱뇽류는 한 쌍의 알 덩어리를 낳는데, 한 개의 알 덩어리에 24~80여 개의 알이 있다. 꼬리치레도롱뇽의 알은 15~20여 개로 알의 수가 적으며, 물이 흐르는 동굴의 벽이나 계곡의 지하수가 흐르는 돌에 붙여 놓기 때문에 관찰하기 어렵다. 이끼도롱뇽은 아직 알을 낳는 습성에 대하여 밝혀지지 않았지만, 계곡 주변의 돌 밑이나 흙 속에 붙이는 것으로 추측하고 있다.

[개구리류의 산란 시기와 알]

| 종 | 산란 시기 (월) | 알의 모양 | 점성 (알과 알) | 알의 개수 | 알의 지름 (mm) |
|---|---|---|---|---|---|
| 무당개구리 | 4~7 | 낱개 | 낮음 | 50~70 | 0.8~1.0 |
| 물두꺼비 | 4~5 | 염주 모양 | 높음 | 1000~1500 | 0.8~1.1 |
| 두꺼비 | 2~4 | 염주 모양 | 높음 | 4000~10000 | 1.2~1.9 |
| 청개구리 | 4~7 | 규모가 작은 덩어리 | 낮음 | 250~1000 | 0.8~1.1 |
| 수원청개구리 | 5~7 | 규모가 작은 덩어리 | 낮음 | 250~500 | 0.5~0.9 |
| 맹꽁이 | 5~8 | 낱개 | 낮음 | 1000~2000 | 0.8~1.2 |
| 참개구리 | 4~6 | 덩어리 | 높음 | 3000~5000 | 0.8~1.2 |
| 금개구리 | 5~7 | 규모가 작은 덩어리 | 낮음 | 500~2000 | 0.7~1.1 |
| 옴개구리 | 5~8 | 흐트러진 덩어리 | 낮음 | 700~2600 | 0.8~1.1 |
| 한국산개구리 | 2~4 | 덩어리 | 높음 | 400~800 | 0.7~1.1 |
| 산개구리 | 2~4 | 덩어리 | 높음 | 800~2000 | 0.8~1.2 |
| 계곡산개구리 | 2~4 | 덩어리 | 높음 | 600~1500 | 1.0~1.3 |
| 황소개구리 | 5~8 | 덩어리 | 낮음 | 6000~40000 | 0.5~0.7 |

## 유생

산개구리, 한국산개구리, 계곡산개구리의 올챙이는 눈이 머리의 안쪽에 있으며 타원형이다. 물이 나오는 기문은 왼쪽에 있고, 항문은 오른쪽에 있다. 꼬리 무늬는 단색이며, 이빨은 톱니 모양이다. 두꺼비와 물두꺼비는 눈이 머리의 안쪽에 있으며, 항문은 중앙을 향하고 있다. 이빨은 톱니 모양이지만 꼬리 무늬가 두꺼비는 단색이고 물두꺼비는 얼룩무늬가 있어 차이를 보인다. 두꺼비와 물두꺼비는 검은색을 많이 띠고 있어 다른 올챙이들과 구분된다.

황소개구리 올챙이는 전체 길이가 100~150mm로, 다른 개구리의 올챙이에 비하여 훨씬 크다. 청개구리와 수원청개구리 올챙이는 눈이 머리의 양쪽 가장자리에 있으며, 꼬리에 얼룩무늬가 있다. 옴개구리 올챙이는 밝은 갈색으로, 눈과 같은 무늬의 검은 점이 2개 나타나는 시기가 있어 네 눈박이처럼 보이기도 한다. 맹꽁이는 머리 모양이 크고 이빨이 없는 것이 특징이다. 한편, 금개구리 올챙이는 발생 과정 중 꼬리에 금색 선이 나타나는 것이 다른 올챙이와 구별된다.

도롱뇽류의 유생은 도롱뇽, 제주도롱뇽, 고리도롱뇽이 발생 과정 중에 아가미가 돌출되어 밖으로 나와 있으며, 앞다리가 먼저 나온 후에 뒷다리가 나온다. 꼬리치레도롱뇽 유생은 고동색 바탕에 밝은 무늬가 보이며, 머리가 크고 외부 아가미가 보인다. 성장 과정 중에 물속 생활을 위해 발톱이 발달하였는데, 발톱은 검은색 매니큐어를 칠한 것처럼 보인다.

▲ 올챙이의 크기 측정 기준

몸통 길이 　 꼬리 길이
꼬리 근육 높이 　 꼬리 높이
전체 길이

### ■ 크기 측정

올챙이의 크기는 전체 길이, 꼬리 근육 높이, 몸통 길이, 꼬리 높이를 기준으로 측정한다.

### ■ 호흡 기관

양서류는 올챙이 시기에 물속에서 생활하므로 아가미라는 호흡 기관으로 산소를 공급한다. 그림에서처럼 호흡공이라고 하는 작은 빨대 같은 것이 몸 밖으로 나와 있어 입에서 마신 물이 몸속의 아가미를 거쳐 산소를 공급한 후 몸 밖으로 빠져나가게 된다.

도롱뇽이 포함된 도롱뇽류는 유생 시기에 몸 밖으로 외부 아가미가 나와 있으며, 개구리가 포함된 개구리류의 올챙이 시기에는 외부 아가미가 없는 것으로 대부분 생각하지만, 올챙이들도 알에서 바로 깨어 났을 때에는 몸 밖으로 외부 아가미가 나와 있다. 그러나 외부 아가미는 부화한 후 일주일 이내에 머리 쪽에서부터 피부가 자라서 덮어 버려 우리가 흔히 알고 있는 올챙이의 모습이 된다.

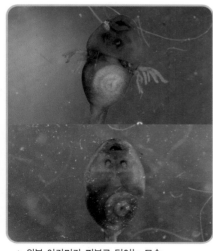

▲ 올챙이의 호흡공　　▲ 외부 아가미가 피부로 덮이는 모습

# |짝짓기

## 구애 울음과 행동

개구리류의 수컷은 울음소리나 울음주머니가 종별로 다양하게 나타난다. 울음주머니의 형태는 턱 밑이 부풀어 오르는 형태, 목 밑이 부풀어 오르는 형태, 양쪽 뺨의 고막 밑이 부풀어 오르는 형태, 고막 밑의 내부가 부풀어 오르는 형태 등이 있다. 청개구리, 수원청개구리, 맹꽁이 등은 턱 밑이 크게 부풀어 오르면서 공기를 울음 구멍으로 내보내 종별로 서로 다른 소리를 낸다. 황소개구리는 목 밑이 부풀어 오르는 형태로 소리를 내며, 참개구리는 고막 밑의 양쪽 뺨이 고무풍선처럼 부풀어 오르면서 소리를 낸다. 산개구리는 고막 밑의 내부가 머리 위나 옆으로 부풀어 오르면서 특유의 소리를 낸다.

한편, 한국산개구리, 계곡산개구리 등은 울음주머니를 부풀리지 않고 후두 기관을 이용하여 소리를 낸다.

개구리 수컷의 울음소리는 종별로 서로 다른 소리여서 서로 같은 종을 알아볼 수 있게 하고, 개구리 분류의 중요한 수단으로도 이용된다. 청개구리와 수원청개구리는 외부 형태가 비슷하지만 청개구리는 '퀘 퀘 퀘' 또는 '케 케 케' 하며 빠른 템포로 울고, 수원청개구리는 '케액 케액 케액' 하며 느리고 금속성 음이 더 강하여 다른 종으로 분류된다.

울음소리를 분류해 보면, 유인 음성, 경계 음성, 고통 음성으로 구분된다. 유인 음성은 수컷이 암컷을 부르는 소리이며, 경계 음성은 자기의 영역에 다른 개구리가 들어왔을 때 영역을 지키기 위해서 내는 소리이고, 고통 음성은 포식자에게 잡아먹힐 때나 손으로 잡았을 때 내는 소리이다.

한편, 도롱뇽류는 구애 울음은 없지만 수컷이 암컷에게 접근하여 다양한 신호를 보낸다. 수컷이 암컷에게 부딪치는 행동, 암컷의 냄새를 맡는 행동 등을 통하여 암컷이 알을 낳게 한 후, 알을 몸으로 잡은 후 정자를 방출하여 수정시킨다. 개구리류는 수컷이 암컷의 등에 올라붙어 짝짓기를 하지만, 도롱뇽은 수컷이 나뭇가지를 흔들면 수컷 밑으로 암컷이 지나가면서 산란한 후 수정하거나 돌 밑에 암컷이 알을 낳으면 알을 낚아채서 수정시킨다.

▲ 청개구리는 턱 밑을 부풀려 운다.

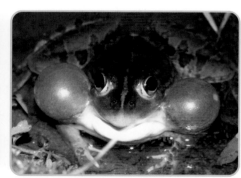
▲ 참개구리는 양쪽 뺨을 부풀려 운다.

▲ 산개구리는 고막 부근의 울음주머니를 부풀려 운다.

[개구리류의 구애 울음]

### 포접 방식

개구리 암수가 산란을 할 때의 포접 모습은 약간의 차이가 있다. 특히 무당개구리는 다른 개구리와는 달리 가슴 부분을 잡지 않고 허리를 잡는다. 그리고 금개구리는 암컷에 비해 수컷의 크기가 많이 작아 말을 탄 기수 같은 모습이다.

▲ 산개구리

▲ 두꺼비

▲ 금개구리

▲ 무당개구리

[개구리류의 포접 모습]

## [개구리류 울음주머니의 특징]

| 종 | 울음주머니 특징 | 종 | 울음주머니 특징 |
|---|---|---|---|
| 무당개구리 | 울음주머니가 없다. | 참개구리 | 수컷의 고막 아래 울음주머니가 2개 있어 공기를 넣고 빼면서 운다. |
| 물두꺼비 | 울음주머니가 없다. | 금개구리 | 수컷의 고막 아래 울음주머니가 2개 있어 공기를 넣고 빼면서 '뽁' 소리를 내며 운다. |
| 두꺼비 | 울음주머니가 없다. | | |
| 청개구리 | 수컷의 턱 밑에 큰 울음주머니가 있어 공기를 넣고 빼면서 크게 운다. | 옴개구리 | 울음주머니가 없다. |
| | | 한국산개구리 | 울음주머니가 없다. |
| 수원청개구리 | 수컷의 턱 밑에 큰 울음주머니가 있어 공기를 넣고 빼면서 크게 울며, 청개구리보다 더 높은 소리로 운다. | 산개구리 | 고막 부근 피부 아래에 2개의 울음주머니가 있어서 공기를 넣었다가 빼면서 크게 운다. |
| | | 계곡산개구리 | 울음주머니가 없다. |
| 맹꽁이 | 수컷의 턱 밑에 큰 울음주머니가 있어 공기를 넣고 빼면서 크게 운다. | 황소개구리 | 턱 밑에 공기를 넣고 빼면서 크게 운다. |

## |겨울나기

양서류는 변온 동물이다. 따라서 외부 기온에 크게 영향을 받는다. 사계절이 뚜렷한 우리나라와 같은 환경에서는 외부 기온이 영하로 떨어지는 겨울에는 활동을 정지한 뒤 겨울잠(동면)을 자고, 이른 봄에 깨어나 가을까지 활동한다. 두꺼비와 같이 이른 봄 번식 시기를 끝내면 2~3개월간 다시 잠(춘면)에 빠져들거나, 건조하고 더운 계절인 여름에 잠(하면)을 자는 종류도 있다.

[겨울잠을 자는 장소]

| 겨울잠 장소 | 종류 |
| --- | --- |
| 물속 | 물두꺼비, 옴개구리, 황소개구리 |
| 땅속 | 두꺼비, 청개구리, 수원청개구리, 맹꽁이, 금개구리, 참개구리 |
| 습기가 많은 돌 틈 | 무당개구리, 한국산개구리, 산개구리, 계곡산개구리 |

▲ 금개구리

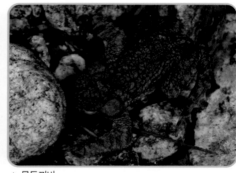
▲ 물두꺼비

▲ 참개구리

[개구리류의 겨울잠]

## |사는 곳

이끼도롱뇽을 제외한 우리나라의 모든 양서류는 아가미로 호흡하는 어린 시기에는 물속에서 생활한다. 물두꺼비, 계곡산개구리, 꼬리치레도롱뇽은 계곡과 같이 물이 흐르는 곳을 더 좋아하지만 대부분은 웅덩이나 논과 같이 물이 고여 있는 곳을 좋아한다.

탈바꿈을 마치고 폐로 호흡하는 성체가 되면 주로 물 밖으로 나와 생활한다. 피부를 축축한 상태로 유지해야 하므로 계곡이나 농수로 주변의 습한 곳이나 깊은 산의 낙엽 더미 및 돌 밑의 축축한 곳에서 생활한다.

# 도롱뇽목(유미목)

개구리나 두꺼비와 같은 개구리목과 달리 도롱뇽목은 성장하여 어른이 되어도 꼬리를 지닌다. 유생은 물속에서 아가미로 호흡하고 네발을 지니며, 성장하여 탈바꿈을 통해 어른이 되어 육상으로 진출하면서 폐 호흡을 한다. 일반적으로 물속에서 생활하는 유생 시기와 달리, 성장하여 땅으로 올라온 뒤에는 숲의 낙엽 아래나 쓰러진 고사목 밑, 돌 밑 등에서 생활하고 번식기 동안에만 물로 되돌아간다. 거의 대부분이 야행성으로 곤충, 지렁이, 거미 등을 먹으며, 먹이가 부족한 환경에서는 유생끼리 서로 잡아먹는 것이 자주 관찰된다.

도롱뇽은 알을 낳는 장소로 물이 고여 있는 곳과 흐르는 곳을 선호하는 2가지의 무리로 나뉜다. 알 덩어리의 형태는 종에 따라 다르나 대개 바나나 모양이 많다.

전 세계적으로 약 760종이 알려져 있는데, 한반도에는 2과 12종이 분포하며, 남한에는 2과 10종이 살고 있다.

# 도롱뇽 [도롱뇽과]

- **학 명** *Hynobius leechii*
- **영 명** Korean salamander

✏️ **전체 길이** 85~135mm

🦎 **형태** 몸빛이 누런빛을 띤 갈색~검은 갈색으로 다양하다. 몸에 코발트색 잔점 무늬가 많은 경우도 있다. 위턱에는 59~96개의 이빨이 있고, 서구개골치열에는 20~44개의 이빨이 있으며, 꼬리뼈는 26~30개이다.

🔍 **생태** 사람이 사는 주변의 저수지나 물웅덩이에서 흔히 관찰된다. 밤에 활동하는데, 겨울잠에 들어가기 전 가을에 먹이를 찾거나 비 온 뒤 낮에는 숲에서 활동한다. 이른 봄에 주로 산지의 논이나 물이 고인 웅덩이에서 떼로 모여 짝짓기를 한다. 1월 말~6월 사이에 알을 낳는데, 남부 지역에서는 1월 하순에도 알을 낳는 것이 관찰된다. 알주머니는 2개로, 보통 길이 15cm 정도이며 바나나 모양을 이루고, 대개 알주머니 하나에 24~80개의 알이 들어 있다. 외부 아가미가 있는 유생은 앞다리가 나온 후 뒷다리가 나오며, 60~80일 이후 외부 아가미가 없어지고 땅 위로 오르는데, 늦게 알에서 깨어 난 유생은 유생 상태로 겨울을 나고, 이듬해 봄에 탈바꿈을 마치고 땅 위로 올라오기도 한다.

🐛 **먹이** 곤충, 거미와 같은 절지동물과 지렁이 등. 유생 시기에는 물속 수서 곤충 및 입으로 삼킬 수 있는 크기의 모든 동물

⛰️ **사는 곳** 축축한 숲, 물웅덩이, 저수지, 논 등 물이 고여 있는 습지

🌐 **분포** 중국 동북부, 우리나라 서해안의 변산반도 아래 남부 해안 및 남해안 지역을 제외한 전국 내륙

| | 1 | 2 | 3 | 4 | 5 | 6 | 7 | 8 | 9 | 10 | 11 | 12 |
|---|---|---|---|---|---|---|---|---|---|---|---|---|
| 번식기 | | | | | | | | | | | | |
| 겨울잠 | | | | | | | | | | | | |

🗨️ **이야기마당**

최근 토지 개발과 주택 건설 등에 의해 알 낳는 장소가 사라지고, 서식 장소의 환경 변화 및 도로 건설에 따른 서식지 분단과 이동할 때의 로드킬 등의 영향으로 도시 및 인접 지역에서 급격히 사라지고 있습니다. 경상남도 거제, 창원, 의령에서 유전적 차이를 보이는 새로운 무리가 관찰되었습니다.

▲ 도롱뇽

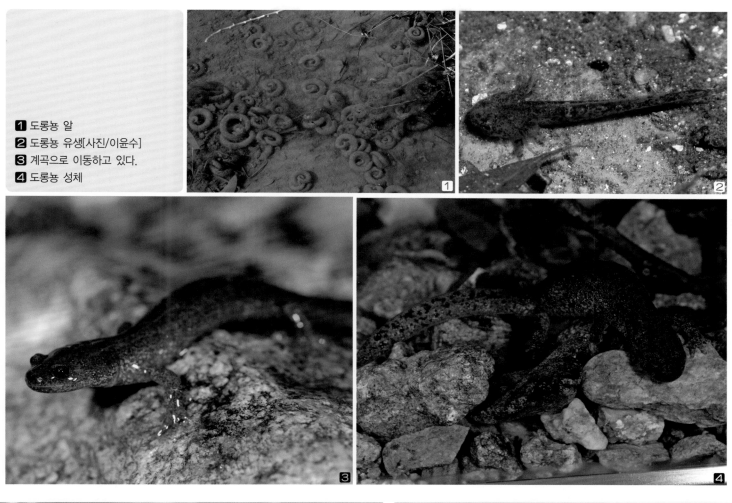

1 도롱뇽 알
2 도롱뇽 유생[사진/이윤수]
3 계곡으로 이동하고 있다.
4 도롱뇽 성체

▲ 노란색을 많이 띤 도롱뇽(수컷)

▲ 코발트색 잔점이 많은 도롱뇽

# 고리도롱뇽 [도롱뇽과]

- 학 명 *Hynobius yangi*
- 영 명 Kori salamander

🗡 **전체 길이** 80~120mm

🐟 **형태** '도롱뇽', '제주도롱뇽'과 겉모습이 매우 비슷하나 등이 비교적 밝은 갈색을 띤다. 위턱에는 52~80개의 이빨이 있고, 서구개골치열에는 23~43개의 이빨이 있으며, 꼬리뼈의 수가 25~26개로 적은 것이 특징이다. 일반적으로 수컷은 등이 어두운 갈색이며, 앞다리가 두껍고 짝짓기 때 생식공 상단에 돌기가 있어, 등에 엷은 갈색 바탕에 검은색 작은 점무늬가 있는 암컷과 잘 구별된다.

🔍 **생태** 이른 봄에 산간의 논고랑이나 습지의 돌과 나뭇잎에 알주머니를 낳아 붙인다. 1~5월 사이에 짝짓기를 하며, 11월경에 겨울잠에 들어간다.

⬤ **먹이** 곤충, 거미와 같은 절지동물과 지렁이 등

🏔 **사는 곳** 야산 논밭 수로 및 물웅덩이 등 습지

🌐 **분포** 우리나라 울진-부산-합천을 잇는 영남 남동부 지역

| | 1 | 2 | 3 | 4 | 5 | 6 | 7 | 8 | 9 | 10 | 11 | 12 |
|---|---|---|---|---|---|---|---|---|---|---|---|---|
| 번식기 | | | | | | | | | | | | |
| 겨울잠 | | | | | | | | | | | | |

🄢 **이야기마당**

우리나라 고유종으로, 부산 기장군의 고리원자력발전소 내 야산 습지에서 1990년대에 최초로 채집되었고, 2003년에 신종으로 발표되었습니다. 최근 연구를 통해 부산 주변 경상남도 지역에서도 '고리도롱뇽'이 살고 있는 것으로 밝혀졌습니다. [멸종위기야생생물 II급]

▲ 고리도롱뇽

# 산란

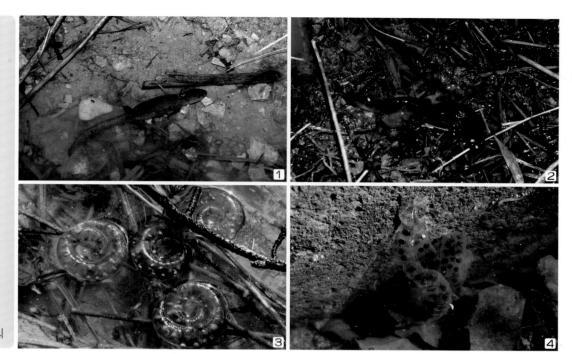

1 산란할 곳을 찾고 있는 암컷
2 산란 중인 암컷
3 고리도롱뇽 알
4 물속 바위에 붙어 있는 알 덩어리

▲ 고리도롱뇽 서식지(고리원자력발전소 관내)

▲ 고리도롱뇽 성체

▲ 도롱뇽과 겉모습이 비슷하다.

▲ 물속에서 이동 중이다.

# 제주도롱뇽 [도롱뇽과]

- **학 명** *Hynobius quelpaertensis*
- **영 명** Cheju salamander

✎ **전체 길이**  80~150mm

🦎 **형태**  겉모습은 '도롱뇽'과 큰 차이가 없어 구별이 어렵다. 위턱에는 56~89개의 이빨이 있으며, 서구개골치열에는 '도롱뇽'보다 많은 20~51개의 이빨이 있는 것이 특징이다. 번식기에 암컷은 몸빛이 옅은 갈색이고, 수컷은 짙은 갈색이며, 암컷의 턱은 흰색 얼룩이 뚜렷하고, 수컷의 턱은 흰색 주걱 모양이 뚜렷하여 암수를 구별할 수 있다.

🔍 **생태**  1~5월 사이에 낮은 지대 물웅덩이나 하천 주변, 연못, 계곡 등 낮은 지대(3m)에서 높은 지대인 한라산 백록담(1950m)에서 바나나 모양의 알 덩어리 2개를 낳아 돌이나 나뭇가지 등에 붙인다. 알은 보통 2개의 주머니에 60~150개를 낳는다. 주로 밤에 먹이 활동을 하며, 지렁이를 매우 좋아한다. 10월 중순경에 돌, 나뭇잎, 쓰러진 고목 아래에서 겨울잠을 잔다.

🍪 **먹이**  곤충, 거미와 같은 절지동물, 지렁이 등

⛰ **사는 곳**  낮은 지대의 습지와 하천, 연못, 계곡, 높은 지대 분화구 등

🌐 **분포**  우리나라 제주도, 전라도 및 경상남도 통영, 거제 지역

| | 1 | 2 | 3 | 4 | 5 | 6 | 7 | 8 | 9 | 10 | 11 | 12 |
|---|---|---|---|---|---|---|---|---|---|---|---|---|
| 번식기 | | | | | | | | | | | | |
| 겨울잠 | | | | | | | | | | | | |

### 이야기마당

우리나라 고유종으로, 한때 '도롱뇽'과 같은 종으로 분류되었지만 최근 유전적 차이를 발견하여 '도롱뇽'과 다른 종으로 구분하고 있습니다. 제주도와 전라도 지역을 중심으로 살고 있는 것이 밝혀졌으며, 최근 고흥, 통영, 거제, 남원에서 새로운 무리가 관찰되었습니다.

▲ 코발트색을 많이 띤 제주도롱뇽(수컷)

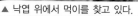
▲ 낙엽 위에서 먹이를 찾고 있다.

▲ 제주도롱뇽 알

▲ 알을 지닌 암컷

▲ 짙은 갈색을 띤 개체

▲ 내륙 연안의 제주도롱뇽(전남 영암)

# 꼬리치레도롱뇽 [도롱뇽과]

- **학 명** *Onychodactylus koreanus*
- **영 명** Korean clawed salamander

✏️ **전체 길이** 130~220mm

🍃 **형태** 몸은 길지만 가늘고, 꼬리가 전체 길이의 절반 이상을 차지한다. 사는 곳에 따라 몸빛의 변화가 있는데, 보통은 황금색 또는 붉은 갈색 바탕에 검은색 점무늬가 등 전체에 걸쳐 두꺼운 선 모양으로 나 있다. 눈은 크고 툭 튀어나왔으며, 주둥이 끝은 둥글다.

🔍 **생태** 흐르는 물에서 생활하는 대표적인 종이다. 짝짓기 때 외에도 동굴의 물속에서 발견되며, 등산로 주변의 큰 돌 밑이나 계곡 주변의 낙엽이 많은 돌 밑에서 생활한다. 늦은 봄부터 초여름에 걸쳐 동굴 속의 흐르는 물이나 계곡의 물이 솟아나오는 큰 돌 밑에 알 덩어리를 낳는다. 알의 수는 알주머니 하나에 8~13개 정도로, 약 5개월에 걸쳐 깨어 나온다. 새끼는 보통 2년 동안 물속에서 외부 아가미가 있는 상태로 생활하며, 3년째에 외부 아가미가 없어지고 성체가 되어 땅으로 올라온다. 새끼 때에 발가락에 발톱이 있는데, 이 발톱을 이용하여 하류로 떠내려가지 않도록 바위틈을 꼭 잡는다. 번식기의 수컷 성체에게서 까만 발톱이 관찰되는데, 이를 두고 북한에서는 '발톱도롱뇽'이라고 부른다.

🐞 **먹이** 곤충, 거미와 같은 절지동물과 지렁이 등. 유생 시기에는 물속 수서 곤충 및 입으로 삼킬 수 있는 크기의 모든 동물

🏔️ **사는 곳** 물이 흐르는 산골짜기, 물이 차고 맑은 하천 상류

🌐 **분포** 한반도 백두 대간 중동부 강원도 산악 지대를 중심으로 서쪽으로는 서울 북한산과 경기도 포천시, 가평군 일대와 남쪽으로는 덕유산, 지리산까지 이름.

| | 1 | 2 | 3 | 4 | 5 | 6 | 7 | 8 | 9 | 10 | 11 | 12 |
|---|---|---|---|---|---|---|---|---|---|---|---|---|
| 번식기 | | | | | | | | | | | | |
| 겨울잠 | | | | | | | | | | | | |

### 🗨️ 이야기마당

북한에서 남한까지 하나의 종으로 분류하던 것을 2012년 '북꼬리치레도롱뇽 *Onychodactylus zhaoermii*', '백두산꼬리치레도롱뇽 *Onychodactylus zhangyapingi*', '꼬리치레도롱뇽 *Onychodactylus koreanus*', '2022년 양산꼬리치레도롱뇽 *Onychodactylus sillanus*' 4종으로 새롭게 분류하였습니다.

꼬리치레도롱뇽 얼굴 ▶

▲ 꼬리치레도롱뇽

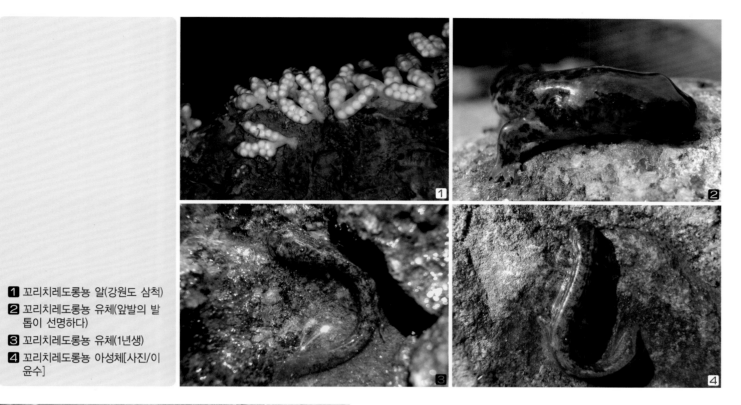

1 꼬리치레도롱뇽 알(강원도 삼척)
2 꼬리치레도롱뇽 유체(앞발의 발톱이 선명하다)
3 꼬리치레도롱뇽 유체(1년생)
4 꼬리치레도롱뇽 아성체[사진/이윤수]

▲ 꼬리치레도롱뇽 성체[사진/최용근]

▲ 바위 위에서 쳐다보는 모습

# 네발가락도롱뇽 [도롱뇽과]

- **학 명** *Salamandrella keyserlingii*
- **영 명** Dybowski's salamander, Siberian newt, Manchurian salamander, Siberian salamander

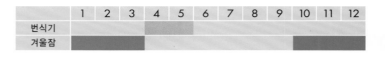

| | 1 | 2 | 3 | 4 | 5 | 6 | 7 | 8 | 9 | 10 | 11 | 12 |
|---|---|---|---|---|---|---|---|---|---|---|---|---|
| 번식기 | | | | | | | | | | | | |
| 겨울잠 | | | | | | | | | | | | |

### 이야기마당

유럽 북부에서 러시아 및 북한 북부까지 넓게 서식하는 종으로 기록되어 있으나, 최근 북한 국경 지역과 러시아 연해주에는 '네발가락도롱뇽'과 차이가 있는 '발해네발가락도롱뇽'이 서식하는 것으로 알려져 있습니다.

- 📏 **전체 길이** 110~145mm
- **형태** 몸은 어두운 갈색 바탕에 머리부터 꼬리에 이르기까지 노란색 띠가 있다. 몸빛은 '꼬리치레도롱뇽'의 새끼와 닮았으나, 꼬리가 길지 않다. 앞발가락과 뒷발가락이 모두 4개로, 다른 도롱뇽과 차이가 난다.
- **생태** 고여 있는 물에서 생활하며, 4월 하순~5월 상순에 짝짓기를 한다. 알주머니는 푸르고 흰 투명한 바나나 형태이며, 알의 수는 117~118개로 다른 도롱뇽에 비해 많다. 새끼는 입이 작아 다른 도롱뇽의 새끼처럼 서로 잡아먹는 현상이 없다. 새끼는 8월 상순에 탈바꿈하여 땅으로 올라온다.
- **먹이** 곤충, 거미와 같은 절지동물과 지렁이 등
- **사는 곳** 높은 지대 저수지
- **분포** 바이칼 호, 사할린, 캄차카 등지, 북한 동북부

▲ 네발가락도롱뇽

---

# 발해네발가락도롱뇽 [도롱뇽과]

- **학 명** *Salamandrella tridactyla*

- 📏 **전체 길이** 110~145mm
- **형태** '네발가락도롱뇽'과 차이가 없다.
- **생태** '네발가락도롱뇽'과 차이가 없다.

| | 1 | 2 | 3 | 4 | 5 | 6 | 7 | 8 | 9 | 10 | 11 | 12 |
|---|---|---|---|---|---|---|---|---|---|---|---|---|
| 번식기 | | | | | | | | | | | | |
| 겨울잠 | | | | | | | | | | | | |

### 이야기마당

유럽에서 러시아를 거쳐 북한까지 '네발가락도롱뇽'이 분포하는 것으로 보았으나, 최근 북한 북부 러시아 국경 지역에서 러시아 연해주 지역까지의 무리는 11~15개의 늑조(costal grooves)를 가진 '네발가락도롱뇽'에 비해 11~12개의 늑조를 가지고 있으며, 유전학적 차이가 있어 '발해네발가락도롱뇽'이라는 새로운 종으로 분류하고 있습니다.

▲ 발해네발가락도롱뇽

# 이끼도롱뇽 [미주도롱뇽과]

- **학 명** *Karsenia koreana*
- **영 명** Korean crevice salamander

📏 **전체 길이** 수컷 60~102mm, 암컷 58~110mm

🐸 **형태** 국내에 사는 다른 도롱뇽과는 달리 혀, 발목, 두개골의 구조가 전혀 다르다. 몸은 가늘고 전체적으로 어두운 갈색이며, 등에 금색 무늬가 있다.

🔍 **생태** 작은 호박만 한 돌 밑에 대부분 한 마리씩 독립적으로 살며, 멀리 떨어진 곳으로 이동할 때 꼬리를 감아 용수철처럼 껑충껑충 점프하면서 이동하는 특이한 행동을 보인다. 다른 도롱뇽과 달리 허파가 없어 피부로만 호흡한다. 암컷은 3~4월경 난소에 60~80개 정도의 난자가 생기며, 그중 6~12개의 난자만 늦여름까지 지름 5mm 정도의 노란 난자로 성장하고, 이듬해 봄까지 그 상태를 유지한다. 2년에 한 번씩 잔돌이 많고 황토 흙이 많은 땅속의 축축한 돌 틈에 알을 낳는 것으로 추정된다.

🍪 **먹이** 곤충, 거미와 같은 절지동물, 특히 곤충의 연한 애벌레

⛰ **사는 곳** 낮은 산에서 고산 지역의 너덜 지대가 발달한 습기가 많은 숲 지역

🌐 **분포** 충청도, 전라도, 경상북도 및 강원도 지역

| | 1 | 2 | 3 | 4 | 5 | 6 | 7 | 8 | 9 | 10 | 11 | 12 |
|---|---|---|---|---|---|---|---|---|---|---|---|---|
| 번식기 | | | | | | | | | | | | |
| 겨울잠 | | | | | | | | | | | | |

💬 **이야기마당**

2001년 대전 외국인학교 생물 교사인 카슨(Steve Karsen)이 학생들과 대전광역시 장태산에서 생태 교육을 하던 중 처음 발견하였으며, 아시아 지역에서는 1속 1종이 서식하고 있습니다. 현재까지 밝혀진 바로는 충청도, 전라도, 경상북도, 강원도 등지에서 서식하고 있는 우리나라 고유종입니다.

▲ 낙엽 색깔과 어울려 보호색을 띤 모습

▲ 이끼도롱뇽

▲ 등에 붉은색을 띤 모습

◀ 이끼도롱뇽 얼굴

▲ 이끼도롱뇽 알

# 개구리목(무미목)

올챙이와 개구리, 두꺼비로 잘 알려진 개구리목의 양서류는 우리나라 어디에서나 흔히 만날 수 있는 척추동물이다. 4개의 앞발가락과 5개의 뒷발가락을 지니며, 뒷발가락에는 물갈퀴가 발달해 있다. 나무를 잘 올라가는 '청개구리'는 발가락 끝이 빨판 모양을 이루고, 관절이 유연하게 구부러져 나뭇가지 등을 잘 잡을 수 있다. 이른 봄부터 겨울잠에서 깨어나 가장 먼저 하는 일은 산란 장소에 모여 번식하는 일이다. 기본적으로 수컷만 소리를 내는데, 세력권을 확보하고 방어하거나 암컷을 부르기 위해서이다. 때로는 비가 내릴 듯한 날씨인 저기압이 다가오면 '청개구리'들은 집단으로 노래를 부르기 시작한다.

개구리들의 번식 행위는 주로 밤에 이루어지며, 서로 다른 종이 시기를 달리하여 같은 장소에서 번식하는 경우도 많다. 체외 수정을 하며, 대개 수컷이 암컷의 등 뒤에서 겨드랑이를 앞발로 껴안은 채(포접), 암컷의 배를 자극하여 산란을 유도하고 산란과 동시에 수정한다. 종에 따라 알의 수나 형태, 산란 장소 등에 차이가 있다.

전 세계에 48과 6500종이 있으며, 한반도에는 5과 17종, 남한에는 5과 13종이 서식하고 있다.

# 무당개구리 [무당개구리과]

- **학 명** *Bombina orientalis*
- **영 명** Oriental fire-bellied toad

📏 **몸길이** 40~50mm, 암수 차이 없음.

🐸 **형태** 등은 검은색, 황토색 또는 청록색 바탕에 불규칙한 검은색 반점과 크고 작은 돌기가 촘촘히 나 있다. 배는 매끄럽고 밝은 붉은색 바탕에 검은색의 불규칙한 반점이 나 있어 다른 개구리 종과 쉽게 구별된다. 포식 동물과 마주치면 배를 드러내고 누워 죽은 체하는 방어 행동을 하기도 한다. 발가락 끝은 붉고, 뒷다리에 물갈퀴가 있다. 수컷은 앞발가락에 작은 생식혹(육괴)이 있고 발가락이 짧고 뭉툭하며, 암컷은 발가락이 길고 가늘어서 암수 구별이 가능하다.

🔍 **생태** 4~8월에 집단으로 모여 산지 논밭 등지의 물이 고여 있거나 물 흐름이 약한 바닥의 나뭇잎 또는 돌에 4~5개씩 붙여 알을 낳는다. 알은 한 번에 50~70개를 낳고, 1년에 여러 번에 걸쳐 낳는다. 올챙이는 투명한 막에 싸여 있는 것처럼 보이고, 올챙이 눈은 함몰되어 겉으로 거의 보이지 않는다. 올챙이는 30~40일쯤 후에 탈바꿈하여 땅으로 올라온다.

🔊 **울음소리** 번식 기간 동안에 '응-응-응' 하는 낮은 울음소리를 연속적으로 낸다.

🐛 **먹이** 애벌레, 곤충, 거미, 다지류 같은 절지동물과 지렁이 등

⛰ **사는 곳** 산림과 계곡, 번식기에 물웅덩이로 모여듦.

🌐 **분포** 동아시아 내륙 지역, 우리나라 섬 지방을 포함한 전국

|      | 1 | 2 | 3 | 4 | 5 | 6 | 7 | 8 | 9 | 10 | 11 | 12 |
|------|---|---|---|---|---|---|---|---|---|----|----|----|
| 번식기 |   |   |   |   |   |   |   |   |   |    |    |    |
| 겨울잠 |   |   |   |   |   |   |   |   |   |    |    |    |

**이야기마당**

몸빛이 알록달록하고 배가 검은 무늬가 있는 붉은색이어서 '무당개구리' 라는 이름이 붙여졌습니다. '무당개구리'를 손으로 만지고 나서 눈을 비비면 고추처럼 맵다고 하여 '고추개구리' 라고도 합니다. 제주도에서는 '무당개구리'를 말려 가루로 낸 후 소화가 안될 때 소화제 대신 먹기도 하여 '약개구리' 라고도 합니다. 최근에는 국내에서 미국으로 내보내져 실험 동물로 이용되고 있습니다.

▲ 무당개구리

▲ 무당개구리 알

▲ 무당개구리 올챙이

▲ 짝짓기

▲ 위험에 처했을 때 하는 행동

▲ 황토색을 띤 무당개구리

▲ 녹색을 띤 무당개구리

# 개구리 알의 발생 속도

우리나라 양서류가 살고 있는 환경의 온도를 설정해 놓고 개구리 알의 발생 실험을 하면 알에서 올챙이가 깨어 나는데 걸리는 시간과 올챙이로 지내는 시간을 알 수 있다. 많은 알 중에서 가장 빠르게 깨어 나거나 탈바꿈을 마친 개체를 중심으로 날짜를 기록한 결과 '맹꽁이'가 가장 빠르게 발생이 진행되었으며, '황소개구리'가 가장 오랜 시간이 걸렸다.

알의 발생 과정 중 수온이나 영양 상태에 따라 성장 속도에 큰 차이를 나타내기는 하나, 일반적으로 아래와 같은 발생 속도를 보인다.

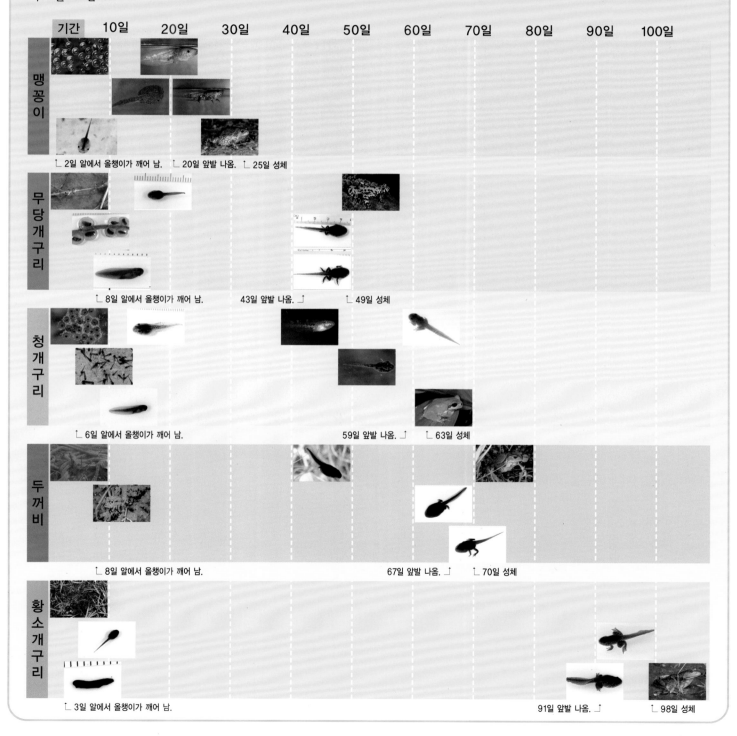

# 물두꺼비 [두꺼비과]

- **학 명** *Bufo stejnegeri*
- **영 명** Stejneger's toad

✏ **몸길이** 50~70mm

🐾 **형태** 몸빛은 번식기에 암컷은 붉은색, 수컷은 검은색을 띠는 경우가 많으며, 등에 오톨도톨한 돌기가 나 있다. '두꺼비'와 겉모습이 비슷하나 크기가 작고, 고막이 없으며, 다리가 가늘고 길며 물속에서 생활하므로 뒷발가락의 물갈퀴가 발달해 있다. 입은 크고 몸 아랫부분에 위치하는데, 이것으로 바위에 붙어 있는 물이끼 등을 마치 끌로 깎듯이 뜯어 먹는다. 9~10월부터 이듬해 4월까지 물속에서 생활하는 시기에는 피부가 물에 불은 듯 흐느적거리며 한꺼번에 피부가 하얗게 벗겨지기도 한다.

🔍 **생태** '두꺼비'와는 달리 계곡의 여울이나 물길이 합쳐지는 물 흐름이 느린 곳에 알을 낳으며, 4~5월에 돌 밑에 염주처럼 생긴 알주머니를 감아 낳는다. 알에서 깨어 난 어린 올챙이들은 10~100마리가 모여 지내는데, 점점 자라면서 큰 집단을 만들지 않고 따로 떨어져 바위에 붙어 있는 경우가 많으며, 등산객이 버린 밥알 찌꺼기에 모이기도 한다.

🔊 **울음소리** '콕-콕-콕-콕', '큐-큐-큐-큐' 등 연속적으로 높은 소리를 낸다.

🐛 **먹이** 곤충, 거미, 다지류 같은 절지동물과 지렁이 등

⛰ **사는 곳** 산골짜기, 산림, 강 상류, 계곡

🌐 **분포** 중국 둥베이 지역, 우리나라 강원도 동부 산간 지대~지리산 등 백두 대간 산지

|  | 1 | 2 | 3 | 4 | 5 | 6 | 7 | 8 | 9 | 10 | 11 | 12 |
|---|---|---|---|---|---|---|---|---|---|---|---|---|
| 번식기 |  |  |  |  |  |  |  |  |  |  |  |  |
| 겨울잠 |  |  |  |  |  |  |  |  |  |  |  |  |

### 🗨 이야기마당

1931년 북한 개성 지역에서 발견된 이후 우리나라 특산종으로 알려져 왔으나, 최근 중국 둥베이 지역 일대에서도 살고 있는 것이 확인되었습니다. 물이 깨끗한 산골짜기 등에서만 살아서 환경 지표 생물종으로 알려져 있답니다.

▲ 물두꺼비

짝짓기

1 물속
2 땅 위

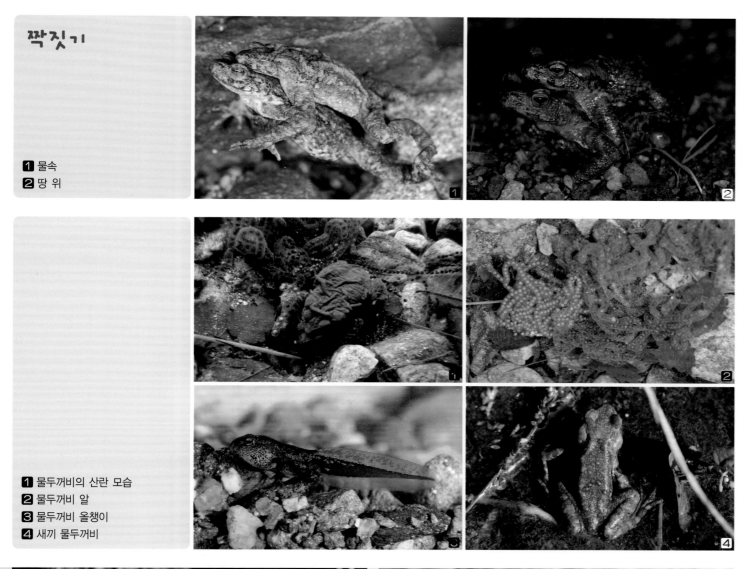

1 물두꺼비의 산란 모습
2 물두꺼비 알
3 물두꺼비 올챙이
4 새끼 물두꺼비

▲ 물두꺼비 수컷(흑색형)

▲ 물두꺼비 수컷(갈색형)

# 두꺼비 [두꺼비과]

• 학 명 *Bufo gargarizans*
• 영 명 Asiatic toad

📏 **몸길이** 80~170mm, 보통 150mm 이하

🪶 **형태** 개체에 따라 몸빛이 다양하고, 등은 다갈색, 황토색, 붉은 갈색 등을 띤다. 온몸에 돌기가 오톨도톨 나 있다. 머리는 옆으로 넓적하고 입이 매우 크다. 입 주변에는 검은 선이 있다. 암컷은 수컷에 비해 몸집이 크며 다리가 가늘고 길다.

🔍 **생태** 번식기 이외에는 땅에서 주로 생활한다. 겨울잠에서 깨어나는 2월 말~3월에 태어난 장소인 산지 주변의 저수지나 물이 고인 논에서 짝짓기를 하는데, 수컷 간의 경쟁이 치열하여 암컷 한 마리에 서너 마리의 수컷이 엉겨 붙어 있는 광경을 쉽게 볼 수 있다. 번식기에 수컷은 무엇이든지 꼭 끌어안는 습성이 있는데, 앞발가락의 사포처럼 꺼칠꺼칠한 검은 생식혹(육괴)으로 암컷의 가슴을 꼭 쥐고 있어 암컷 가슴의 피부에 구멍이 나기도 한다. 암컷은 수컷을 등에 업고 염주 모양의 긴 알주머니를 물풀이나 벼 밑동에 두 줄로 낳는다. 알에서 깨어 난 올챙이는 무리를 지어 생활하며, 50~70일가량 지난 후 탈바꿈을 하여 땅 위로 올라온다. 주로 밤에 활동하지만, 번식기에는 낮에도 모습을 드러낸다.

🔊 **울음소리** '콕-콕-콕', '콕-콕-콕' 하고 조금 높은 소리를 불규칙적으로 낸다.

🍩 **먹이** 잠자리, 나방, 메뚜기와 같은 곤충, 지렁이 및 입으로 삼킬 수 있는 모든 동물

⛰️ **사는 곳** 산지의 밭, 숲 등지의 그늘이나 낙엽 밑

🌐 **분포** 아시아 전역, 우리나라 제주도를 제외한 전국

|  | 1 | 2 | 3 | 4 | 5 | 6 | 7 | 8 | 9 | 10 | 11 | 12 |
|---|---|---|---|---|---|---|---|---|---|---|---|---|
| 번식기 |  |  |  |  |  |  |  |  |  |  |  |  |
| 겨울잠 |  |  |  |  |  |  |  |  |  |  |  |  |

💬 **이야기마당**

1999년 봄, '두꺼비' 가 '황소개구리' 를 암컷으로 잘못 알고 세게 끌어안는 바람에 '황소개구리' 가 죽음을 당하는 사례가 알려졌지만 매우 드물게 일어나는 현상일 뿐입니다. 최근 마을 도로와 농수로 등이 포장도로가 되면서 마을 저수지에서 번식하고 이동하는 두꺼비들이 차에 치여 죽는 사례가 급속히 늘고 있습니다.

▲ 두꺼비

## 짝짓기

1 암컷 한 마리와 여러 마리의 수컷
2 짝짓기를 위한 수컷 간의 싸움
　　[사진/권기윤]
3 물속
4 땅 위[사진/권기윤]

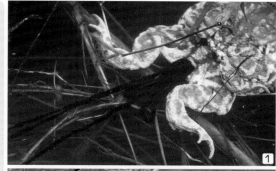

1 두꺼비의 산란[사진/연숙자]
2 두꺼비 알
3 두꺼비 올챙이 무리
4 두꺼비 올챙이[사진/권기윤]

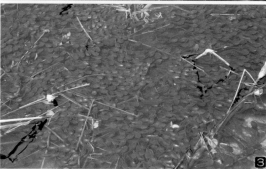

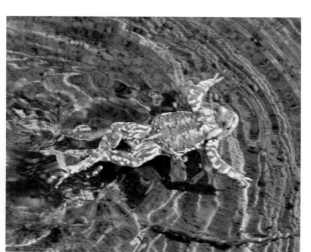

▲ 유혈목이에 맞서 버티고 있다.　　　　　▲ 몸을 부풀려 경계하고 있다.　　　　　▲ 유영하는 모습[사진/권기윤]

# 두꺼비의 암수 구분

| | 수컷 | 암컷 |
|---|---|---|
| 머리 옆면 | | |
| 머리 윗면 | | |
| 머리 아랫면 | | |
| 앞발 윗면 | | |
| 앞발 아랫면 | | |
| 뒷발 윗면 | | |
| 뒷발 아랫면 | | |

# 작은두꺼비 [두꺼비과]
## (참두꺼비, 몽골참두꺼비, 북두꺼비)

- **학 명** *Pseudepidalea raddei*
- **영 명** Mongolian toad

📏 **몸길이** 55~90mm

🐸 **형태** 수컷의 등은 올리브색을 띤 회색으로, 부분적으로 황색을 띤다. 암컷은 녹색을 띠고 붉은색 무늬가 뚜렷하다. 고막은 작고 둥글며 뚜렷하다.

🔍 **생태** 낮에는 주로 설치류가 파 놓은 터널 속이나 바위 밑, 모래 터널 속에 몸을 은신하고, 밤에 나와 활동한다. 5~10마리가 모여 겨울잠을 잔다. 수컷은 2살 이후, 암컷은 4살이 되어 짝짓기를 한다. 3월 하순~6월 하순에 알을 낳는데, 두 줄의 알 덩어리를 낳으며, 길이는 3~6m에 이른다. 알의 수는 1000~6000개이다.

🍽 **먹이** 곤충, 거미와 같은 절지동물과 지렁이 등

⛰ **사는 곳** 낮은 지대~해발 2700m 높은 지대, 삼림 경계 초원, 모래 언덕, 숲 내 풀밭

🌐 **분포** 중국 동북부 지역, 몽골, 러시아 연해주, 북한의 백두산 일대

| | 1 | 2 | 3 | 4 | 5 | 6 | 7 | 8 | 9 | 10 | 11 | 12 |
|---|---|---|---|---|---|---|---|---|---|---|---|---|
| 번식기 | | | | | | | | | | | | |
| 겨울잠 | | | | | | | | | | | | |

### 🗨 이야기마당

최근 북한 금강산에서 채집, 기록된 신종 '삼방두꺼비'는 '물두꺼비'이거나 '작은두꺼비'일 가능성이 있습니다. '작은두꺼비'는 분류학적으로 매우 애매한 종이어서 분류에 있어 다른 의견이 많았습니다. 논란을 거쳐 2006년 두꺼비속에서 분리되어 작은두꺼비속으로 분류되었습니다.

▲ 작은두꺼비[사진/Bogomolov. PL]

# 수원청개구리 [청개구리과]

- 학 명 *Hyla suweonensis*
- 영 명 Suweon tree frog

🖊 **몸길이** 25~40mm

🌿 **형태** '청개구리'와 매우 닮았지만 번식기에 수컷의 울음주머니 색깔이 '청개구리'보다 노란색을 띤 황록색이며, 네발이 '청개구리'에 비해 몸통보다 조금 짧다. 또한, 몸통에 비해 머리가 작고 목이 길며 머리 앞쪽이 더 뾰족하여 '청개구리'와 구분된다.

🔍 **생태** 일반적인 생태는 '청개구리'와 비슷하다. 울음소리가 '청개구리'에 비해 쇳소리를 내며, 5월에는 주로 땅에서 울고 벼가 자란 이후에는 벼의 줄기를 네발로 잡고 울기도 한다. 대부분의 지역에서 '청개구리'와 함께 번식한다. 5~7월에 알을 낳고, 주로 논밭에서 생활하며, 논둑의 갈라진 틈에서 겨울잠을 잔다.

🔊 **울음소리** '청개구리'와 비슷한 소리를 내지만, '케액-케액-켁' 하고 쇳소리가 더 강하며, 느리게 운다.

🐞 **먹이** 작은 곤충

⛰ **사는 곳** 번식기에는 논밭이나 물웅덩이 주변, 번식 이후에는 습지 주변의 풀밭과 주변 야산의 나무 위

🌐 **분포** 우리나라 경기도, 강원도 원주, 충청남북도, 전라북도 지역

| | 1 | 2 | 3 | 4 | 5 | 6 | 7 | 8 | 9 | 10 | 11 | 12 |
|---|---|---|---|---|---|---|---|---|---|---|---|---|
| 번식기 | | | | | | | | | | | | |
| 겨울잠 | | | | | | | | | | | | |

**이야기마당**

수원에서 처음 발견되었다고 하여 '수원청개구리'라는 이름이 붙여졌습니다. 우리나라에서만 사는 한국 고유종입니다. 최근 대규모 택지 개발과 농약 사용량 증가로 서식지가 급속히 줄어들고 있습니다. [멸종위기야생생물 Ⅰ급]

▲ 수원청개구리(수컷)

## 짝짓기

**1** 물 위
**2** 물속

## 울음주머니

**1 2 3 4** 암컷을 부르기 위해 울음주머니를 부풀려 구애 소리를 내고 있다.

◀ 벼의 줄기를 붙잡고 있는 수원청개구리(수컷)

▲ 수원청개구리 알

# 청개구리 [청개구리과]

- **학 명** *Hyla japonica*
- **영 명** Japanese tree frog

✏️ **몸길이** 35~50mm, 수컷은 보통 40mm 이하

🐸 **형태** 일반적으로 등은 녹색이고 배는 흰색이나, 주변 환경이나 유전적인 요인에 따라 갈색, 하늘색, 파란색 등 다양한 색을 띠기도 한다. 암컷이 수컷보다 몸집이 크며, 수컷은 목과 주둥이 사이에 있는 울음주머니 부위의 피부가 늘어져 있다. 대부분의 청개구리는 겨울잠을 자기 전인 가을에 몸빛이 검은 반점이 있는 회색으로 바뀌며, 이듬해 봄에 다시 초록색으로 변한다. 발가락 끝에 끈적끈적하고 동글한 빨판이 있어서 수직 벽이나 나무도 잘 오를 수 있다.

🔍 **생태** 4월부터 무논에 짝짓기를 위해 몰려들기 시작하여 밤새도록 울음소리를 낸다. 지역에 따라 약간씩 차이가 있지만 4~8월에 논이나 습지 그리고 연못, 계곡의 물웅덩이에 한 번에 5~15개씩 수십 차례에 걸쳐 물 표면에 알을 낳으며, 알은 주변 물풀에 붙는다. 알을 낳은 후에는 야산의 나무 위에서 주로 생활하며, 흐리거나 비가 오기 시작하면 '깩

깩' 하고 시끄럽게 운다. 올챙이는 최대 몸길이 40mm까지 자라고, 눈은 양옆 가장자리에 붙어 있으며, 배는 금빛이 나고 꼬리가 붉은색을 띠는 경우도 있는데, 제주도에서 흔하게 나타난다. 여름에서 가을에 걸쳐 탈바꿈을 하여 물 밖으로 나온다.

🔊 **울음소리** 몸 크기에 비해 울음소리가 매우 크다. '쿠에-퀘-퀘-퀘' 또는 '깩깩깩' 하고 연속적으로 운다. 집단으로 울 때는 '깨객 깩깩 깨객 깩'처럼 들리기도 한다.

🐛 **먹이** 애벌레, 곤충, 거미, 다지류 같은 절지동물과 지렁이 등

⛰️ **사는 곳** 낮은 산의 논밭, 하천, 산지 계곡

🌐 **분포** 일본, 중국, 러시아 연해주, 우리나라 전국

|  | 1 | 2 | 3 | 4 | 5 | 6 | 7 | 8 | 9 | 10 | 11 | 12 |
|---|---|---|---|---|---|---|---|---|---|---|---|---|
| 번식기 |  |  |  | ■ | ■ | ■ | ■ | ■ |  |  |  |  |
| 겨울잠 | ■ | ■ | ■ |  |  |  |  |  |  |  | ■ | ■ |

🗨️ **이야기마당**

'청개구리'는 몸의 분비물에 독성이 있으므로 만지고 난 후 반드시 손을 씻어야 합니다. '청개구리'를 만진 손으로 눈을 비빌 경우 실명할 수도 있습니다.

▲ 청개구리(수컷)

## 산란

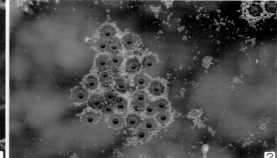

**1** 청개구리의 산란 모습
**2** 청개구리 알

## 울음주머니

**1 2** 울음주머니를 부풀린 모습

## 몸빛 변화

**1** 봄에 몸빛이 초록색으로 변한다.
**2** 녹갈색 무늬를 띤 청개구리
**3** 겨울잠을 자기 전의 몸빛

▲ 짝짓기(물 위)[사진/권기윤]

▲ 유영하는 모습

▲ 앞모습

# 맹꽁이 [맹꽁이과]

- 학 명 *Kaloula borealis*
- 영 명 Boreal digging frog

**몸길이** 40~55mm

**형태** 일반적인 개구리의 형태와 매우 다른 모습이다. 몸통이 찐빵처럼 둥글게 부풀어 있고, 머리는 작으며, 네발은 매우 짧지만 힘이 강하다. 등은 노란색 또는 진한 갈색을 띠며 여기저기 검은색 반점이 있다. 몸빛과 모양에 의한 암수의 차이가 뚜렷하지 않으나, 번식기에 수컷은 몸빛이 검게 변하고, 울음주머니 때문에 턱이 약간 검은색을 띠는 반면, 암컷의 턱은 얼룩이 뚜렷한 점으로 암수를 구별할 수 있다. 다른 개구리와 달리 번식기에도 수컷의 앞발가락에 포접을 위한 생식혹이 발달하지 않는다.

**생태** 일년 중 5~8월에 큰 비가 내려 만들어진 물웅덩이에 산란하며, 나머지 기간에는 웅덩이 주변 야산이나 언덕에서 낮에는 흙을 파고 들어가거나 틈에 숨어 있다가 밤에 나와 먹이 활동을 한다. 큰 비가 내린 후 생기는 물웅덩이로 암수가 모여들어 수컷들이 울어대면 밤낮을 가리지 않고 암컷이 다가가 산란을 한다. 알은 한 번에 5~15개씩 수십 차례에 걸쳐 2000개 정도 낳는데, 물 표면에 달걀프라이처럼 뜨며,

36시간 이내에 올챙이가 깨어 나온다. 올챙이는 보통 24~29일(최대 40일) 만에 새끼 맹꽁이가 되어 땅 위로 기어 올라온다. 겨울에는 땅속이나 돌무더기 틈 속에서 겨울잠을 잔다.

**울음소리** 한 마리의 수컷이 '맹-맹-맹' 하고 단음절로 울 때, 다른 수컷 맹꽁이가 박자를 맞추어 높이가 다른 소리로 '꽁-꽁-꽁' 하고 울어 두 소리가 어울려 '맹-꽁, 맹-꽁' 하고 들린다. '맹꽁이'라는 이름은 울음소리에서 유래되었다.

**먹이** 애벌레, 개미, 흰개미 등의 곤충, 거미, 작은 지렁이 등

**사는 곳** 낮은 산자락, 구릉 지대, 하천 고수부지, 논밭 등

**분포** 중국 중부 및 동북부 일대, 우리나라 제주도를 포함한 전국

| | 1 | 2 | 3 | 4 | 5 | 6 | 7 | 8 | 9 | 10 | 11 | 12 |
|---|---|---|---|---|---|---|---|---|---|---|---|---|
| 번식기 | | | | | | | | | | | | |
| 겨울잠 | | | | | | | | | | | | |

**이야기마당**

'맹꽁이'는 뒷발로 진흙땅을 파서 몸 뒤쪽부터 땅속으로 들어가고 앞쪽에 조그만 구멍만 남겨 놓는답니다. 서양에서는 '맹꽁이'를 '쟁기발개구리'라고도 합니다. 최근 '맹꽁이'가 주로 사는 습지가 대규모 택지 개발 등으로 인해 급격히 줄어들고 있습니다. [멸종위기야생생물 II급]

▲ 맹꽁이(수컷)

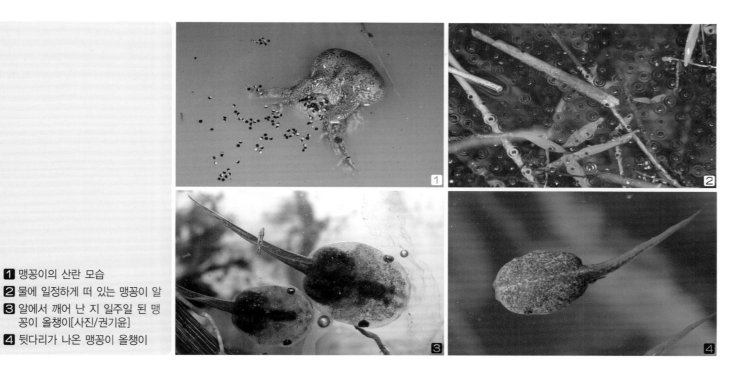

1 맹꽁이의 산란 모습
2 물에 일정하게 떠 있는 맹꽁이 알
3 알에서 깨어 난 지 일주일 된 맹꽁이 올챙이[사진/권기윤]
4 뒷다리가 나온 맹꽁이 올챙이

▲ 맹꽁이(암컷)

▲ 울기 직전 숨을 한껏 들이마셔 몸을 부풀린 모습

▲ 구애 소리를 내고 있다.

▲ 맹꽁이 알비노(수컷)[사진/연숙자]

▲ 흙 속에 몸을 숨긴 맹꽁이[사진/권기윤]

# 금개구리 [산개구리과]

- **학 명** *Pelophylax chosenicus*
- **영 명** Seoul frog

📏 **몸길이** 30~65mm

🐸 **형태** '참개구리'와 모습이 매우 닮았지만, 등은 밝은 녹색이고 등 중앙에 줄이 없으며, 돌기가 없거나 점 모양의 돌기가 조금 있다. 등 양쪽에 2개의 굵고 뚜렷한 금색 줄이 불룩 솟아 있는데, 개체에 따라 금색 줄의 굵기가 조금씩 다르며, 배는 노란색을 띤다. 가을에 진한 갈색으로 몸빛이 변하는데, 겨울잠을 자고 이듬해 봄에 기온이 올라가면 몸은 다시 녹색으로 변한다.

🔍 **생태** '참개구리'의 생태와 거의 비슷하지만, 번식기, 구애 음성이 다르며, '금개구리'는 산란 후 물가에서 멀지 않은 논에서 생활하지만 '참개구리'는 주변 야산까지 이동하면서 생활한다. 5월 중순~7월 초순에 농수로나 저수지의 수초 위에 20~50개로 된 알 덩어리를 여러 차례에 걸쳐 이동하며 낳는다.

🔊 **울음소리** '참개구리'보다 울음주머니가 덜 발달하였으며, 짧고 높은 소리로 '쪽-쪽-', '꾸우우욱', '쪽, 꾸우욱-'하고 운다.

🐛 **먹이** 거미, 곤충과 같은 절지동물, 지렁이

⛰️ **사는 곳** 평지에서 낮은 구릉의 물웅덩이, 수로, 논밭 등

🌐 **분포** 우리나라 경기도, 충청도, 전라도 및 경상남도의 일부 지역

|  | 1 | 2 | 3 | 4 | 5 | 6 | 7 | 8 | 9 | 10 | 11 | 12 |
|---|---|---|---|---|---|---|---|---|---|---|---|---|
| 번식기 |  |  |  |  |  |  |  |  |  |  |  |  |
| 겨울잠 |  |  |  |  |  |  |  |  |  |  |  |  |

### 🅢 이야기마당

예전에는 '참개구리'의 아종으로 분류되기도 하였으나 현재는 다른 종으로 구별하고 있으며, 같은 종으로 보던 중국의 개체들과는 울음소리와 그 밖의 차이로 인해 다른 종으로 구별하고 있습니다. 우리나라 고유종입니다. [멸종위기야생생물 II급]

▲ 금개구리

▲ 금개구리 얼굴

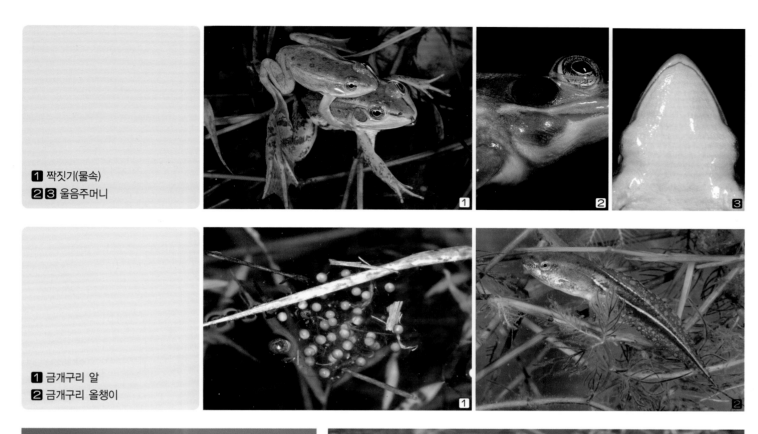

1 짝짓기(물속)
2 3 울음주머니

1 금개구리 알
2 금개구리 올챙이

▲ 수면에 떠 있는 모습(암컷)

▲ 수초 위에 앉아 있는 모습[사진/전형배]

▲ 개구리밥 사이로 머리만 내밀고 있다.

# 참개구리 [산개구리과]

- **학 명** *Pelophylax nigromaculatus*
- **영 명** Black-spotted frog

**몸길이** 65~95mm

**형태** 우리나라에서 가장 잘 알려져 있는 개구리로, 몸빛과 모양에 따라 암수 차이가 뚜렷하다. 수컷의 등은 금색 또는 녹색이며, 등 가운데로 한 줄의 황색 또는 녹색 줄이 머리에서 엉덩이까지 나 있다. 이에 비해 암컷은 몸빛이 희고 검은 점무늬가 여기저기 나 있다. 또한, 개체에 따라 등 위에 나 있는 2개의 불룩한 줄과 중앙에 난 줄의 색이 다양하다. 앞다리에 비해 뒷다리는 근육이 잘 발달되어 있으며, 물갈퀴가 발달하여 헤엄을 잘 친다.

**생태** 주로 논밭이나 주변 야산의 습기가 있는 땅속에서 겨울잠을 자고, 이듬해 4월부터 깨어나 7월까지 알을 낳지만, 보통 6월에 끝나는 경우가 대부분이다. 번식기가 길기 때문에 암컷을 둘러싸고 수컷 사이에 경쟁하는 광경이 자주 목격된다. 저수지나 논, 연못 등에 알 덩어리를 낳으며, 알의 수는 3000~5000개이다. 6~8일 후 알에서 깨어 난 올챙이는 몸길이가 최대 70mm 정도로 자라고, 배는 흰색이다. 올챙이는 7~9월에 탈바꿈을 하여 물 밖으로 나온다.

**울음소리** 혼자 또는 합창으로 '꾸르르르륵, 꾸르륵' 하는 소리를 연속적으로 낸다.

**먹이** 애벌레, 곤충, 거미, 다지류 같은 절지동물과 지렁이 등

**사는 곳** 낮은 산의 물웅덩이, 수로, 하천, 연못, 논, 계곡 등

**분포** 동북아시아 일대, 우리나라 섬 지방을 포함한 전국

|  | 1 | 2 | 3 | 4 | 5 | 6 | 7 | 8 | 9 | 10 | 11 | 12 |
|---|---|---|---|---|---|---|---|---|---|---|---|---|
| 번식기 |  |  |  |  |  |  |  |  |  |  |  |  |
| 겨울잠 |  |  |  |  |  |  |  |  |  |  |  |  |

### 이야기마당

등 양쪽에 불룩한 줄이 있고 가운데 줄이 없는 '금개구리'와 매우 닮았지만 배 부분이 '참개구리'는 흰색, '금개구리'는 노란색을 띠며, '참개구리'는 등의 가운데에도 대부분 줄이 있고, 등에 길쭉한 돌기들이 나 있어 구별됩니다.

▲ 참개구리(수컷)

## 몸빛 변화

**1** 녹색을 띤 모습
**2** 등에 녹색 기가 조금 있는 모습

▲ 짝짓기

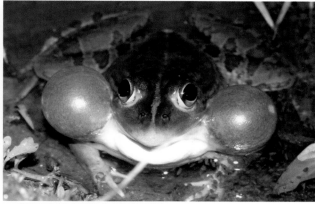
▲ 울음주머니를 부풀린 모습[사진/김현]

▲ 참개구리(갈색형)

▲ 참개구리(흑갈색형)

▲ 참개구리(암컷)

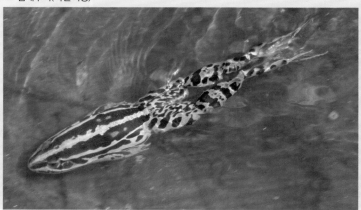
▲ 헤엄치는 모습(암컷)

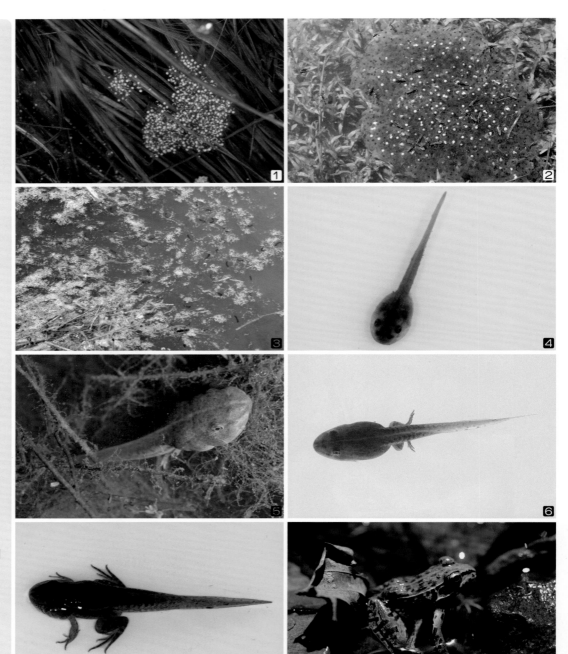

1 산란한 지 얼마 되지 않은 참개구리 알
2 참개구리 알을 먹고 있는 소금쟁이
3 알에서 깨어 나는 모습
4 알에서 갓 깨어 난 참개구리 올챙이
5 참개구리 올챙이
6 뒷다리가 나온 모습
7 앞 · 뒷다리가 모두 나온 모습
8 어린 참개구리

# 옴개구리 [산개구리과]

- **학 명** *Glandirana emeljanovi*
- **영 명** Imienpo station frog

✏️ **몸길이** 30~60mm

🐦 **형태** 몸 전체에 길쭉한 작은 돌기가 나 있으며, 몸빛은 흑갈색 또는 회갈색이다. 개체에 따른 몸빛의 변화는 다른 개구리에 비해 적다. 수컷은 목 내부에 울음주머니를 지니며, 짝짓기 기간 동안 앞발가락에 회색의 생식혹이 발달한다.

🔍 **생태** 맑은 하천과 저수지 주변에 살면서 짝짓기를 하며, 산란이 끝나면 주변 풀숲이나 숲의 물이 흐르는 곳에서 생활한다. 4월 말~8월 물 흐름이 거의 없는 산골짜기나 습지 등 물웅덩이의 작은 물풀의 줄기나 뿌리에 수십 개의 알을 덩어리 모양으로 서너 차례에 걸쳐 낳는다. 알의 수는 700~2600개이다. 일찍 알에서 깨어 난 올챙이는 그해에 다 자라 땅 위로 올라오지만, 늦게 알에서 깨어 난 올챙이는 올챙이 상태로 겨울을 보내고 이듬해 늦봄이나 초여름에 다 자라 땅 위로 올라온다.

🔊 **울음소리** '꾜옥-꾜옥-꼭', '꾸우우욱, 꾸욱꾸욱' 하고 같은 소리를 내며 연속적으로 운다. 다른 개구리와 달리 다양한 소리를 내는 것으로 알려져 있다.

🐞 **먹이** 애벌레, 곤충, 거미, 지렁이 등

⛰️ **사는 곳** 산골짜기, 하천, 저수지 등 물가

🌐 **분포** 중국 동북부, 우리나라 섬 지방을 포함한 전국

|  | 1 | 2 | 3 | 4 | 5 | 6 | 7 | 8 | 9 | 10 | 11 | 12 |
|---|---|---|---|---|---|---|---|---|---|---|---|---|
| 번식기 |  |  |  |  |  |  |  |  |  |  |  |  |
| 겨울잠 |  |  |  |  |  |  |  |  |  |  |  |  |

🗨️ **이야기마당**

'산개구리'처럼 계곡의 물속 돌 밑에서 겨울잠을 자는 특성 때문에 겨울에 '옴개구리'를 '산개구리'로 잘못 알고 사람들이 먹기도 합니다. '옴개구리'의 피부에는 독이 있어서 '옴개구리'를 먹고 중독되어 생명을 잃는 경우도 있으므로 주의해야 합니다.

▲ 옆모습

▲ 앞모습(위협을 느끼고 가만히 앉아 있다.)

▲ 옴개구리(수컷)

짝짓기

**1** 물속
**2** 땅 위[사진/김현]

**1** 수면 위 나뭇가지에 붙어 있는 옴개구리 알
**2** 물속 바윗돌에 붙어 있는 옴개구리 알[사진/김현]
**3** 알까기 모습
**4** 옴개구리 올챙이

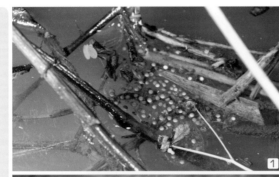

▲ 다양한 무늬의 옴개구리

◀ 물속에서 경계하고 있다.

# 아무르산개구리 [산개구리과]

- **학 명** *Rana amurensis*
- **영 명** Siberian wood frog

| | 1 | 2 | 3 | 4 | 5 | 6 | 7 | 8 | 9 | 10 | 11 | 12 |
|---|---|---|---|---|---|---|---|---|---|---|---|---|
| 번식기 | | | | | | | | | | | | |
| 겨울잠 | | | | | | | | | | | | |

📏 **몸길이** 80mm 안팎

🐸 **형태** 등은 갈색 또는 올리브색 바탕에 검은 점무늬가 있고, 뒷다리 발가락의 물갈퀴는 다른 산개구리에 비해 작다. '한국산개구리'처럼 입술을 따라 흰 선이 있다.

🔍 **생태** 논밭 등의 습지에서 생활하며 숲에서도 관찰된다. 3~4년이 되면 짝짓기가 가능하고, 습지와 시냇물 주변의 물 흐름이 거의 없는 웅덩이에 알 덩어리를 낳는데, 알의 수는 250~4000개이다. 올챙이는 몸길이 약 50mm까지 성장하고, 6월 이후에 탈바꿈하여 땅으로 올라온다. 최대 수명은 7~8년이다. 가을에 겨울잠을 자는 장소로 이동한다.

🎨 **먹이** 곤충, 거미와 같은 절지동물과 지렁이 등

⛰️ **사는 곳** 평지 습원, 삼림 등

🌍 **분포** 시베리아 서부에서 사할린, 북한 북부 삼림 지대

💬 **이야기마당**

우리나라 전역에 분포하는 것으로 알려져 왔으나, 남한의 종은 유전학적으로 다른 종임이 판명되어 '한국산개구리'로 독립하였고, '아무르산개구리'는 한반도 북부인 북한 일대에도 살고 있는 것으로 알려져 있습니다.

▲ 보호색을 띤 모습

▲ 아무르산개구리

# 한국산개구리 [산개구리과]

- **학 명** *Rana coreana*
- **영 명** Korean brown frog

✎ **몸길이** 35~45mm

🐸 **형태** 몸은 옅은 황갈색이고, 배는 누런 우윳빛을 띤다. 물갈퀴가 거의 발달하지 않았고, 몸의 옆면에는 입에서 목까지 흰색 또는 황금색 줄이 나 있다.

🔍 **생태** 2~5월에 걸쳐 짝짓기를 하며, 이때 뒷다리에는 검은 줄이 나 있다. 알을 낳은 후 대부분은 산이나 계곡으로 이동하지만 소수는 평지의 습지에서 관찰되기도 한다. '산개구리'와 함께 물이 고인 논밭이나 산골짜기 주변의 물 흐름이 거의 없는 웅덩이에 여러 개의 알로 이루어진 알 덩어리를 낳고, 알의 수는 400~800개이다. 올챙이는 몸길이 약 40mm까지 자라고 5월 이후에 탈바꿈을 거쳐 땅 위로 올라온다. 알을 낳는 시기가 되면 배 부위에 붉은색 점무늬가 나타난다.

🔊 **울음소리** '크크크큭, 크크크큭' 하고 드럼 소리처럼 연속적으로 운다.

🍴 **먹이** 거미, 곤충과 같은 절지동물과 지렁이 등

⛰ **사는 곳** 산지 논밭, 수로, 계곡. 섬 지역에서는 평지의 하천, 수로 등

🌐 **분포** 중국 산둥 반도, 우리나라 제주도를 제외한 전국

| | 1 | 2 | 3 | 4 | 5 | 6 | 7 | 8 | 9 | 10 | 11 | 12 |
|---|---|---|---|---|---|---|---|---|---|---|---|---|
| 번식기 | | | | | | | | | | | | |
| 겨울잠 | | | | | | | | | | | | |

### 이야기마당

'아무르산개구리'와 다른 종으로 2006년 발표되었으며, 최근 한반도뿐만 아니라 중국 산둥 반도에도 서식하는 *Rana kunyuensis*도 같은 종임이 밝혀졌습니다.

▲ 물속에 있는 모습(수컷)

▲ 한국산개구리(수컷)

# 짝짓기

1 물속
2 물 위

1 한국산개구리 알
2 한국산개구리 올챙이

▲ 한국산개구리(암컷)

한국산개구리(적색형)[사진/전형배] ▶

# 계곡산개구리 [산개구리과]

- **학 명** *Rana huanrensis*
- **영 명** Huanren brown frog

**몸길이** 45~65mm

**형태** '산개구리'에 비해 몸빛이 검은 갈색으로 다소 어두운 편이고, 수컷은 배 부분이 노란색을 띠며 잔 점무늬가 많다. '산개구리'에 비해 몸길이가 평균 1~2cm 정도 작으며, 몸통에 비해 머리가 크고 머리 앞쪽이 둥그렇다. 뒷다리 물갈퀴는 '산개구리'보다 잘 발달되었다.

**생태** 계곡의 여울과 같은 물 흐름이 느린 곳에 알을 낳는 대표적인 개구리이다. 알을 낳은 후 산으로 올라가 생활하며, 가을에 다시 계곡 주변의 돌 밑이나 계곡 물속의 돌 밑에서 겨울잠을 잔다. 산골짜기 하천 바닥의 돌 밑에서 겨울잠을 자는 점은 '산개구리'와 같으나, 번식기인 3월경이 되면 논밭이나 하천 주변의 물웅덩이로 이동하지 않고, 시냇물의 물속에 잠겨 있는 바위 또는 가장자리에 알 덩어리를 붙여 낳는다. '계곡산개구리'의 알은 '산개구리' 알에 비해 탱탱하며 끈기가 있어서 계곡의 돌이나 나뭇잎에 단단하게 붙어 있다.

**울음소리** '꾸욱-꾸욱-쿠-쿠-쿡' 하는 매우 작은 소리를 단절적으로 낸다.

**먹이** 곤충, 거미와 같은 절지동물과 지렁이 등

**사는 곳** 산림 및 산골짜기의 시냇물

**분포** 중국 동북부, 우리나라 전국의 내륙 산지 특히 백두 대간, 지리산 국립공원

| | 1 | 2 | 3 | 4 | 5 | 6 | 7 | 8 | 9 | 10 | 11 | 12 |
|---|---|---|---|---|---|---|---|---|---|---|---|---|
| 번식기 | | | | | | | | | | | | |
| 겨울잠 | | | | | | | | | | | | |

**이야기마당**

'계곡산개구리'는 1999년 중국 학자가 후안렌(요령성) 지역에 살고 있음을 학계에 최초로 보고하였습니다. 백두 대간의 산간 지대 계곡에서만 사는 것으로 보고되었으나, 최근 우리나라 경기도, 충청도, 전라도 지역에서도 넓게 서식하고 있음이 밝혀졌습니다.

▲ 계곡산개구리

## 짝짓기

1 물속
2 땅 위

1 계곡산개구리 알
2 계곡산개구리 올챙이
3 산란지(물 바닥 낙엽층)
  [사진/김현]
4 산란지(물속 바위)

# 산개구리(큰산개구리) [산개구리과]

- **학 명** *Rana uenoi*
- **영 명** Ueno's brown frog

🔖 **몸길이** 55~85mm

🐸 **형태** 등 색깔은 황토색으로부터 붉은 갈색까지 다양하다. 수컷의 배 면은 우윳빛을 띠며, 암컷은 연한 노란색에 붉은색을 띠기도 한다. 등에는 V자 무늬가 있는 경우가 많고 검은색 점무늬가 있는 종이 많다. 우리나라 산개구리류 가운데 몸집이 가장 크다.

🔍 **생태** 번식기가 되면 암컷은 턱 밑과 배가 붉은색을 띤다. 주로 산지의 하천 돌 밑에서 겨울잠을 자고 이른 봄에 짝짓기를 한다. 농지나 하천 주변의 물웅덩이로 이동하여 알을 낳는데, 수백 개의 알로 이루어진 알 덩어리를 바닥이나 수면에 낳는다. 알 덩어리는 모양이 불규칙하나 거의 둥근 형태에 가깝다. 한 마리의 암컷이 낳는 알의 수는 보통 800~2000개이며, 알을 낳은 후에는 산지의 숲에서 생활한다. 올챙이는 배에 금가루를 뿌려 놓은 듯하며, 알에서 깨어 난 지 60~80일에 탈바꿈을 마치고 어린 개구리가 되어 땅 위로 올라온다.

🔊 **울음소리** 2~4월의 번식기 때 '호르르릉 호르릉', '호르르릉 호르릉' 하고 연속적으로 운다. 멀리서 나는 소리는 마치 새소리처럼 들린다.

🎨 **먹이** 애벌레, 곤충, 거미, 다지류 같은 절지동물과 지렁이 등

⛰️ **사는 곳** 산지의 물웅덩이나 산골짜기 계곡, 논, 습지 등

🌐 **분포** 일본 쓰시마 섬 북부 지역, 북한, 제주도를 포함한 우리나라 전 지역

|  | 1 | 2 | 3 | 4 | 5 | 6 | 7 | 8 | 9 | 10 | 11 | 12 |
|---|---|---|---|---|---|---|---|---|---|---|---|---|
| 번식기 |  |  |  |  |  |  |  |  |  |  |  |  |
| 겨울잠 |  |  |  |  |  |  |  |  |  |  |  |  |

💬 **이야기마당**

'계곡산개구리'와 모습이 매우 닮아 구별이 어렵답니다. '산개구리' 수컷은 앞발가락에 생식혹(육괴)이 있고 배가 우윳빛을 띠지만, '계곡산개구리' 수컷은 배에 검은 잔점이 많고 노란색을 띱니다.

▲ 산개구리(수컷)

▲ 붉은색을 띤 산개구리(수컷)

짝짓기

1 물속
2 월출산

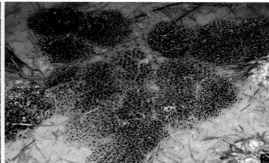

1 산란을 마친 암컷[사진/권기윤]
2 산개구리 알
3 산개구리 올챙이[사진/권기윤]
4 산란지

▲ 살구색을 띤 산개구리(암컷)

▲ 울음주머니를 부풀린 모습

# 북방산개구리 [산개구리과]

- **학 명** *Rana dybowskii*
- **영 명** Dybowski's frog

**몸길이** 55~90mm

**형태** 등은 황토색에서 적갈색까지 다양하다. 수컷의 배 면은 우윳빛을 띠며, '산개구리'에 비해 잔점 무늬가 있고 노랗거나 붉은색을 조금 띤다. 등에는 V자 무늬가 있는 경우가 많고 검은색의 점무늬가 있는 종이 많다. 머리 위에서 보았을 때 '산개구리'보다 뭉뚝하며, 덩치도 조금 더 큰 경우가 많다.

**생태** 번식기가 되면 암컷은 붉은색을 띤다. 주로 산지의 하천 돌 밑이나 계곡 주변 돌 밑에서 겨울잠을 자고 농지나 하천 주변의 물웅덩이로 이동하여 알을 낳는데, 350~4000개의 알로 이루어진 알 덩어리 형태로 낳는다. 2~3년 성장하면 번식이 가능하며 최대 수명은 5~6년이다.

**울음소리** '산개구리'와 비슷하다.

**먹이** 애벌레, 곤충, 거미, 다지류 같은 절지동물과 지렁이 등

**사는 곳** 산지의 물웅덩이나 산골짜기, 논 등

**분포** 중국, 러시아, 북한 북부

| | 1 | 2 | 3 | 4 | 5 | 6 | 7 | 8 | 9 | 10 | 11 | 12 |
|---|---|---|---|---|---|---|---|---|---|---|---|---|
| 번식기 | | | | | | | | | | | | |
| 겨울잠 | | | | | | | | | | | | |

### 이야기마당

2014년 일본 마쓰이 박사가 일본 쓰시마 섬과 남한에 서식하는 종을 '산개구리 *Rana uenoi*'로 분류하였습니다. 따라서 기존의 '북방산개구리 *Rana dybowskii*'는 북한에서 북쪽에 분포하는 종을 말하며, 남한에서 살고 있는지의 여부는 앞으로 더 연구하여야 합니다.

▲ 산개구리보다 주둥이가 뭉뚝한 북방산개구리

물속에서 이동
중인 모습

▲ 밝은 색깔을 띤 북방산개구리(수컷)

# 중국산개구리 [산개구리과]

- **학 명** *Rana chensinensis*
- **영 명** Far eastern wood frog

✏️ **몸길이** 40~50mm

🐸 **형태** 등은 황토색에서 적갈색까지 다양하다. 수컷의 배 면은 우윳빛을 띠며 '계곡산개구리' 보다 크기가 작고 '한국산개구리' 보다는 크다. 다른 산개구리류와 달리 몸통에 비해 머리가 큰 편이며 주둥이가 둥글다. 등에 동그란 점무늬가 흩어져 있는 경우가 많다.

🔍 **생태** 주로 산지의 하천이나 계곡 주변의 돌 밑에서 겨울잠을 잔다. 번식기가 되면 암컷은 붉은색을 띠며, 농지나 하천 주변의 물웅덩이에 알을 낳는다. 알은 800~1500개로 이루어진 알 덩어리 형태이다. 올챙이는 물 표면에 뜬 조류, 낙엽, 식물의 퇴적물을 주로 먹으며, 초원이나 계곡 가까운 곳에서 사는 경우가 많다.

🍴 **먹이** 애벌레, 곤충, 거미, 다지류 같은 절지동물과 지렁이 등

🏔️ **사는 곳** 초지나 산지의 물웅덩이나 산골짜기, 논 등

🌐 **분포** 중국, 러시아, 북한 북부

| | 1 | 2 | 3 | 4 | 5 | 6 | 7 | 8 | 9 | 10 | 11 | 12 |
|---|---|---|---|---|---|---|---|---|---|---|---|---|
| 번식기 | | | | | | | | | | | | |
| 겨울잠 | | | | | | | | | | | | |

📖 **이야기마당**

압록강 주변에서 관찰되었으며, 중국 동북부 지역에 넓게 분포합니다. 또한 형태가 거의 비슷한 *Rana kukunoise* 종도 북한에 분포할 가능성이 있습니다.

▲ 위에서 본 모습

▲ 중국산개구리(암컷)

▲ 어두운 색깔을 띤 중국산개구리

▲ 등에 점무늬가 많다.

▲ 붉은색을 많이 띤 번식기의 중국산개구리(암컷)

# 황소개구리 [산개구리과]

- **학 명** *Lithobates catesbeiana*
- **영 명** American bullfrog

📏 **몸길이** 110~185mm

🐸 **형태** 몸이 매우 크며, 뒷발에 물갈퀴가 잘 발달되어 있다. 등은 상어 피부와 같이 거칠거칠하고, 눈에 띄는 돌기는 없으며, 앞발에 비해 뒷발이 매우 길다. 수컷의 등은 녹색 또는 녹색과 갈색이 섞인 바탕에 진한 갈색 잔점이 있으며, 배는 무늬가 있는 흰색이다. 암컷은 수컷보다 갈색을 더 많이 띤다.

🔍 **생태** 저수지, 늪, 큰 강과 하천의 중·하류 지역의 물풀이 무성한 물가에서 생활한다. 5월~9월 상순에 6000~40,000개의 알을 낳는다. 5월에서 6월 초에 알에서 깨어 난 올챙이는 9~10월경이면 다 자라지만, 늦게 산란한 알에서 깨어 난 올챙이는 올챙이 상태로 물속에서 겨울을 지내고 이듬해 봄~초여름에 개구리로 탈바꿈한다. 물가에 머물다가 놀라 물속으로 뛰어들어 갈 때 '꺅' 하는 소리를 내어 다른 개구리와 구별되며, 네다섯 번 뒷발질을 하여 도망간다.

🔊 **울음소리** 수컷이 '우엉, 우엉' 하고 마치 황소의 울음소리와 같은 매우 큰 소리로 우는 것이 특징이다.

🍴 **먹이** 가재, 참게, 개구리, 물고기, 어린 새, 쥐 등

⛰ **사는 곳** 낮은 지대 하천, 웅덩이, 저수지, 강 등 물풀이 발달하고 흐름이 완만한 곳

🌐 **분포** 우리나라 강화도, 거제도, 제주도 등 섬 지방을 포함한 전국. 원산지는 미국 등 아메리카 지역

|  | 1 | 2 | 3 | 4 | 5 | 6 | 7 | 8 | 9 | 10 | 11 | 12 |
|---|---|---|---|---|---|---|---|---|---|---|---|---|
| 번식기 |  |  |  |  |  |  |  |  |  |  |  |  |
| 겨울잠 |  |  |  |  |  |  |  |  |  |  |  |  |

## 이야기마당

울음소리가 황소와 비슷하고 우렁차서 '황소개구리' 라는 이름이 붙여졌답니다. 식용 목적으로 들여와 사육한 외래종으로, 1980년대 이후 전국의 하천과 수로에 적응하여 서식하며, 생태계를 위협하여 문제가 되고 있습니다. 1990년대 말 퇴치 사업을 벌이기도 했지만, 여전히 많은 수가 전국의 큰 저수지와 농수로뿐만 아니라 산 주변의 작은 웅덩이에서도 살아가고 있습니다.

앞모습 ▶

▲ 황소개구리

1 황소개구리 알
2 뒷다리가 나온 올챙이
3 새끼 황소개구리

▲ 물풀 그늘에 숨어 있다.

▲ 황소개구리 무리

▲ 물속 물풀 사이로 고개만 내밀고 있다.

▲ 겨울잠을 자는 모습

파충류

# 파충류란

처음 육지로 올라온 척추동물은 개구리, 도롱뇽과 같은 양서류이다. 그러나 양서류는 육지 환경에 완전히 적응하였다고 할 수 없다. 그 이유는 반드시 다음 세대의 번식을 위해 다시 물로 되돌아가 산란을 하고, 어린 유생들은 물고기처럼 물속에서 성장하여 탈바꿈한 뒤 땅 위로 올라오기 때문이다. 이러한 양서류의 부족한 적응 과정을 극복하고 육지 환경에 최초로 완전히 적응한 척추동물이 파충류이다.

파충류의 특징은 지금으로부터 3억 년 전후인 석탄기 후기에서 페름기(이첩기) 초기의 동물 화석에서 발견되지만, 양서류와 파충류를 구분하기는 쉽지 않다. 파충류로 진화된 동물은 에리옵스(Eryops)라는 대형 양서류가 속해 있는 미치류(迷齒類, Labyrinthdontia)이다. 미치류는 에나멜질의 이빨이 미로 같이 생긴 양서류의 한 무리이다.

파충류가 육지 생활에 완전히 적응하기 위해서는 몸의 구조와 생리적인 면에 큰 변화가 필요했다. 먼저, 알의 변화이다. 파충류의 알은 '양막' 이란 구조로 되어 있고, 배는 양막 속에 있는 물인 '양수' 에서 발생한다. 이러한 구조의 알을 '양막난' 이라고 하며, 조류와 포유류에서도 발견되는 공통적인 특징이다. 또, 파충류는 조류와 포유류처럼 외부 온도 변화에 적응하기 위해 내부 체온 시스템을 발달시키지 못한 변온성 동물이어서 햇볕을 쬐는 일광욕을 통해 체온을 높여 활동하도록 적응하였다.

거북, 뱀, 악어, 도마뱀 등이 속하는 파충류는 중생대에 번성하여 오늘날까지 생존하고 있는 동물로 우리들에게 잘 알려져 있다. 그중 공룡이나 익룡, 해룡 등은 지구 환경 변화에 의해 멸종될 때까지 약 2억 년 동안 먹이사슬에서 가장 상위 포식 동물이었다. 오늘날 살아 있는 파충류도 포유류에 비해 종류가 훨씬 많다. 뱀과 도마뱀류만 약 7500종으로, 포유류의 6000여 종에 비해 종 다양성이 높다. 또한 파충류(공룡)는 조류의 직접적인 조상 동물로 추정된다. '시조새' 또는 '조상새' 는 나무 위에서 생활하던 파충류(공룡)가 나무에서 나무로 이동하면서 자연스럽게 조류로 진화한 것으로 추정되며, 오늘날 하늘을 지배하는 동물로 진화하였다. 이는 아직도 파충류가 포유동물과 함께 생태계 먹이사슬의 상위 포식자로서 위치를 차지하고 있다는 것을 말한다.

# 파충류의 생김새

## 피부

파충류의 피부는 표피와 진피로 구성되어 있으며, 표피 외층은 각질층이라고 한다. 이와 같은 기본적인 구조는 양서류와 크게 다르지 않다. 그러나 양서류는 피부 호흡을 하기 때문에 피부 표면에 끊임없이 점액이 분비되어 수분을 유지해야 하는 반면, 파충류는 각질층이 두껍고 딱딱하며 점액이 분비되지 않는다. 따라서 피부 표면이 건조해도 수분의 통과는 별로 없다.

액침 표본을 만들 때, 양서류와 파충류의 피부 표면의 차이가 분명하게 드러난다. 알코올에 침투한 표본의 경우, 양서류는 몸속까지 피부를 통해 알코올이 침투되어 고정되지만, 파충류의 경우에는 피부를 통해 고정액이 몸속으로 통과하지 않는다. 따라서 몸속에 주사를 사용하여 고정액을 침투시키지 않으면 부패하여 표본이 상하게 된다.

파충류는 피부 호흡량을 희생하여 건조한 환경에서 견딜 수 있는 피부를 만들게 되었다. 파충류 중 뱀류는 비늘처럼 생긴 각질층이 접혀 몸을 유연하게 움직일 수 있다.

## 몸의 색 변화

동물의 몸 색깔은 상피와 진피에 포함되어 있는 색소에 의해 결정되며, 몸 색의 변화는 진피층의 색소포에 의해 일어난다. 즉, 몸 색의 변화는 흑색소포 내의 흑색 과립의 응집과 확산에 의해 발생한다. 색소포에는 황색소포, 무지개색소포 등 다양한 색의 소포체가 있다. 청색은 황색소포의 색소가 에틸알코올에 녹아서 푸른색으로 변하기 때문이다. 또한 흑색 과립이 확산하면 무지개색소포는 흑색 과립으로 덮여 몸 색이 갈색으로 변한다.

남아메리카의 녹색이구아나와 동남아시아 파충류의 몸 색에서 나타나는 녹색에서 갈색으로의 급격한 변화는 이러한 흑색소포 내의 흑색 과립의 확산의 결과이다. 특히 카멜레온의 몸 색의 변화는 변화무쌍하여 동물계에서 가장 유명하다.

## 거북 생김새

**전체 길이**
**등딱지 길이**

**눈** 눈꺼풀이 있다.

**입** 이빨이 없는 대신 단단한 부리로 된 턱이 발달되어 있다.

**꼬리** 꼬리는 접어 등딱지 속으로 넣을 수 있다.

**등딱지** 등뼈와 갈비뼈 일부가 변한 것으로 딱딱하다.

**배딱지** 배를 딱딱한 넓은 뼈가 싸고 있다.

**다리** 발가락과 짧은 발톱이 있다. 발가락 사이에 물갈퀴가 있다.

## 도마뱀 생김새

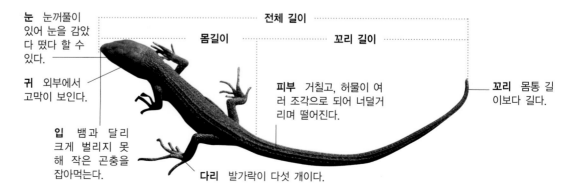

**눈** 눈꺼풀이 있어 눈을 감았다 떴다 할 수 있다.

**귀** 외부에서 고막이 보인다.

**입** 뱀과 달리 크게 벌리지 못해 작은 곤충을 잡아먹는다.

**전체 길이**
**몸길이**
**꼬리 길이**

**피부** 거칠고, 허물이 여러 조각으로 되어 너덜거리며 떨어진다.

**꼬리** 몸통 길이보다 길다.

**다리** 발가락이 다섯 개이다.

## 뱀 생김새

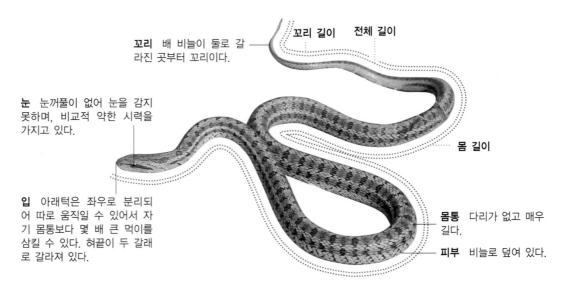

꼬리 길이　전체 길이

**꼬리** 배 비늘이 둘로 갈라진 곳부터 꼬리이다.

**눈** 눈꺼풀이 없어 눈을 감지 못하며, 비교적 약한 시력을 가지고 있다.

**몸 길이**

**입** 아래턱은 좌우로 분리되어 따로 움직일 수 있어서 자기 몸통보다 몇 배 큰 먹이를 삼킬 수 있다. 혀끝이 두 갈래로 갈라져 있다.

**몸통** 다리가 없고 매우 길다.

**피부** 비늘로 덮여 있다.

# |한살이

## 체내 수정

양서류의 도롱뇽류에서 체내 수정을 하는 종류도 있긴 하나, 양서류의 기본적인 수정 방법인 체외 수정과 달리 파충류는 체내 수정에 의해 번식이 이루어진다. 수컷과 암컷이 교미를 하므로 수정될 확률이 높다. 단, 거북은 암수 모두 등딱지를 가지고 있기 때문에 교미가 성공하지 못하는 경우도 종종 있다.

짝짓기가 끝나면 땅이나 모래밭에 알을 낳는다.

## 알

양서류와 파충류의 알을 비교해 보면 매우 큰 차이가 있다. 일부 양서류의 알에서도 육지 생활에의 적응 과정을 보여 주는 경우도 있는데, 땅 위나 나무 위에 알을 낳는 개구리도 있다. 예를 들면, 일본 류큐 지역의 '숲청개구리'는 나뭇가지에 거품알집을 낳아 번식하는 것으로 잘 알려져 있다. 그러나 이와 같은 특수한 종 이외의 모든 양서류는 물속에서 알을 낳는다.

그에 비해 파충류는 바다거북이나 바다뱀, 악어류와 같이 물속에서 생활하여도 알을 낳기 위해 땅 위로 올라와 산란한다. 파충류의 알은 양막, 장막, 요막으로 구성된 배막(embryonic membrane)을 지닌 양막난으로, 양막 내에는 양막상피에서 분비된 양수(양막액)로 차 있고, 배(胚)는 이 양수 속에서 자란다.

▲ 남생이  ▲ 도마뱀[사진/차동준]  ▲ 대륙유혈목이[사진/구준희]

▲ 구렁이  ▲ 표범장지뱀  ▲ 누룩뱀

[파충류 알의 다양한 형태]

### 탈피와 나이테

파충류는 몸이 자람에 따라 허물을 벗는다. 몸통이 커져도 몸을 감싸고 있는 피부가 그대로 있기 때문이다. 뱀은 몸을 움직여 거친 곳에 문지르거나 부지런히 기어다니면서 허물을 한 번에 쭉 벗고, 도마뱀은 허물이 조각으로 나뉘어 떨어진다.

거북류나 악어류에서는 각질층이 연속적으로 형성되어 계절이 변할 때 또는 주기적으로 떨어진다. 거북은 등딱지의 판에 각질층의 나이테가 형성되는 경우가 많다. 그러나 나이를 먹으면 낡은 각질층이 닳아 떨어져 나이를 알기 힘들어지기 때문에 나이 조사가 가능한 경우에도 늙은 개체에게는 적용하기가 쉽지 않다. 또한, 바다거북처럼 낡은 각질층이 빨리 떨어지는 경우가 많아 나이테가 거의 만들어지지 않는 종류도 있다.

### 난생과 태생

수정란이 몸 밖의 환경에서 외부 온도에 의해 발생하여 새끼가 깨어 나오는 것을 '난생'이라 하고, 어미의 몸속에서 발생하여 몸 밖에 새끼로 나오는 것을 '태생'이라고 한다. 동물이 난생에서 태생으로 진화한 것은 틀림없지만, 태생으로의 과정에는 여러 단계가 있다. 어류나 양서류에도 태생을 하는 종류가 있다. 태생화의 원인으로 잘 알려진 것이 추운 기후 환경에의 적응이다. 추운 기후에서는 외부 환경에 노출된 알의 부화가 성공할 가능성이 매우 낮기 때문이다. 그리고 태생은 어미의 몸속에서 새끼를 성장시키고 보호하므로 새끼에게 매우 유리하다. 그러나 임신한 어미에게는 큰 부담이 된다.

우리나라에 분포하는 도마뱀류 가운데 도마뱀, 장지뱀 등은 난생이나 '북도마뱀'은 태생이다.

# |먹이와 천적

파충류는 대부분 고기를 먹는 육식 동물이지만, 풀과 고기를 먹는 잡식 동물도 있다.

거북은 물고기나 벌레, 지렁이, 개구리, 물풀 등의 다양한 먹이를 먹는 잡식성이다. 먹이를 구할 때에는 몸을 숨기고 있다가 먹이가 가까이 다가오면 잡아먹으며, 직접 먹이를 쫓아가 잡기도 한다.

도마뱀은 뱀과 같이 입을 크게 벌릴 수 없으므로 곤충과 애벌레, 지렁이, 거미류 등 작은 먹이를 잡아먹는다. 뱀은 쥐, 새나 새알 등 소형 포유류와 조류를 주로 먹으며, 개구리, 물고기, 도마뱀 등도 먹는다. 먹이를 잡을 때에는 몸으로 먹이를 휘감아서 질식시키거나 독을 주입해서 잡는다. 아래턱이 좌우로 분리되어 입을 크게 벌릴 수 있어서 자기 몸통보다 훨씬 큰 먹이를 삼킬 수 있다.

파충류의 천적은 부엉이, 올빼미, 매, 독수리 같은 맹금류와 너구리, 오소리, 멧돼지 등의 포유 동물이다.

▲ 개구리를 휘감아 잡아먹는 뱀

▲ 나방을 잡기 위해 다가가고 있는 도마뱀부치

# |몸 지키기

동물들은 자기 몸을 지키기 위해 여러 가지 방법을 동원한다. 유난히 천적이 많고 동족끼리도 서로 먹고 먹히는 파충류는 천적을 피하기 위하여 몸을 지키는 다양한 방법을 사용하고 있다.

**보호색** 대부분의 파충류는 자신이 살고 있는 자연환경과 비슷한 몸 색깔을 띠어 눈에 잘 띄지 않는다. 자연환경과 비슷하게 보호색을 띠고 숨어 있으면 천적을 교묘하게 따돌릴 수 있고, 또 먹이를 사냥하기 위해 숨어 있기에도 좋다.

**딱딱한 몸의 구조** 거북류는 등딱지와 배딱지가 있어 위험에 처하면 단단한 딱지 안으로 몸을 숨겨 천적으로부터 자신을 보호한다.

**꼬리 자르기** 도마뱀과와 장지뱀과에 해당되는 종들은 꼬리가 쉽게 떨어지는 구조를 가지고 있다. 포식자가 꼬리 부분을 잡을 경우 꼬리가 쉽게 떨어지며 떨어진 꼬리는 꿈틀꿈틀 움직인다. 그래서 포식자가 꼬리에 집중하는 동안 멀리 도망갈 수 있다. 꼬리가 잘린 부분에는 다시 꼬리가 자라지만 처음보다 길이가 짧고 딱딱하게 자란다.

▲ 꼬리가 잘린 부분에 다시 꼬리가 자란 모습

**독으로 공격하기**  뱀류 중에는 강한 독을 지니고 있는 종류가 있다. 우리나라에서는 살모사 무리와 유혈목이가 해당된다. 우리나라의 독사는 신경 조직을 파괴하거나 발작 및 마비시키는 신경독, 근육을 파괴하고 심각하게 괴사시키는 근육독, 혈액을 응고시키는 전혈액응고독, 항혈액응고독, 출혈을 일으키는 출혈독, 신장의 기본 단위인 네프론을 파괴시키는 신장독, 세포를 괴사시키는 괴사독 등을 지니고 있다.

## |겨울나기

뱀·도마뱀·거북 등의 변온 동물은 바깥 기온이 내려가면 자신의 체온도 내려가서 활동을 못하게 된다. 이들은 땅 위에 있으면 얼어 죽게 되므로 땅속이나 나무뿌리 밑 또는 물속 등 온도의 저하나 변동이 적은 장소로 이동하여 겨울잠을 자면서 겨울을 난다. 겨울잠을 자는 동안에는 호흡도 하지 않고 먹지도 않는다. 건드려도 전혀 움직이지 않는다.

동물에 따라서 겨울잠을 자는 모양이 다르다. 뱀이나 도마뱀은 나무 밑동이나 돌 틈, 낙엽 더미 깊숙이 들어가서 겨울잠을 잔다. 뱀은 여러 마리가 한데 뒤엉켜서 잠을 잔다. 거북은 물의 흐름이 느리고 후미진 곳을 찾아 물 밑의 진흙 바닥에 몸을 파묻고 잔다. 바다거북은 겨울잠을 자지 않는다.

## |사는 곳

거북은 민물에 사는 것, 육지에 사는 것, 바다에 사는 것 등으로 나뉘는데, 그중에서 바다에 사는 것이 가장 많다. 대부분 물속에서 살고, 땅 위로 올라오면 빨리 움직이지 못한다.

도마뱀은 사막에서 고산 지대까지 땅 위의 다양한 환경에서 산다. 우리나라에서는 길가 풀숲이나 밭둑, 산골짜기 등에서 주로 볼 수 있다.

뱀은 집 주변의 숲이나 논밭, 산꼭대기에 살며, 강변에서도 볼 수 있다. 대부분 땅 위를 기어다니지만 나무에도 잘 올라간다.

▲ 거북은 대부분 물속에서 생활한다.

▲ 도마뱀은 땅 위의 다양한 환경에서 산다.

[파충류의 생활 환경]

▲ 뱀은 주로 야산을 기어다닌다.

# 거북목

거북은 전신이 갑옷과 같은 비늘로 둘러싸인 외골격을 지니고 있다. 등딱지, 배딱지로 구분되며, 특히 등딱지는 바깥쪽부터 각질갑판, 골갑판, 골격의 3층 구조로 되어 있어 견고하다. 각질갑판에는 나무와 같이 나이테가 만들어지는 경우가 많아 수를 세어 나이를 알 수 있으나, 노령 개체에서는 갑판이 벗겨져 떨어지거나 마모되어 판별이 쉽지 않다. 갑판은 천적으로부터의 방어뿐만 아니라 체온 유지에도 중요한 역할을 한다.

가장 오래된 거북류의 화석은 2억 2000만 년 전(중생대 트라이아스기 후기)의 지층에서 발견되었다. 화석에 의하면 당시의 거북은 이미 훌륭한 갑판을 가지고 있었으며, 이빨이 있는 것 이외에는 현재의 거북류와 겉모습에서 거의 차이가 없다. 현생 거북류는 이빨이 없다.

거북의 구체적인 기원은 아직 명확하지 않다. 형태학적으로 거북류는 현생 파충류 가운데 가장 원시적인 계통으로 알려져 왔다. 그러나 최근 분자 계통학적 분석에 의해 거북류는 악어류나 조류와 같은 계통에 매우 가까운 사실이 밝혀져 주목을 끌고 있다.

거북류는 전 세계에 327종이 알려져 있고, 우리나라에는 민물에 사는 '남생이', '붉은귀거북(외래 유입종)', '자라', '중국자라'의 4종과 바다에서 사는 '바다거북', '붉은바다거북', '올리브바다거북', '장수거북'의 4종 등 총 8종이 있다. 또, 최근 애완 거북 수입이 활발하게 이루어지면서 '강쿠터', '반도쿠터' 등 많은 외래 거북들이 관찰되기도 한다.

# 바다거북 [바다거북과]

- **학 명** *Chelonia mydas*
- **영 명** Green turtle

📏 **크기** 등딱지 길이 82~107cm, 몸무게 70~230kg

❋ **형태** 머리가 비교적 작다. 다 자라면 배는 누런색을 띠고, 등은 검거나 짙은 청록색, 다갈색 등 다양하다. 보통 암컷이 수컷보다 조금 더 크다. 수컷은 암컷에 비해 꼬리가 두껍고 길다.

🔍 **생태** 먼바다에서도 관찰되지만, 주로 연안 지역을 좋아하여 작은 무인도의 모래사장에서 일광욕을 하는 일도 있다. 일광욕은 주로 식물성 먹이를 먹기 때문에 뼈의 성장에 필요한 비타민을 자외선에서 보충하거나 체온을 높이기 위한 것으로 짐작된다. 한 해 걸러 또는 몇 년에 한 번꼴로 알을 낳는데, 4월 하순~8월 하순 밤에 땅 위로 올라와 한 번에 평균 110개 정도 낳으며, 드물게 12월까지 알을 낳기도 한다.

🍴 **먹이** 해조류, 연체동물, 갑각류, 해파리

⛰ **사는 곳** 바다

🌐 **분포** 태평양·인도양·대서양 및 지중해, 우리나라 서해~동해

| | 1 | 2 | 3 | 4 | 5 | 6 | 7 | 8 | 9 | 10 | 11 | 12 |
|---|---|---|---|---|---|---|---|---|---|---|---|---|
| 번식기 | | | | | | | | | | | | |

💬 **이야기마당**

땅 위 모래사장에서 번식하는데, 최근 기후 온난화의 영향으로 해수면이 높아지면서 적도 가까이에 있는 번식 장소가 사라지고 있습니다. 국제적 상거래 금지 보호야생동식물 조약인 워싱턴조약(CITES)의 부속서 I에 등재되어 있고, 세계자연보전연맹(IUCN)에 의해 국제적 멸종위기종으로 지정, 보호되고 있습니다.

▲ 유영하는 모습

▲ 바다거북

# 붉은바다거북 [바다거북과]

- **학 명** *Caretta caretta*
- **영 명** Longerhead turtle

✎ **크기** 등딱지 길이 69~103cm, 몸무게 70~180kg

❀ **형태** 머리가 크고, 아래턱이 발달해 있다. 다 자라면 등딱지
는 붉은 갈색, 배딱지는 옅은 누런색이나, 어린 거북은 전신
이 검은 갈색이다. 네다리는 노처럼 길쭉하고, 꼬리가 있다.

🔍 **생태** 연안 해역을 좋아하며, 태평양을 횡단하여 멕시코까
지 회유하는 것으로 알려져 있다. '장수거북' 다음으로 낮
은 수온을 잘 견디는 능력이 있어 수심 300m까지 잠수하
며, 바닷속에서 겨울을 나기도 한다. 4~5월에 짝짓기를 하
고, 5~8월 밤에 땅 위로 올라와 한 번에 평균 120개의 알을
낳는다. 또는 몇 년에 한 번 알을 낳는다. 사육할 경우 6~7
년이면 다 자라지만, 야생에서는 30년 이상 걸리는 것으로
보고 있다.

🐾 **먹이** 연체동물, 갑각류, 해파리, 해조류

⛰ **사는 곳** 바다

🌐 **분포** 태평양·인도양·대서양 및 지중해, 우리나라 서해~동해

| | 1 | 2 | 3 | 4 | 5 | 6 | 7 | 8 | 9 | 10 | 11 | 12 |
|---|---|---|---|---|---|---|---|---|---|---|---|---|
| 번식기 | | | | | | | | | | | | |

### 이야기마당

우리나라에서는 최근 제주도에서 알을 낳기 위해 육지로 올라오는
사례가 있었으나, 개발에 의해 알을 낳는 장소가 훼손되어 더 이상
이루어지지 않고 있습니다. 국제적 상거래 금지 보호야생동식물 조
약인 워싱턴조약(CITES)의 부속서 I에 등재되어 있으며, 세계자연보
전연맹(IUCN)에 의해 국제적 준멸종위기종으로 지정, 보호되고 있
습니다.

붉은바다거북

# 올리브바다거북 [바다거북과]

- **학 명** *Lepidochelys olivacea*
- **영 명** Olive ridley turtle

🖊 **크기** 등딱지 길이 65~70cm, 몸무게 33~50kg

✱ **형태** 바다거북류 중 가장 작은 종이다. 등딱지는 올리브색을 띠고 옆은 노랗다. 배는 희다. 머리는 큰 편이다.

🔍 **생태** 연안 지역에서 많이 볼 수 있으며, 먼바다에서 헤엄치는 일은 매우 드물다. 수심 약 150m까지 잠수한다. 봄부터 여름에 걸쳐 인도나 멕시코 등 열대 지역 연안에서 대낮에 집단으로 알을 낳는데, 말레이시아, 뉴기니 등에서는 밤에 알을 낳기도 한다. 거의 육식성으로 소라게, 게 등의 갑각류를 즐겨 먹는다.

🍪 **먹이** 연체동물, 갑각류, 해파리, 어류, 해조류

🏔 **사는 곳** 바다

🌐 **분포** 태평양·인도양·대서양의 열대 해역, 우리나라 동해 (서해, 남해에도 분포 가능)

| | 1 | 2 | 3 | 4 | 5 | 6 | 7 | 8 | 9 | 10 | 11 | 12 |
|---|---|---|---|---|---|---|---|---|---|---|---|---|
| 번식기 | | | | | | | | | | | | |

### 이야기마당

2007년 처음으로 우리나라 바다에 살고 있는 것이 확인되었습니다. 국제적 상거래 금지 보호야생동식물 조약인 워싱턴조약(CITES)의 부속서 I에 등재되어 있고, 세계자연보전연맹(IUCN)에 의해 국제적 멸종위기종으로 지정, 보호되고 있습니다.

▲ 올리브바다거북

# 장수거북 [장수거북과]

- **학 명** *Dermochelys coriacea*
- **영 명** Leatherback turtle

✎ **크기**  암컷 등딱지 길이 120~190cm, 몸무게 300~700kg. 수컷 등딱지 길이 256cm, 몸무게 최대 916kg

❀ **형태**  거북 종류 중에서 가장 큰 종이다. 등딱지는 검고, 개체에 따라 흰 반점이 있다. 배에는 흑백의 점무늬가 있다. 다른 바다거북류와 다르게 딱딱한 등딱지가 없으며, 대신 가죽과 같은 피부로 덮여 있다.

🔍 **생태**  알래스카와 같은 매우 낮은 온도의 해양 지역까지 헤엄쳐 다닌다. 다른 바다거북류와 달리 먼바다에서 발견되며, 시속 35km 정도로 빠르게 헤엄친다. 봄부터 가을까지 열대 해역 연안에 집단으로 모여 5~6회 알을 낳는데, 한 번에 60~120개를 낳는다. 몸집이 크기 때문에 보온성이 높고, 조류나 포유류와 같이 근육 수축에 의한 열을 발생하는 능력이 뛰어나 북극의 빙산 주위를 헤엄쳐 다니기도 한다. 먹이를 찾거나 휴식을 위해 수심 1000m 이상 잠수하기도 한다. 성질이 사납고, 해파리를 주로 먹는다.

🍪 **먹이**  연체동물, 갑각류, 해파리, 해조류

⛰ **사는 곳**  바다

🌐 **분포**  태평양·인도양·대서양의 열대~아열대 해역, 우리나라 남해~동해

|  | 1 | 2 | 3 | 4 | 5 | 6 | 7 | 8 | 9 | 10 | 11 | 12 |
|---|---|---|---|---|---|---|---|---|---|---|---|---|
| 번식기 |  |  |  |  |  |  |  |  |  |  |  |  |

**이야기마당**

국내에서 드물게 볼 수 있습니다. 국제적 상거래 금지 보호야생동식물 조약인 워싱턴조약(CITES)의 부속서 I에 등재되어 있고, 세계자연보전연맹(IUCN)에 의해 국제적 준멸종위기종으로 지정, 보호되고 있습니다.

▲ 장수거북

▲ 장수거북 박제

▲ 장수거북 박제(얼굴)

# 자라 [자라과]

- **학 명** *Pelodiscus maackii*
- **영 명** Nothern Chinese soft-shelled turtle

✎ **크기** 등딱지 길이 20~25cm, 최대 35cm. 수컷이 암컷보다 조금 큼.

✿ **형태** 등딱지는 올리브색에서 회색 등 다양하며, 부드러운 살가죽으로 덮여 있다. 배는 노란색이다. 다른 거북류와 달리 입술이 있으며, 목을 길게 뺄 수도 있고 등딱지 속에 넣어 감출 수도 있다. 수컷의 꼬리는 암컷에 비해 두껍고 긴 반면, 다리 굵기는 가는 편이다.

🔍 **생태** 단독으로 생활하며, 주로 낮에 활동한다. 11월에서 이듬해 3월까지 모래 속에서 겨울잠을 자며, 4월부터 활동을 시작한다. 봄부터 초여름에 걸쳐 짝짓기를 하며, 2개월 정도 지나 모래나 하천 주변의 부드러운 땅속에 한 번에 5~40개의 알을 낳는다. 알은 약 50일 정도 지나면 깨어 난다. 사육할 경우 15년 이상 산다는 보고가 있다.

🍒 **먹이** 담수패류, 갑각류, 곤충, 어류 및 양서류

⛰ **사는 곳** 강, 하천, 못, 늪, 저수지 등

🌐 **분포** 중국, 몽골, 러시아 연해주, 일본, 우리나라 섬 지역을 제외한 전국

| | 1 | 2 | 3 | 4 | 5 | 6 | 7 | 8 | 9 | 10 | 11 | 12 |
|---|---|---|---|---|---|---|---|---|---|---|---|---|
| 번식기 | | | | | | | | | | | | |
| 겨울잠 | | | | | | | | | | | | |

💬 **이야기마당**

'중국자라 *Pelodiscus sinensis*'를 '자라'와 혼동하면서 '중국자라' 어린 새끼가 대량으로 수입되었습니다.

▲ 물가로 기어가고 있는 자라(암컷)

## 산란

1 알을 낳고 있는 자라[사진/김현]
2 쌀겨 더미 속의 자라 알[사진/김현]

▲ 자라(암컷)[사진/김현]

# 중국자라 [자라과]

- 학 명 *Pelodiscus sinensis*
- 영 명 Chinese soft-shelled turtle

| | 1 | 2 | 3 | 4 | 5 | 6 | 7 | 8 | 9 | 10 | 11 | 12 |
|---|---|---|---|---|---|---|---|---|---|---|---|---|
| 번식기 | | | | | | | | | | | | |
| 겨울잠 | | | | | | | | | | | | |

📏 **크기** 등딱지 길이 20~25cm, 최대 35cm

🐾 **형태** 등딱지는 올리브색에서 푸른빛을 띤 회색 등 다양하며, 부드러운 살가죽으로 덮여 있다. 배는 흰색이다. 다른 거북류와 달리 입술이 있으며, 목을 길게 뺄 수 있고 등딱지 속에 넣어 감출 수도 있다. 수컷의 꼬리는 암컷에 비해 두껍고 긴 반면, 다리 굵기는 가는 편이다.

🔍 **생태** 단독으로 생활하며, 주로 낮에 활동한다. 11월에서 이듬해 3월까지 모래 속에서 겨울잠을 자며 4월부터 활동을 시작한다.

🍖 **먹이** 육식성. 담수패류, 갑각류, 곤충, 어류 및 양서류

⛰ **사는 곳** 강, 하천, 못, 늪, 저수지 등

🌐 **분포** 우리나라 섬 지역을 제외한 전국

💬 **이야기마당**

푸른색을 띠고 있어 '청자라'라고도 부릅니다. 얼마 전까지 '자라 *Pelodiscus maackii*'와 '중국자라 *Pelodiscus sinensis*'를 하나의 종으로 기록하고 있어 어린 '중국자라'를 '자라'로 잘못 알고 동남아시아나 중국 남부 지역에서 수입하여 전국 하천에 풀어 주는 행사를 하였습니다. 이로 인해 많은 수의 '중국자라'가 전국에 퍼져 있는 상황입니다.

▲ 어린 중국자라

▲ 목을 움추린 모습

▲ 성체의 아랫면

▲ 어린 개체의 아랫면

▲ 중국자라

# 남생이 [남생이과]

- **학 명** *Mauremys reevesii*
- **영 명** Reeves' turtle

📏 **크기** 등딱지 길이 수컷 최대 20cm, 암컷 최대 30cm 이상

🐾 **형태** 몸에 비해 머리가 크다. 머리에서 목까지 황록색 줄무늬가 있지만, 수컷의 경우 나이가 들면서 검은색으로 변한다. 암컷은 나이가 들면 머리가 커진다. 등딱지는 진한 밤색이고 가장자리에 노란 띠가 있다. 머리의 옆면에서 목 부분까지 가장자리가 검은색인 노란색 띠무늬가 불규칙하게 나 있다. 종종 머리에 무늬가 약하거나 검은색을 띤 흑화 현상이 나타난 개체도 있다. 등에는 3개의 융기선이 있다.

🔍 **생태** 단독으로 생활하며, 주로 낮에 활동한다. 다리에 냄새를 내는 분비선이 있어 공격을 받으면 악취를 풍긴다. 다만 사육 상태에서는 냄새를 내지 않는다. 헤엄이 다소 서툴고, 물 흐름이 약한 하천 하류, 늪이나 저수지 등에서 생활한다. 식성은 잡식성으로 담수패류와 갑각류, 물풀을 즐겨 먹는다. 11월에서 이듬해 3월까지 겨울잠을 자며, 가을에 짝짓기를 하고, 이듬해 늦봄부터 여름에 걸쳐 땅 위에 구덩이를 파고 1~3회, 한 번에 4~11개의 알을 낳는다. 7월 말부터 10월에 걸쳐 알에서 깨어 나고, 수명은 사육할 경우 35년을 산다는 기록이 있다.

🍴 **먹이** 민물고기, 담수패류, 민물게, 새우 등 갑각류, 다슬기, 달팽이, 지렁이, 곤충, 물풀 및 과일, 물고기나 다른 동물

⛰️ **사는 곳** 강, 하천, 못 등

🌐 **분포** 일본, 중국, 타이완, 우리나라 전국

|  | 1 | 2 | 3 | 4 | 5 | 6 | 7 | 8 | 9 | 10 | 11 | 12 |
|---|---|---|---|---|---|---|---|---|---|---|---|---|
| 번식기 |  |  |  |  |  |  |  |  |  |  |  |  |
| 겨울잠 |  |  |  |  |  |  |  |  |  |  |  |  |

💬 **이야기마당**

습지와 땅이 인접한 곳의 풀이나 부드러운 흙 속으로 들어가 몸을 숨기고, 휴식을 취하는 습성이 있어 습지 가장자리를 손으로 더듬어 남생이를 찾을 수 있습니다. 날씨가 맑은 날에는 돌이나 땅 위에 올라와 일광욕을 하기도 합니다. 최근 일본의 '남생이'는 분자유전학적 연구 결과 한반도에서 약 200여 년 전에 도입된 종이라는 새로운 학설이 주장되고 있습니다. [천연기념물 제453호, 멸종위기야생생물 Ⅱ급]

▲ 새끼 남생이

▲ 얼굴 무늬가 특징적인 남생이

앞모습 ▶

# 붉은귀거북 [남생이과]

- **학 명** *Trachemys scripta*
- **영 명** Pond slider

✏️ **크기** 등딱지 길이 수컷 최대 15cm, 암컷 최대 20cm

✿ **형태** 등딱지는 경사가 완만하고 진한 초록색을 띠며 누런색, 황록색의 복잡한 무늬가 있다. 배는 선명한 누런색이며, 점무늬가 흩어져 있다. 머리는 크고 옆쪽에 붉은 선이 있으며, 네다리에는 녹색, 황색, 황록색의 복잡한 무늬가 있다. 나이가 들면서 등딱지의 색깔이 검은색으로 변하는 경우가 흔하다.

🔍 **생태** 하천 중·하류, 호수, 저수지 등 물에서 주로 생활하며, 바닷물이 섞여 있는 못에서도 산다. 겨울철에는 물속에 잠수하여 겨울잠을 잔다. 어린 시기에는 동물성 먹이를 주로 먹지만, 성장하면서 식물성 먹이를 많이 찾는 잡식성이 되어 무엇이나 잘 먹는다. 주로 봄과 가을에 짝짓기를 하고, 늦은 봄부터 여름에 걸쳐 알을 낳는데, 사육의 경우 한 번에 25개의 알을 낳은 사례가 있으며, '남생이' 보다 많은 수의 알을 낳는다.

🍴 **먹이** 민물고기, 새우와 같은 갑각류, 다슬기, 달팽이, 지렁이, 양서류, 곤충, 물풀

⛰️ **사는 곳** 강, 하천, 못 등

🌐 **분포** 북아메리카 원산, 우리나라 전국

|  | 1 | 2 | 3 | 4 | 5 | 6 | 7 | 8 | 9 | 10 | 11 | 12 |
|---|---|---|---|---|---|---|---|---|---|---|---|---|
| 번식기 |  |  |  |  |  |  |  |  |  |  |  |  |
| 겨울잠 |  |  |  |  |  |  |  |  |  |  |  |  |

### 이야기마당

원산지는 미시시피 강이지만 방생용으로 수입되어 '청거북' 이라는 이름으로 흔히 불린답니다. 종교 행사에 이용되면서 대규모 방생으로 전국의 하천 및 저수지에서 흔히 볼 수 있습니다. '남생이' 나 '자라' 의 알을 먹거나 다른 동식물을 잡아먹는 등 우리나라 하천 생태계에 해를 끼치고 있습니다. '노란배거북', '컴버랜드' 와 같은 아종이 있습니다.

▲ 몸을 말리고 있는 붉은귀거북

▲ 붉은귀거북의 아종(노란배거북)

▲ 땅 위의 붉은귀거북

# 뱀 목 (유린목)

어류와 같이 비늘 모양의 피부를 지닌 파충류로, 도마뱀아목과 뱀아목으로 구분된다. 도마뱀아목의 원시 화석은 중생대 트라이아스기 후기(약 2억 1000만 년 전) 지층에서 발견되었지만, 현재와 같은 모습의 조상 화석이 출현한 것은 쥐라기 후기(약 1억 5000만 년 전)이다. 현생 도마뱀아목은 갈라파고스 군도의 '바다이구아나'와 같이 해양에 적응하여 해초를 먹는 등 식물성에서 동물성까지 다양한 먹이를 먹으며, 사막에서 고산 지대까지 다양한 환경에 적응하여 생존하고 있다. 가장 큰 도마뱀류는 인도네시아 코모도 섬의 '코모도대왕도마뱀'으로, 큰 것은 전체 길이가 3m를 넘는다. 도마뱀류는 4족 보행을 하지만, 뱀과 같이 다리가 퇴화하여 없는 무리도 있다.

뱀아목에는 길이 20cm부터 9m에 이르는 다양한 몸집의 뱀이 존재하며, 다리가 퇴화하여 없는 것이 특징이다. 뱀은 뼈가 가늘어 화석으로 보존되기 어려운 문제가 있으며, 현재 가장 오래된 화석으로는 백악기 전기(약 1억 1000만 년 전)의 지층에서 발굴되었다. 현재의 뱀과 다른 점은 많은 화석에서 뒷다리가 아직 퇴화하지 않은 상태이며, 얼굴 형태도 오늘날의 '왕도마뱀'과 비슷하다고 한다. 화석의 발굴 지층이 해성층이라는 점에서 뱀은 바닷속에서 분화와 진화를 거듭한 것으로 추정되고 있다.

뱀류의 식성은 육식성으로, 대부분 소형 포유류와 조류를 주식으로 한다. 오늘날 뱀들이 번성하는 이유는 조류나 포유류와 같은 정온 동물에 대해 포식자로서의 생태적 지위를 획득한 결과라고 보고 있다.

전 세계적으로 뱀목은 대략 9778종 정도로, 파충류의 95% 정도를 차지하고 있는 거대 분류군이다. 우리나라 (남한)에는 도마뱀아목과 뱀아목에 모두 20종이 알려져 있으나, 북한에 살고 있는 것으로 알려진 '장수도마뱀', '세줄무늬뱀', '줄꼬리뱀', '북살모사'를 포함하면 총 24종이 살고 있다. 그중 '줄꼬리뱀'은 1907년 단 한 차례 기록이 있을 뿐, 그 이후 더 이상의 기록이 없는 것으로 보아 잘못된 기록일 가능성이 높다.

# 도마뱀부치 [도마뱀부치과]

- 학 명 *Gekko japonicus*
- 영 명 Schlegel's Japanese gecko

✏️ **전체 길이** 10~14cm

🌿 **형태** 몸은 편평하고, 머리는 달걀 모양이며, 주둥이는 길다. 발가락은 끝이 넓게 퍼져 있고, 제1발가락에는 발톱이 없다. 등은 옅은 회색 바탕에 어두운 갈색이나 짙은 회색 무늬가 나 있다. 배는 희거나 극히 옅은 갈색이다. 꼬리는 몸 길이와 거의 같거나 짧고 검은 가로띠가 있다.

🔍 **생태** 집, 지붕 등 사람들이 사는 환경에 적응하며 생활한다. 기온이 따뜻한 지역에서만 살며, 야행성이지만 간혹 습한 날에는 낮에도 나타난다. 곤충이나 거미, 특히 해진 후 집의 벽이나 담을 타고 다니며 불빛에 모여든 나방류와 바퀴벌레 등을 즐겨 먹는다. 6~8월에 벽이나 석축 등의 틈새에 대개 2개의 알을 낳고, 한여름부터 가을에 걸쳐 알에서 새끼가 깨어 난다. 발가락 끝이 넓으며 아랫면에 여러 겹의 빨판이 있어 벽이나 천장 또는 유리창을 잘 기어 다닌다.

🍪 **먹이** 나방과 같은 소형 절지동물

⛰️ **사는 곳** 인가 주변, 돌담 등

🌐 **분포** 중국, 일본, 우리나라 부산, 마산 등

| | 1 | 2 | 3 | 4 | 5 | 6 | 7 | 8 | 9 | 10 | 11 | 12 |
|---|---|---|---|---|---|---|---|---|---|---|---|---|
| 번식기 | | | | | | | | | | | | |
| 겨울잠 | | | | | | | | | | | | |

💬 **이야기마당**

학자들 간에는 일본이나 중국으로부터 수입한 목재와 함께 들어왔을 가능성이 크다고 이야기되지만, 1885년에 처음 기록된 점으로 미루어 보아 남부 지역을 중심으로 서식했을 가능성도 있습니다. 현재 1종으로 분류되지만 최근 새로운 미기록 종이 발견되었다는 보고도 있습니다. 몸의 피부 전체가 방수층과 같은 기름막으로 덮여 있어 마치 물 위에 떠 있는 것처럼 자유롭게 헤엄칠 수 있습니다.

▲ 도마뱀부치

▲ 도마뱀부치 얼굴

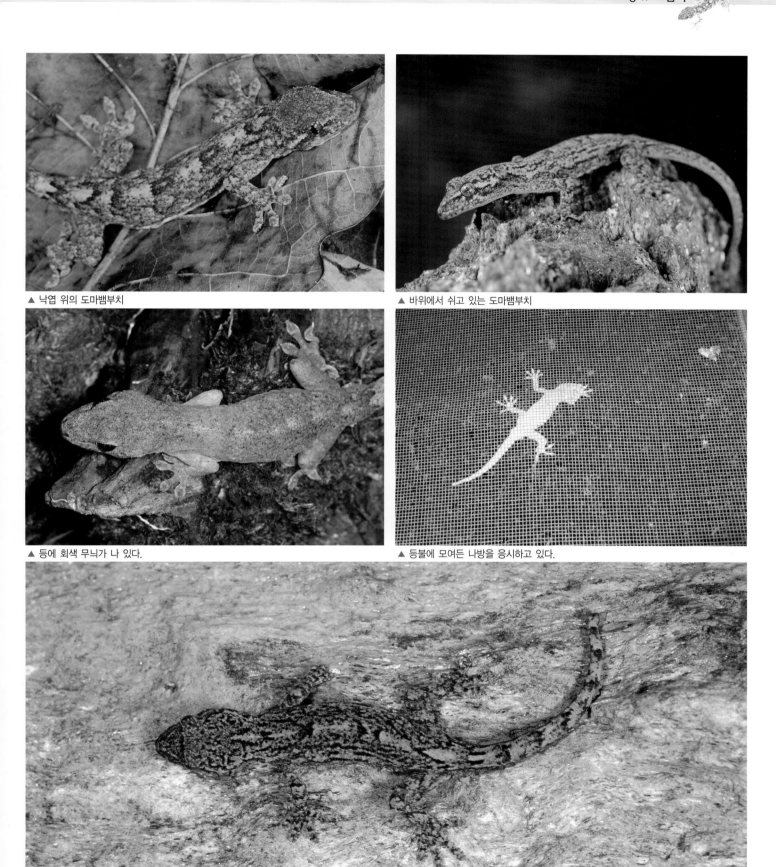

▲ 낙엽 위의 도마뱀부치

▲ 바위에서 쉬고 있는 도마뱀부치

▲ 등에 회색 무늬가 나 있다.

▲ 등불에 모여든 나방을 응시하고 있다.

▲ 피부가 기름막으로 덮여 있어 자유롭게 헤엄칠 수 있다.

# 도마뱀 [도마뱀과]

- **학 명** *Scincella vandenburghi*
- **영 명** Smooth skink

📏 **전체 길이** 9~13cm

🌿 **형태** 몸통은 가늘고 길다. 등은 어두운 갈색이며, 몸통 옆으로 불명확한 검은 갈색 줄이 나 있다. 팔, 다리의 등은 검은 갈색으로 몸통 색과 비슷하다. 몸의 비늘 수는 66~70개이다.

🔍 **생태** 축축한 돌 밑이나 낙엽 속에서 자주 보이며, 특히 내륙보다는 섬 지방에 집단으로 서식하는 경우가 많다. 초여름에 1~9개의 알을 낳으며, 겨울에는 주로 돌이 쌓여 있는 돌무덤 아래 흙 속에 구멍을 파고 들어가 겨울잠을 잔다. 그 밖에 생태에 대해 알려진 정보가 매우 부족하다.

🍴 **먹이** 곤충, 지렁이 등

🏔 **사는 곳** 산, 풀밭, 묵정밭, 산골짜기 시냇물 주변

🌐 **분포** 일본 쓰시마 섬, 우리나라 제주도를 포함한 전국 내륙 및 섬 지역

|  | 1 | 2 | 3 | 4 | 5 | 6 | 7 | 8 | 9 | 10 | 11 | 12 |
|---|---|---|---|---|---|---|---|---|---|---|---|---|
| 번식기 |  |  |  |  |  |  |  |  |  |  |  |  |
| 겨울잠 |  |  |  |  |  |  |  |  |  |  |  |  |

### 이야기마당

도마뱀은 꼬리를 자르고 도망가지만 꼬리가 다시 나는 특징을 가지고 있습니다. 주변에서 흔히 보는 도마뱀은 대부분 '줄장지뱀' 이나 '아무르장지뱀' 입니다. 도마뱀은 낙엽이 많고 축축한 곳에 사는 '장지뱀' 보다 좀 더 깊은 산에 살고 있어 만나기 어렵답니다. 북한에서는 남한에서 '장지뱀' 이라고 부르는 종들도 '도마뱀' 이라고 부릅니다. 즉, '줄장지뱀' 을 '흰줄도마뱀', '아무르장지뱀' 을 '긴꼬리도마뱀', '표범장지뱀' 을 '표문도마뱀' 으로 부릅니다.

▲ 몸이 가늘고 꼬리가 긴 도마뱀

**1** 도마뱀 얼굴
**2** 머리 아랫부분
**3** 배의 무늬
[사진/이윤수]

▲ 낙엽 위의 도마뱀

▲ 축축한 땅에서 지렁이를 찾고 있다.

▲ 낙엽 색깔과 비슷하게 보호색을 띤 모습

# 북도마뱀 [도마뱀과]

- 학 명 *Scincella huanrenensis*
- 영 명 Northern smooth skink

📏 **전체 길이**  9~14cm

🌿 **형태**  몸빛은 어두운 갈색으로, 햇빛에 반사되면 청동빛을 띤다. 몸 옆면 위의 진한 갈색 선과 등의 경계가 뚜렷하다. '도마뱀'에 비해 등에 6개의 세로줄이 선명하게 드러나 있다.

🔍 **생태**  '도마뱀'과 닮았지만 '도마뱀'과 달리 새끼를 낳는다. 7월경 배가 부른 암컷을 관찰할 수 있으며, 8월 초에서 중순경 5마리 정도의 새끼를 낳는다. 산골짜기 시냇물 주변의 풀이 있는 곳과 묵정밭에서 관찰되나, 생태에 대한 조사가 이루어지지 않아 생물학적 정보가 매우 부족하다.

🍓 **먹이**  곤충, 지렁이와 거미 등

⛰ **사는 곳**  산간의 밭, 돌무덤, 산골짜기 시냇물 주변 풀이 있는 곳

🌐 **분포**  중국 동북부 요령성, 우리나라 강원도 동북부

| | 1 | 2 | 3 | 4 | 5 | 6 | 7 | 8 | 9 | 10 | 11 | 12 |
|---|---|---|---|---|---|---|---|---|---|---|---|---|
| 번식기 | | | | | | | ■ | ■ | | | | |
| 겨울잠 | ■ | ■ | ■ | ■ | | | | | | | ■ | ■ |

💬 **이야기마당**

1982년에 새로운 종으로 발표되었고, 국내에서는 2001년에 미기록종으로 학계에 처음 보고되었습니다. 분포 지역이 한정되어 있어 강원도 지역에서만 발견되고 있습니다.

▲ 임신 중의 북도마뱀(암컷)

▲ 어린 북도마뱀(성체와 달리 등과 배 사이가 검은색이 짙다.)[사진/이윤수]

▲ 북도마뱀

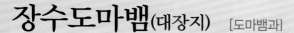

# 장수도마뱀(대장지) [도마뱀과]

- 학 명 *Plestiodon coreensis*
- 영 명 Korean skink

✎ **전체 길이** 19~26cm

🌿 **형태** 우리나라 도마뱀 종류 가운데 가장 큰 종이다. 머리와 몸통이 두껍고 원통형이다. 머리는 삼각형에 가깝고, 주둥이는 약간 뾰족하다. 전체적인 몸빛은 밤색이다. 발가락의 수는 앞뒤 모두 5개이다.

🔍 **생태** 낮에 다니며, 산기슭에 작은 굴을 파서 생활한다. 대개 돌 밑에 숨어 지낸다. 3월 말부터 시작하여 약 20일 동안 짝짓기가 이루어지며, 짝짓기를 한 암수는 당분간 함께 생활한다. 암컷은 7월부터 알을 낳기 시작하여 8월까지 낳는데, 3~4년생의 경우 4~9개, 5년생 이상은 8~12개의 알을 낳는다. 알에서 깨어 난 새끼들은 새끼 귀뚜라미와 같은 작은 곤충을 잡아먹으며 성장한다. 바위틈에서 한 쌍 또는 몇 마리가 서로 떨어져 겨울잠을 잔다.

🍴 **먹이** 곤충, 거미, 지네, 달팽이 등의 무척추동물과 다른 도마뱀류

⛰ **사는 곳** 풀밭, 밭 등의 개활지와 산기슭

🌐 **분포** 북한 평안북도 신의주~정주, 신미도 등 섬 지역

|  | 1 | 2 | 3 | 4 | 5 | 6 | 7 | 8 | 9 | 10 | 11 | 12 |
|---|---|---|---|---|---|---|---|---|---|---|---|---|
| 번식기 | | | | | | | | | | | | |
| 겨울잠 | | | | | | | | | | | | |

💬 **이야기마당**

우리나라에서만 서식하는 것으로 알려져 왔으나, 중국 동북부에도 서식하는 것으로 추정되고 있습니다. 그러나 현재까지 북한 서해 북부 연안 지역에서만 발견되는 매우 희귀한 도마뱀입니다. 북한에서는 '대장지'라고 하며, 천연기념물 73호로 지정, 보호하고 있습니다.

▲ 장수도마뱀 표본(북한 평안북도에서 채집)

# 아무르장지뱀 [장지뱀과]

- **학 명** *Takydromus amurensis*
- **영 명** Long-tailed lizard

| | 1 | 2 | 3 | 4 | 5 | 6 | 7 | 8 | 9 | 10 | 11 | 12 |
|---|---|---|---|---|---|---|---|---|---|---|---|---|
| 번식기 | | | | | | ■ | | | | | | |
| 겨울잠 | ■ | ■ | ■ | | | | | | | | ■ | ■ |

### 📏 전체 길이 22~26cm

**🦎 형태** 등은 갈색에 불규칙한 점무늬가 흩어져 있고, 몸통 옆은 진한 밤색이나 검은 띠가 있다. 배는 흰색 또는 옅은 누런색이다. 등의 살갗이 거칠거칠하고, 몸보다 꼬리가 길다. 턱판은 4쌍이며, 서혜인공은 3~4쌍이다.

**🔍 생태** 단독으로 생활하며, 낮에 활동한다. 위험에 처하면 스스로 꼬리를 자르고, 잘라진 꼬리가 잠깐 동안 움직이면서 시간을 버는 동안 위험 상황을 벗어나는 습성이 있다. 평소에는 낙엽 밑, 풀숲, 덤불 안에서 활동하지만, 봄과 가을에는 일광욕을 하기 위해 돌 위에도 모습을 드러낸다. 도마뱀과 달리 암컷은 알을 보호하지 않는다. 6~7월경에 2~6개의 알을 낳는다.

**🍴 먹이** 곤충, 지렁이, 거미류 등

**⛰ 사는 곳** 산지 산림, 숲 등 비교적 숲이 발달한 산지

**🌐 분포** 러시아 연해주, 중국 동북 지방, 일본 쓰시마 섬, 우리나라 전국

## 🗨 이야기마당

중국 아무르 지방에서 처음으로 잡아 신종으로 발표하였습니다. 과거에 '관악장지뱀 *Takydromus Kwangakuensis*'과 '북한산장지뱀 *Takydromus auroralis*'으로 기록되었던 종은 모두 '아무르장지뱀'의 동종이명입니다. 또한, 일본에 서식하는 이 종의 아종인 '올디장지뱀 *Takydromus tachydromoides oldi*'으로 잘못 기록된 적도 있습니다.

▲ 앞모습

▲ 아무르장지뱀

1 아무르장지뱀 알
2 알을 깨고 나오는 새끼
3 알에서 몸이 거의 다 나온 모습
4 새끼 아무르장지뱀
[사진/이윤수]

▲ 몸통 옆으로 검은 띠가 있다.

▲ 성체의 서혜인공[사진/이윤수]

▲ 아무르장지뱀 성체(뒤에서 본 모습)
　[사진/이윤수]

▲ 새끼 아무르장지뱀(위에서 본 모습)[사진/이윤수]

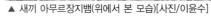

# 줄장지뱀 [장지뱀과]

- **학 명** *Takydromus wolteri*
- **영 명** Wolter lizard

✏️ **전체 길이**  16~24cm

✳️ **형태**  몸에 비해 꼬리가 훨씬 길다. '아무르장지뱀'과 많이 닮았으며, 몸빛은 누런빛이 도는 갈색에서 진한 갈색까지 다양하다. 몸 옆으로 흰색 줄이 길게 나 있다. 배는 갈색을 띤 흰색 또는 녹색을 띤 흰색이다. 서혜인공은 1쌍이다.

🔍 **생태**  주로 평지의 하천, 논밭 풀숲에서 생활하며 일광욕을 하기 위해 강가의 돌 위에 모습을 잘 드러낸다. 4월에 겨울잠에서 깨어나, 5월경에 짝짓기를 하고 6~7월에 걸쳐 덤불 속이나 흙바닥 또는 돌무덤 속에 4~5개의 알을 낳는다. 지역에 따라 다소 차이는 있으나 대개 10월 이후 겨울잠에 들어간다. 주로 귀뚜라미 등의 곤충과 거미를 먹는다.

🍎 **먹이**  곤충, 지렁이 등

⛰️ **사는 곳**  낮은 산의 하천, 강가의 풀숲, 마을 주변의 밭, 학교 주변 담벼락

🌐 **분포**  중국, 러시아 연해주 등, 우리나라 제주도를 포함한 전국

| | 1 | 2 | 3 | 4 | 5 | 6 | 7 | 8 | 9 | 10 | 11 | 12 |
|---|---|---|---|---|---|---|---|---|---|---|---|---|
| 번식기 | | | | | | | | | | | | |
| 겨울잠 | | | | | | | | | | | | |

💬 **이야기마당**

장지뱀 무리는 서혜인공 수를 보고 종을 구분한답니다. 서혜인공 수는 '줄장지뱀'은 1쌍, '아무르장지뱀'은 3~4쌍, '표범장지뱀'은 11쌍입니다.

▲ 몸에 줄이 없으면 아무르장지뱀으로 착각할 수 있다.

▲ 보호색을 띤 줄장지뱀[사진/이윤수]

▲ 줄장지뱀(제주도. 녹색이 강하다.)

▲ 몸 윗부분과 머리

# 표범장지뱀 [장지뱀과]

- **학 명** *Eremias argus*
- **영 명** Tiger lizard

📏 **전체 길이** 12~16cm

❋ **형태** 몸빛은 옅은 누런빛을 띤 갈색이며, 몸 전체에 표범무늬 같은 흰색 점무늬가 있다. 등은 작은 알갱이로 된 비늘로 덮여 있다. 가끔 몸빛이 검은 개체들도 관찰된다. 서혜인공은 보통 11쌍이다. 다른 장지뱀에 비해 다리가 몸 옆으로 나 있어, 미끈한 평면 위에서는 다리를 움직여도 앞으로 나아가지 못하나 모래땅에서는 재빠르게 달릴 수 있는 구조이다.

🔍 **생태** 바닷가의 사구, 강가의 모래밭에 산다. 우리나라에서는 강원도 영월, 경기도 지역의 한강, 경상도 낙동강 주변의 내륙에 주로 산다. 몸빛이 모래 색깔과 비슷하여 눈에 잘 띄지 않는다. 주로 5월부터 관찰되기 시작하며, 6~8월에 모래에 구멍을 파고 땅속으로 들어가 4~6개의 알을 낳는다.

🐞 **먹이** 육상 곤충 및 애벌레

🗻 **사는 곳** 바닷가 주변 사구, 강가 주변 모래밭

🌐 **분포** 중국 동북부, 몽골, 러시아 연해주, 우리나라 서·남해 섬 지역을 포함한 전국

| | 1 | 2 | 3 | 4 | 5 | 6 | 7 | 8 | 9 | 10 | 11 | 12 |
|---|---|---|---|---|---|---|---|---|---|---|---|---|
| 번식기 | | | | | | ■ | ■ | ■ | | | | |
| 겨울잠 | ■ | ■ | ■ | ■ | | | | | | | ■ | ■ |

💬 **이야기마당**

바닷가 모래밭 등 특수한 환경에서만 살기 때문에 매우 보기 힘듭니다. 또한, 사막과 같은 모래 환경에 적응한 몸의 무늬가 있어 서식 환경에 잘 조화된 보호색을 띱니다. [멸종위기야생생물 II급]

▲ 땅과 조화를 이룬 표범장지뱀

◀ 독특한 머리 무늬

▲ 표범장지뱀(전형적인 표범무늬가 잘 나타난 성체)

# 구렁이 [뱀과]

- **학 명** *Elaphe schrenckii*
- **영 명** Siberian ratsnake

📏 **크기** 전체 길이 160~200cm, 평균적으로 수컷이 암컷에 비해 조금 큼.

🌿 **형태** 우리나라에 사는 뱀 가운데 가장 크다. 사는 곳에 따라 검은색에서 누런빛을 띤 갈색에 이르기까지 몸빛이 다양하며, 가로줄무늬가 나타나는 경우가 많다. 검은색을 띠는 북방형의 먹구렁이와 누런색을 띠는 남방형의 황구렁이로 분류하나, 색이 다양한 중간형도 있다. 서해안의 섬에는 전체적으로 검은빛을 띠는 개체가 서식한다. 등 중앙부의 비늘은 용골이 뚜렷하나 배 쪽으로 갈수록 희미해진다.

🔍 **생태** 집 근처 밭이나 밭두렁, 심지어 지붕에서도 생활한다. 성격이 온순하고, 주로 설치류를 먹으며, 나무를 매우 잘 타서 새들의 둥지를 습격하는 경우가 많다. 민가에 침입하여 달걀을 훔쳐 먹기도 한다. 가을철인 10월 말경부터 바위틈 속이나 땅 밑에 나 있는 굴에서 겨울잠을 잔다. 5~6월에 짝짓기를 하고, 7~8월에 6~21개의 알을 양지바른 곳의 돌 밑이나 볏짚 아래에 낳는다. 부화 기간은 45~60일이다. 수명은 자연 상태에서 20년 정도이다.

🐀 **먹이** 설치류와 같은 소형 포유류, 새알 및 어린 새

⛰ **사는 곳** 집 주변의 숲, 산림, 습지대 등

🌐 **분포** 중국 동북부, 러시아 연해주, 우리나라 제주도·울릉도를 제외한 전국

|  | 1 | 2 | 3 | 4 | 5 | 6 | 7 | 8 | 9 | 10 | 11 | 12 |
|---|---|---|---|---|---|---|---|---|---|---|---|---|
| 번식기 |  |  |  |  |  |  |  |  |  |  |  |  |
| 겨울잠 |  |  |  |  |  |  |  |  |  |  |  |  |

### 💬 이야기마당

민간에서는 '진대, 흑질백질, 흑지리, 백지리, 흑질황장'이라고도 부릅니다. 독이 없고 사람에게 해를 끼치지 않으며, 쥐를 주로 잡아먹으므로 사람에게 이로운 뱀입니다. 외국에서는 '황구렁이'를 *Elaphe anomala*, '먹구렁이'를 *Elaphe schrenchii* 로 서로 다른 종으로 기록하고 있지만, 우리나라에서는 하나의 종으로 보며 아종으로 구분합니다. [멸종위기야생생물 II급]

하품하는 모습 ▶

▲ 황구렁이

▲ 야산을 기어 다니고 있다.[사진/이상철]

▲ 황구렁이 혀

▲ 황구렁이 머리

# 먹구렁이

1️⃣ 바위 위에서 일광욕을 하고 있다.[사진/이상철]
2️⃣ 나무를 잘 탄다.
3️⃣ 먹구렁이 머리

# 누룩뱀 [뱀과]

- **학 명** *Elaphe dione*
- **영 명** Steppes ratsnake

✎ **전체 길이**  80~130cm

❀ **형태**  등은 황색이나 진한 갈색 바탕에 붉은 갈색 반점이 있으며, 검은 갈색의 띠가 나타나기도 한다. 배는 누런색이며, 불규칙한 검은 점무늬가 있다. 등의 바깥쪽 비늘 7~9줄은 매끈하지만, 나머지 비늘에는 용골이 있다.

🔍 **생태**  풀밭 등 습한 곳에서 쉽게 발견되는 흔한 뱀이다. 5~6월에 짝짓기를 하고, 50~60일이 지난 6~7월에 6~8개의 알을 낳는다. 알의 크기는 2.8~4.7mm, 무게는 5g으로, 30~42일 후에 새끼가 깨어 난다. 주로 나무뿌리나 무덤 밑 땅속에서 겨울을 난다.

🍃 **먹이**  소형 포유류, 도마뱀과 장지뱀류, 개구리, 도롱뇽, 다른 동물의 알 등

⛰ **사는 곳**  강변이나 밭, 산림이나 초원의 돌이 많은 곳 주변

🌐 **분포**  중국 동북 지방, 시베리아, 몽골, 우리나라 제주도를 포함한 전국

| | 1 | 2 | 3 | 4 | 5 | 6 | 7 | 8 | 9 | 10 | 11 | 12 |
|---|---|---|---|---|---|---|---|---|---|---|---|---|
| 번식기 | | | | | | | | | | | | |
| 겨울잠 | | | | | | | | | | | | |

### 🐍 이야기마당

'유혈목이'와 더불어 쉽게 볼 수 있으며, 술을 담글 때 쓰는 누룩과 색깔이 비슷하다 하여 '누룩뱀'이라고 합니다. 우리나라에서는 가끔 흰색 '누룩뱀'을 볼 수 있는데, 과거 백사는 죽어가는 사람도 살리는 명약으로 여겨져 많이 잡았지만, 과학적으로 근거가 없는 말입니다. 백사는 유전자 돌연변이의 일종으로 색소가 만들어지지 않아 온몸이 하얗고, 붉은 눈을 가진 것입니다. '누룩뱀' 뿐만 아니라 '능구렁이', '쇠살모사' 등 다른 종에서도 나타나는 현상입니다.

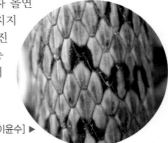

누룩뱀 비늘[사진/이윤수] ▶

▲ 누룩뱀 머리(윗면)[사진/김현]

▲ 누룩뱀 머리(옆면)

▲ 누룩뱀

개구리를 삼키는 모습

▲ 물 위를 헤엄치고 있다.[사진/김현]

▲ 장다리물떼새 알을 삼키는 모습

# 세줄무늬뱀 [뱀과]

- **학 명** *Elaphe davidi*
- **영 명** David's ratsnake

📏 **전체 길이** 90~120cm

🐾 **형태** 등은 황색이나 진한 갈색을 띠며, '누룩뱀' 과 많이 닮았으나, '누룩뱀' 보다 큰 붉은 갈색 반점이 있다. 배는 누런색이며, 눈 뒤로 진한 갈색 선이 있다.

🔍 **생태** 야외에서 조사된 자료가 없다. 북한의 평양 중앙 동물원에서 사육한 기록에 의하면 7월에 알을 3개 낳았다고 한다. 나무에 잘 오르고, 주로 오전 시간에 활동이 왕성하다. 11월에서 이듬해 3월까지 겨울잠을 자며, 12월 중순에 겨울잠에 들어가는 경우도 있다.

🐞 **먹이** 소형 포유류, 도마뱀과 장지뱀류, 개구리, 도롱뇽, 다른 생물의 알 등

⛰ **사는 곳** 구릉, 야산의 초지대와 산림

🌐 **분포** 중국 동북부, 북한

| | 1 | 2 | 3 | 4 | 5 | 6 | 7 | 8 | 9 | 10 | 11 | 12 |
|---|---|---|---|---|---|---|---|---|---|---|---|---|
| 번식기 | | | | | | | | | | | | |
| 겨울잠 | | | | | | | | | | | | |

💬 **이야기마당**

1961년 처음으로 북한에서 확인되었으며, 북한 학자에 의해 신종(*Elaphe coreana* Song, 1961)으로 발표되었습니다. 그 후 외국 학자가 '누룩뱀' 과 비슷하다고 하여 '누룩뱀' 의 아종으로 분류하기도 하였으나, 최근에 다시 독립된 종으로 분류되고 있습니다.

▲ 세줄무늬뱀

# 무자치 [뱀과]

- **학 명** *Oocatochus rufodorsatus*
- **영 명** Frog-eating snake

📏 **전체 길이** 60~120cm

🦎 **형태** 등은 일반적으로 옅은 갈색이지만 붉은 갈색, 누런 갈색, 검은색 등 다양하다. 중앙에 등황색의 세로줄이 있으며 개체에 따라 4줄이 나 있기도 하다. 몸 전체에 검은색의 납작한 점무늬가 몸을 따라 나 있고, 머리 정수리에 ∧자 모양의 검은 무늬가 있다. 배는 붉은 황색 또는 붉은 갈색으로, 간격을 두고 사각형의 검은색 점무늬가 나 있다.

🔍 **생태** 주로 숲 속 물가에서 생활하며, 특히 헤엄을 잘 친다. 물 위를 다니다가 먹이를 발견하면 몰래 다가가는 습성이 있어 물가에 번식하는 개개비 등의 새 종류에게 가장 무서운 천적이다. 번식기에 암수의 수적 차이가 심하여 암컷을 둘러싼 수컷 간의 경쟁이 매우 치열하다. 무자치는 대부분의 뱀들이 알을 낳는 것과 달리 주로 8~9월에 7~12마리의 새끼를 낳는다. 10월 이후 기온이 10℃ 이하로 떨어지면 겨울잠을 잔다.

🍃 **먹이** 개구리를 주로 먹으며, 물고기, 새, 설치류 등

⛰️ **사는 곳** 야산의 하천, 논밭 등 습한 곳

🌐 **분포** 러시아 극동 지대, 중국 동부, 타이완, 우리나라 제주도를 제외한 전국

|  | 1 | 2 | 3 | 4 | 5 | 6 | 7 | 8 | 9 | 10 | 11 | 12 |
|---|---|---|---|---|---|---|---|---|---|---|---|---|
| 번식기 |  |  |  |  |  |  |  | ■ | ■ |  |  |  |
| 겨울잠 | ■ | ■ | ■ | ■ |  |  |  |  |  | ■ | ■ | ■ |

### 이야기마당

민간에서는 '무자수, 물뱀, 수사, 무재수, 무재치' 라고도 합니다. 저수지에서 물 위를 헤엄쳐 다니는 광경을 자주 볼 수 있습니다. 특히 논밭에서 흔히 관찰되는 뱀이었으나, 최근 농약 과다 사용 등의 환경 오염과 농지 구획 등의 환경 훼손으로 그 수가 줄어들었습니다.

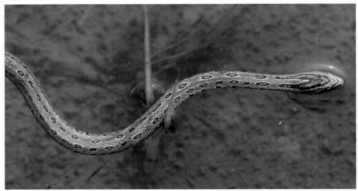

▲ 논물에서 헤엄치고 있다.

▲ 무자치 머리

▲ 무자치[사진/이상철]

## 무자치의 다양한 활동

**1** 참개구리를 잡은 무자치
**2** 물가를 따라 이동 중이다.
**3** 앞을 응시하고 있다.

# 줄꼬리뱀 [뱀과]

- **학 명** *Oocatochus taeniurus*
- **영 명** Beauty snake

| | 1 | 2 | 3 | 4 | 5 | 6 | 7 | 8 | 9 | 10 | 11 | 12 |
|---|---|---|---|---|---|---|---|---|---|---|---|---|
| 번식기 | | | | | | | | | | | | |
| 겨울잠 | | | | | | | | | | | | |

### 이야기마당

1907년 일본인에 의해 북한의 시장에서 판매되는 개체가 단 한 번 기록된 뱀으로, 한반도에는 서식하지 않을 가능성이 높습니다.

- 📏 **전체 길이**  130~250cm

- ❀ **형태**  몸의 앞부분은 올리브색을 띤 갈색이고, 4줄의 커다란 검은색 얼룩무늬와 2줄의 긴 노란색 세로무늬가 있다. 머리는 몸통과 같은 갈색이며, 눈 뒤쪽으로 검은색 줄무늬가 있다.

- 🔍 **생태**  숲이 우거진 곳이나 논밭 근처에 살면서 쥐나 새 등을 잡아먹고, 한 번에 5~25개의 알을 낳는다.

- 🐾 **먹이**  쥐와 같은 소형 포유류, 조류

- ⛰ **사는 곳**  숲, 논밭 근처

- 🌐 **분포**  말레이시아, 인도차이나, 타이완, 일본, 동남아시아, 북한(기록에 의함.)

▲ 줄꼬리뱀(국립생태원)

# 유혈목이 [뱀과]

- 학 명 *Rhabdophis tigrinus*
- 영 명 Tiger Keelback

민물고기, 쥐, 새 등

🏔 **사는 곳**  산지 풀밭, 논밭, 숲 등

🌐 **분포**  중국, 시베리아, 우리나라 제주도를 포함한 전국, 일본에는 다른 아종이 서식

📏 **전체 길이**  70~150cm

🌱 **형태**  몸은 녹색을 띠고 몸 전체에 검은색 띠무늬가 있으며, 목에서 몸통 앞쪽에 붉은색 또는 올리브색 띠무늬가 있다. 등 비늘에는 용골 돌기가 있어 손으로 만지면 까칠까칠하다. 어린 뱀은 목 부위에 누런색 고리 무늬가 있다. 지역에 따라 몸빛이 다양하다.

🔍 **생태**  평지에서 산지에 걸쳐 살며, 주로 낮에 활동한다. 우리나라에서 가장 흔히 목격되는 뱀으로, 특히 여름에 물 위를 헤엄치는 광경을 자주 볼 수 있다. 11월부터 겨울잠을 자고 4월 말쯤 겨울잠에서 깨어나 짝짓기를 한다. 이듬해 6~7월에 8~32개쯤의 알을 낳고, 35~40일 후 알에서 새끼가 깨어 난다. 수명은 야생에서는 약 6년, 사육할 경우 최대 8년이다.

🐾 **먹이**  두꺼비를 포함한 개구리를 주로 먹으며, 두꺼비 올챙이,

|  | 1 | 2 | 3 | 4 | 5 | 6 | 7 | 8 | 9 | 10 | 11 | 12 |
|---|---|---|---|---|---|---|---|---|---|---|---|---|
| 번식기 |  |  |  |  |  |  |  |  |  |  |  |  |
| 겨울잠 |  |  |  |  |  |  |  |  |  |  |  |  |

💬 **이야기마당**

주변에서 가장 흔하게 볼 수 있는 이 뱀을 시골 어른들은 '늘메기, 너불메기, 너불대, 율메기'라고 부르는데, 혀를 낼름거리는 모습을 묘사한 이름입니다. '유혈목이'는 늘메기 또는 율메기라는 이름을 한 자로 억지로 짜 맞추어 만든 것인 듯한데, 그 이름을 한자 그대로 해석하여 목에 피 같은 붉은색이 있는 뱀에서 유래되었다고 설명하는 잘못을 범하기도 한답니다.

▲ 유혈목이 머리 [사진/이윤수]

▲ 유혈목이

▲ 유혈목이 배의 비늘[사진/이윤수]

▲ 혀를 내민 모습

▲ 하품하는 모습[사진/김현]

▲ 풀밭을 기어가고 있다.[사진/이윤수]

▲ 먹었던 두꺼비를 다시 토하고 있다.[사진/김현]

틈 새 정 보

## '유혈목이'의 독

'유혈목이'는 무독성의 뱀으로 알려져 왔으나, 위턱 안쪽의 어금니 위치에 뒤베르누아선(Duvernoy's gland)과 연결된 2개의 독니가 있어 먹이를 움직이지 못하게 만든다. 뒤베르누아선의 분비물에는 통증과 붓는 증상을 일으키는 물질이 들어 있으며, 그 독성 강도에 대해서는 연구가 더 필요하나, 일본에서 '유혈목이'에 물려 사망한 사례가 있으므로 주의해야 한다. 또한, '능구렁이'도 뒤베르누아선을 가지고 있는 것이 중국 학자들에 의해 밝혀졌다.

이 밖에도 '유혈목이'는 목 뒤에 목덜미샘(Nuchal gland)이라는 특이한 분비샘을 가지고 있다. 목덜미샘의 분비물에는 먹이로 먹은 두꺼비의 독성분인 부포톡신이 들어 있는데, 위험에 처했을 때 '유혈목이'는 이 분비물을 밖으로 내보내 방어용으로 사용한다. 부포톡신은 사람이 죽을 정도의 독성은 아니며, 먹을 경우 설사를 일으킬 수 있는 정도라고 한다.

**목덜미샘** 평소에 먹이로 먹은 두꺼비의 독을 이 분비샘에 저장해 두었다가, 위험에 처하면 피부를 찢고 독을 내보낸다.

**뒤베르누아선** 어금니와 연결된 분비선으로, 통증과 붓는 증상을 일으키며, 독성 강도에 대해서는 좀 더 연구가 필요하다.

# 실뱀 [뱀과]

- **학 명** *Hierophis spinalis*
- **영 명** Slender racer

📏 **전체 길이** 80~90cm

❋ **형태** 다른 뱀에 비해 몸이 매우 가늘며, 몸에 거무스름하고 검은 점무늬가 나 있다. 등은 녹색을 띤 연한 갈색 또는 잿빛 갈색으로, 머리부터 꼬리 끝까지 누런빛을 띤 흰색 줄이 중앙의 척추를 따라 뚜렷하게 나 있다. 배는 노란색을 띠며, 몸 옆면에 노란색을 띤 흰색 줄무늬가 희미하게 나 있다. 비늘은 용골 돌기가 없어 미끈하다. 눈은 크고 동공은 둥글며, 홍채는 주황색을 띤다.

🔍 **생태** 움직임이 매우 빨라 사람들의 눈에 잘 띄지 않는다. 나무를 잘 타서 나무와 나무 사이를 날듯이 빠르게 건너다닌다. 3월 하순에 겨울잠에서 깨어나 활동하기 시작하며, 5~6월에 짝짓기를 하고, 7~8월에 타원형의 알을 6~10개 정도 낳는다.

🦎 **먹이** 도마뱀, 장지뱀, 쥐, 개구리 및 곤충류

🏔 **사는 곳** 야산 풀밭, 계곡, 숲 내의 돌무덤, 산 능선, 하천가

🌐 **분포** 중국 북부, 몽골 중남부, 러시아, 카자흐스탄 동부, 우리나라 제주도를 포함한 전국

|  | 1 | 2 | 3 | 4 | 5 | 6 | 7 | 8 | 9 | 10 | 11 | 12 |
|---|---|---|---|---|---|---|---|---|---|---|---|---|
| 번식기 |  |  |  |  | ■ | ■ | ■ | ■ |  |  |  |  |
| 겨울잠 | ■ | ■ | ■ |  |  |  |  |  |  |  | ■ | ■ |

💬 **이야기마당**

우리나라 뱀 중 행동이 가장 빠릅니다. 나무 사이를 날아다니듯 자유롭게 건너다니는 습성이 있어 '비사(飛蛇)' 라고 부르기도 합니다.

▲ 앞을 응시하고 있다.

▲ 실뱀[사진/이상철]

# 능구렁이 [뱀과]

- **학 명** *Dinodon rufozonatum*
- **영 명** Red banded snake

**크기** 전체 길이 60~120cm

**형태** 몸빛은 붉은 갈색이며, 몸통에 너비가 좁은 검은 띠무늬가 있다. 띠무늬는 보통 55~70개가량이지만, 지역과 개체에 따라 변이가 있다. 몸통 비늘은 용골 돌기가 없어 매끈하고, 머리에도 검은 점이 있다. 눈은 타원형으로 빛에 민감하게 반응하며, 야간 생활에 적합하다.

**생태** 숲이나 논에서 생활한다. 다른 뱀보다 힘이 세며 성질이 거칠고 사납지만 독이 없다. 위험을 느끼면 '쇄~애' 소리를 내며 덤빈다. 개구리, 두꺼비, 쥐 및 다른 뱀 등을 잡아먹는데, 먹이를 잡으면 몸으로 감아 질식시킨다. 때로는 '살모사'와 같은 독사도 먹는다. 추위를 잘 타서 4월에 겨울잠에서 깨어나 활동하다가 10월에 겨울잠을 잔다. 6~7월에 10개 정도의 알을 낳는다. 40일 후 알에서 깨어 나온 어린 뱀의 몸길이는 약 20cm이다. 수명은 알려지지 않았다.

**먹이** 주로 개구리, 두꺼비를 먹으며, 소형 포유류, 작은 뱀, 작은 물고기, 작은 새 등

**사는 곳** 야산 낮은 지대, 논밭 주변, 숲

**분포** 중국, 타이완, 일본 쓰시마 섬 등, 우리나라 제주도를 제외한 전국

| | 1 | 2 | 3 | 4 | 5 | 6 | 7 | 8 | 9 | 10 | 11 | 12 |
|---|---|---|---|---|---|---|---|---|---|---|---|---|
| 번식기 | | | | | ■ | ■ | ■ | | | | | |
| 겨울잠 | ■ | ■ | ■ | ■ | | | | | | ■ | ■ | ■ |

## 이야기마당

두꺼비를 잡아먹는 뱀이라 하여 '섬사(蟾蛇)'라고도 합니다. 유난히 추위를 타기 때문에 산간 지역에서 밤에 체온을 높이기 위해 따뜻한 아스팔트 도로 위에 머물다가 차량에 치여 죽는 경우가 많습니다.

▲ 몸에 검은 띠무늬가 있다.[사진/이상철]

▲ 능구렁이 혀

▲ 능구렁이

▲ 산개구리를 머리부터 먹고 있다.

# 대륙유혈목이 [뱀과]

- **학 명** *Amphiesma vibakari*
- **영 명** Japanese keelback

🔖 **크기** 전체 길이 40cm 안팎

🌿 **형태** 우리나라에서 몸의 크기가 가장 작은 뱀이다. 등은 연한 갈색~어두운 갈색이며 가끔 검은색을 띠기도 한다. 배는 연한 크림색이고, 몸 양측으로 검은 갈색 반점이 있다. 머리는 검은색이며, 목 뒤쪽으로 흰색 또는 누런색 선이 있다. 등 비늘에는 용골 돌기가 미세하게 나 있다. 혀는 다른 뱀과 달리 검은색, 노란색, 붉은색을 띠는 등 알록달록하다.

🔍 **생태** 단독으로 생활하며, 햇볕에 몸이 건조해지는 것을 피하여 이른 아침이나 저녁 무렵에 활동한다. 물가 주변의 습한 곳을 좋아하며 물속에도 잘 들어간다. 행동 반경이 좁고 사는 곳을 잘 옮기지 않는다. 5~6월에 짝짓기를 하고, 7월에 4~10개의 알을 낳는다. 34~37일 후에 알에서 깨어 난 어린 뱀의 전체 길이는 약 15cm이다. 수명은 5~6년이다.

🍴 **먹이** 청개구리와 같은 소형 개구리, 지렁이와 같은 토양 무척추동물, 곤충

🏔 **사는 곳** 야산 기슭의 돌무덤, 숲, 풀숲, 하천변

🌏 **분포** 중국 동북부, 러시아 연해주, 사할린, 일본, 우리나라 제주도를 포함한 전국

|      | 1 | 2 | 3 | 4 | 5 | 6 | 7 | 8 | 9 | 10 | 11 | 12 |
|------|---|---|---|---|---|---|---|---|---|----|----|----|
| 번식기 |   |   |   |   |   |   |   |   |   |    |    |    |
| 겨울잠 |   |   |   |   |   |   |   |   |   |    |    |    |

💬 **이야기마당**

내륙에 사는 개체들은 성질이 온순하여 사람을 물지 않지만, 서식 밀도가 높고 열악한 환경의 섬에 사는 개체들은 훨씬 공격적으로 물기도 합니다. 물린 자리는 살모사류와 마찬가지로 송곳니 2개의 자국이 있지만 독은 없습니다.

▲ 새끼 대륙유혈목이[사진/이상철]

▲ 대륙유혈목이

주변을 살피는
다양한 모습

머리 · 혀

1 머리
2 머리 아랫면
3 혀[사진/김현]

▲ 땅 위를 기어가고 있다.[사진/이윤수]

# 비바리뱀 [뱀과]

- **학 명** *Sibynophis chinensis*
- **영 명** Chinese many-tooth snake

📏 **전체 길이** 50~61cm

🌿 **형태** 등은 광택이 나는 옅은 갈색, 배는 연한 누런빛을 띤 흰색이며 몸에 무늬가 없다. 머리는 검은색이고, 머리 뒤쪽으로 검은 선이 척추를 따라 뻗어 있는데, 끝으로 갈수록 가늘어지며 퍼져 있다. 머리와 몸통의 경계에는 수직으로 가로지르는 노란색 선이 있다. 입술 근처에는 잿빛을 띤 흰색 점무늬가 있다.

🔍 **생태** 1982년 한라산 성판악 사라오름 부근에서 처음 발견되었으며, 5~10월 사이에 제주도의 초지대와 산림 지역에서 관찰된다. 건조한 곳을 좋아하여 거칠고 메마른 바위 지대나 산등성이, 돌담 위에서 관찰되며 행동이 매우 민첩하다. 제한된 서식지에서 적은 수의 개체만이 서식하고, 제주도 지역에서만 관찰되는 등 학술 및 보호 가치가 매우 높은 종이다.

🍓 **먹이** 장지뱀, 도마뱀 등

🏔 **사는 곳** 풀밭, 숲속의 개활지 등

🌐 **분포** 중국 남부와 베트남, 타이 등 동남아시아의 아열대 지역, 우리나라 제주도

| | 1 | 2 | 3 | 4 | 5 | 6 | 7 | 8 | 9 | 10 | 11 | 12 |
|---|---|---|---|---|---|---|---|---|---|---|---|---|
| 겨울잠 | | | | | | | | | | | | |

💬 **이야기마당**

1982년 제주도에서 처음 발견된 후 동정을 잘못하여 다른 종으로 보고되었다가, 2004년 제주대학교 연구팀에 의해 현재의 종으로 정정 보고되었습니다. [멸종위기야생생물 Ⅰ급]

▲ 나뭇가지에 매달려 먹이를 찾고 있다.

▲ 비바리뱀[사진/오홍식]

# 살모사 [실모사과]

- **학 명** *Gloydius brevicaudus*
- **영 명** Kurzschwanz-mamushi

📏 **전체 길이** 50~80cm

✳️ **형태** 몸통은 짧고 굵으며, 머리는 세모꼴이고, 눈 뒤로 흰 줄이 뚜렷하다. 몸은 붉은 갈색~검은색을 띠고, 몸통 좌우로 약 30개의 둥근 무늬가 있으며, 무늬 중심부는 엷은 색이다. 혀는 검고, 꼬리 끝은 보통 누런색을 띤다. 배는 흰색 바탕에 검은색 얼룩무늬가 있다. 위턱에는 긴 독니가 있고, 뒷부분에 출혈독을 분비하는 독샘이 있다. 눈과 콧구멍 사이에 피트 기관(Pit organ)이 있어 밤에 적외선을 감지하여 먹이를 탐지하는 데 사용된다.

🔍 **생태** 주로 밤에 활동하지만, 겨울잠을 자기 전후와 여름에는 일광욕을 하기 위해 나오므로 낮에도 관찰된다. 8~9월에 짝짓기를 하고, 이듬해 8~10월에 5~6마리의 새끼를 낳는다. 수명은 약 10년으로 알려져 있다. 치명적인 출혈독(Cytolysin)을 가지고 있으며, 입 앞쪽으로 나 있는 한 쌍의 길고 뾰족한 독니를 이용하여 먹잇감을 물어 독을 주입한 후, 먹이가 움직임이 없어지면 머리부터 서서히 삼킨다.

🍪 **먹이** 소형 포유류, 개구리, 장지뱀류 등

⛰️ **사는 곳** 높은 산보다는 산과 연결된 밭이나 산 입구의 가시덤불, 잡초가 무성한 바위 근처, 중간 정도의 산지에 주로 서식하지만, 비교적 낮은 산이나 낮은 지대에서도 흔히 관찰된다.

🌐 **분포** 일본, 중국 북동부, 러시아 등, 우리나라 제주도를 제외한 전국

|  | 1 | 2 | 3 | 4 | 5 | 6 | 7 | 8 | 9 | 10 | 11 | 12 |
|---|---|---|---|---|---|---|---|---|---|---|---|---|
| 번식기 |  |  |  |  |  |  |  |  |  |  |  |  |
| 겨울잠 |  |  |  |  |  |  |  |  |  |  |  |  |

### 💬이야기마당

최근 외국 학자들에 의해 속명이 *Agkistrodon*에서 *Gloydius*로 변경되었습니다. 살모사(殺母蛇)라는 이름은 '어미를 죽이는 뱀'이란 뜻의 한자어입니다. 그러나 사실은 새끼를 낳고 축 늘어져 있는 어미 살모사와 그 옆에 있는 새끼 살모사의 모습을 보고, 새끼들이 어미를 잡아먹으려 하는 것으로 오해하여 붙여진 이름이랍니다.

▲ 살모사 머리

▲ 살모사

▲ 옆모습

▲ 위에서 본 모습(머리가 정삼각형이다.)[사진/김익희]

# 쇠살모사 [살모사과]

- **학 명** *Gloydius ussuriensis*
- **영 명** Ussuri mamushi

📏 **전체 길이** 45~70cm

🌸 **형태** 우리나라 '살모사' 무리 가운데 가장 작은 종이다. 등은 붉은색에서 검은색에 가까운 갈색까지 다양하다. 머리는 길쭉한 세모꼴이며, 눈 뒤로 흰줄이 있다. 몸통 양옆에는 엽전 모양의 둥근 무늬가 있고 가운뎃점이 있기도 하며, 위에서 보면 지그재그 무늬가 나타난다. 좌우 엽전 모양의 무늬가 합쳐져 띠무늬를 나타내는 개체도 있다. '살모사'와 비슷해서 구별에 어려움이 있으나 꼬리 끝이 검고 혀가 분홍색을 띠며, 엽전 무늬가 '살모사'보다 커서 구별된다.

🔍 **생태** 낮은 지대의 계곡 주변 평지나 잡목림, 바위가 있는 곳에서 생활하며, 특히 햇볕이 잘 드는 계곡의 바위 지대에서 쉽게 볼 수 있다. 9~10월 '산개구리'가 겨울잠을 자기 위해 모여드는 계곡 주변에 특히 많다. 번식기에는 비가 오는 밤에도 웅덩이에 모인 개구리나 도마뱀류 등을 잡기 위해 나타난다. 가을에 짝짓기를 하고, 다음 해에 보관해 두었던 정자를 수정시킨 후 60일 간의 임신 기간을 거쳐 7월 초~8월 초에 6~7마리의 새끼를 낳는다. 알을 수정시키는 것은 암컷의 영양 상태에 따라 스스로 선택할 수 있는데, 영양 상태가 좋지 않거나 주변 상황이 열악하면 한 해를 더 넘긴 후 수정시키기도 한다. 사육의 경우에는 10년 이상 산 기록이 있으며, 8개월 동안 물을 포함하여 아무것도 먹지 않고 버틴 사례도 있으나, 자연 상태에서의 수명은 5~6년 정도이다.

🍴 **먹이** 주로 개구리(특히 산개구리류)를 먹으며, 소형 포유류, 장지뱀 등

⛰️ **사는 곳** 산지 묵정밭, 개활지, 숲, 풀밭, 계곡 주변

🌐 **분포** 중국 동북부, 러시아 연해주, 우리나라 전국

| | 1 | 2 | 3 | 4 | 5 | 6 | 7 | 8 | 9 | 10 | 11 | 12 |
|---|---|---|---|---|---|---|---|---|---|---|---|---|
| 번식기 | | | | | | | | | | | | |
| 겨울잠 | | | | | | | | | | | | |

💬 **이야기마당**

'독사, 부독사, 불독사, 부예기'라고도 부릅니다. 우리나라에서 가장 흔한 독사로, 성질이 사납고 출혈독이 있으므로 물리지 않도록 조심해야 합니다. 체내에 들어온 '쇠살모사'의 독은 근육을 비롯한 몸의 조직을 분해하며, 퉁퉁 붓게 하고, 신장 기능에 이상을 일으켜 신부전증으로 사망하게 합니다.

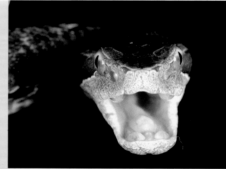
▲ 입을 벌린 모습

◀ 쇠살모사

# 다양한 몸빛의 쇠살모사

1 붉은색(오대산)
2 검은 갈색
3 검은색(지리산)
4 갈색[사진/김현]

# 머리 · 혀

1 머리(눈 뒤로 흰 줄이 있다.)
   [사진/김현]
2 머리 아랫면
3 혀

▲ 위에서 본 모습

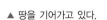

▲ 땅을 기어가고 있다.

# 까치살모사 [살모사과]

- **학 명** *Gloydius saxatilis*
- **영 명** Rock mamushi

📏 **전체 길이** 80~100cm

🐾 **형태** 우리나라 살모사과 가운데 가장 큰 종이다. 전체적으로 몸통이 굵고, 꼬리가 짧다. 눈 뒤에서 목까지 가는 흰 선이 없으며, 넓은 회색 띠가 있다. 머리 위에는 V자 모양의 무늬가 있으며 7개의 점이 있는 경우도 있다. 등에는 황갈색 바탕에 42~60개의 암갈색 가로무늬가 연속적으로 나타나 있다. 배에는 검은 바탕에 흰 대리석 무늬가 있다. 혀는 검은색이다.

🔍 **생태** 주로 높은 지대 산림 주변의 계곡이나 산이 험하고 산림이 울창한 곳에서 산다. 야행성으로, 소형 설치류와 개구리 등을 잡아먹는다. 정오 무렵 계곡의 바위가 따뜻해지면 바위 위에서 또아리를 틀고 일광욕을 즐기기도 하는데, 계곡을 따라 등산하는 등산객들이 가끔 밟거나 '까치살모사' 주변에서 휴식을 취하다가 물리는 경우가 있다. 4~5월과 9~10월에 활동이 가장 왕성하며, 10월 하순에 겨울잠을 잔다. 짝짓기를 할 때 산 정상부의 바위에 집단으로 모여드는 경향이 있으며, 한 번에 3~8마리의 새끼를 낳는다. 우리나라 살모사류 중 개체 수가 가장 적고, 숲 생태계에서 설치류의 수를 적정 수준으로 조절하는 중요한 역할을 한다.

🍖 **먹이** 쥐, 다람쥐 같은 소형 포유류, 개구리, 도마뱀 등

⛰️ **사는 곳** 높은 산 바위가 많은 숲속 및 능선

🌐 **분포** 러시아 극동 지대, 중국 동북부, 우리나라 제주도를 제외한 전국

| | 1 | 2 | 3 | 4 | 5 | 6 | 7 | 8 | 9 | 10 | 11 | 12 |
|---|---|---|---|---|---|---|---|---|---|---|---|---|
| 번식기 | | | | | | | | | | | | |
| 겨울잠 | | | | | | | | | | | | |

### 🄢 이야기마당

'까치살모사'의 독은 출혈독과 신경독이 섞여 있으며, '살모사'의 독과는 달리 무색 투명하고 점성이 약합니다. 신경독이 체내에 들어오면 신경 세포를 마비시켜 시각과 청각이 마비되기도 하고, 중추 신경계를 마비시켜 호흡과 심장 박동을 어렵게 하기도 합니다. 따라서 '살모사'나 '쇠살모사'에 물리면 몸이 퉁퉁 붓는 증상이 나타나지만, '까치살모사'에 물렸을 경우에는 몸이 붓기보다는 호흡 곤란 증상이 나타납니다.

▲ 새끼를 가진 암컷 ▶

▲ 까치살모사[사진/이상철]

▲ 까치살모사(러시아 연해주)

▲ 나뭇가지에 매달린 모습

# 북살모사 [살모사과]

- 학 명 *Vipera berus*
- 영 명 Adder

▲ 북살모사(백두산)

📏 **전체 길이** 66~90cm

🌿 **형태** 목에서 꼬리까지 등 중앙부에 연속적으로 굵은 무늬가 있고, 몸통은 굵고 두껍다. 몸빛은 회색 또는 붉은 갈색이며, 등 위에는 척추를 따라 굵은 검은색 무늬가 지그재그로 나 있다.

🔍 **생태** 쥐가 파 놓은 굴, 바위틈 등에서 겨울잠을 잔다. 8~12마리의 새끼를 낳으며, 수명은 최대 12년이다. 독성이 매우 강하다.

🍴 **먹이** 소형 포유류 및 양서류, 도마뱀류

⛰ **사는 곳** 숲, 높은 산의 능선 지대

🌐 **분포** 러시아 극동 지역과 사할린, 북한 북부

**이야기마당**

20세기 후반에 북한 북부 지역에서도 사는 것으로 알려졌습니다.

---

틈 새 정 보

## 독사에 물렸을 때의 조치

- **빨리 병원에 간다.**

  최대한 빨리 병원에 가서 해독제 주사를 맞는 것이 최선이다. 물린 곳을 칼로 베거나 부은 곳을 베거나 묶거나 하는 방법은 크게 도움이 되지 않는다.

- **물린 곳에 부목을 댄다.**

  부어오르는 곳의 움직임을 억제하여 근육의 손상을 막기 위해 부목을 댄다.

- **되도록 움직이지 않는다.**

  격렬한 움직임은 몸의 혈액순환을 좋게 하여 독이 몸으로 퍼지는 것을 촉진하고, 독이 근육, 혈관벽의 근육 등을 분해시키는 작용을 하므로 다른 사람의 도움을 받거나 차량을 통해 병원까지 이동한다. 높은 산에서 뱀에 물렸을 경우에는 119구조대에 연락하여 헬기를 이용하여 이동하는 것이 좋다.

- **수분을 많이 섭취하여 오줌 배출량을 늘린다.**

  수액 주입 및 물을 마시는 등의 방법으로 하루 4L 이상의 수분을 섭취하여 한 시간당 200mL의 오줌을 누어 독소를 배출한다.

▲ 쇠살모사
[사진/이상철]

# 먹대가리바다뱀 [코브라과]

- 학 명  *Hydrophis melanocephalus*
- 영 명  Slender-necked sea snake

📏 **전체 길이**  80~140cm

🌿 **형태**  머리가 매우 작다. 몸 앞부분은 가늘지만 중앙부터 뒤로 갈수록 3배나 두껍다. 회색 또는 연한 누런빛을 띤 갈색 바탕에 검은색의 둥근 줄무늬가 몸통에 40~60개, 꼬리에 4~9개가 있다. 몸통 앞쪽 가는 부분의 배 쪽은 검은색이며, 꼬리의 아래쪽도 검은색이다.

🔍 **생태**  해변의 물가나 수심 12m 이상 되는 깊은 바다의 바닥에서 살며, 드물게는 46m 이상의 깊이에서도 발견된다. 야행성으로, 모랫바닥에 머리를 집어넣어 가늘고 긴 물고기를 잡아먹는다. 4~5마리의 새끼를 낳는다. 강한 독을 가지고 있으나 머리가 작아 다른 바다뱀보다는 덜 위험하다.

🍴 **먹이**  물고기

⛰ **사는 곳**  해양, 연안 모랫바다, 산호 지대

🌏 **분포**  필리핀, 중국 남부, 타이완, 우리나라 남해(매우 드물게 나타남.)

**이야기마당**

작은 바다뱀이지만 강한 독을 지니고 있으며, 물려는 습성이 강하답니다.

▲ 먹대가리바다뱀

---

# 얼룩바다뱀 (얼룩무늬바다뱀) [코브라과]

- 학 명  *Hydrophis cyanocinctus*
- 영 명  Annulated sea snake

📏 **전체 길이**  110~180cm

🌿 **형태**  머리는 검은색 비늘로 덮여 있다. 몸통은 굵고 통통하며 뒷부분으로 갈수록 두껍다. 전체적으로 누런색 또는 흰색 바탕에 검은색 띠무늬가 있으며, 푸른색을 띠기도 한다.

🔍 **생태**  따뜻한 물을 좋아한다. 낮에 활동하며, 주로 물고기를 잡아먹는다. '먹대가리바다뱀'과 생태가 매우 비슷하며, 3~15마리의 새끼를 낳는다.

🍴 **먹이**  물고기

⛰ **사는 곳**  해양, 연안 모래 및 암초, 산호 지대

🌏 **분포**  동아시아 남부에서 페르시아 만, 우리나라 황해·남해

**이야기마당**

머리가 매우 크고 독니도 길어, 우리나라에 사는 바다뱀류 가운데 가장 위험한 종이랍니다. 1960년대 황해의 옹진군에서 처음 채집되었습니다.

▲ 얼룩바다뱀

# 바다뱀 [코브라과]

- **학 명** *Pelamis platurus*
- **영 명** Yellow-bellied sea snake

📏 **전체 길이**  50~80cm

🌸 **형태**  일반적으로 등은 검은색, 배는 누런색이며, 꼬리 부분에 흰색 또는 누런색 무늬가 있지만 다양한 유형이 나타난다. 머리는 크고 길며, 주둥이도 길다. 몸통 비늘은 사각형 또는 육각형이다. 바다뱀류 가운데 가장 헤엄치는 데 적당한 편평한 몸을 지녔으며, 몸의 화려한 색채는 경계색이라고 알려져 있으나 보호색이라는 의견도 있다.

🔍 **생태**  폐 호흡을 하며, 공기를 마시기 위해 수면으로 올라온다. 허파는 꼬리까지 길게 발달되어 있다. 바다에서 헤엄을 잘 치며 살 수 있도록 꼬리가 배의 노처럼 변형되었다. 먼바다에서 생활하며, 떠다니는 조류 더미와 함께 바다 위를 회유한다. 외양에서는 물고기의 서식 밀도가 낮아 삼킬 수 있는 크기의 물고기나 오징어 등을 먹는다. 신경독을 가지고 있어서 적으로부터 자신을 보호하는 데 이용하거나, 먹이를 사냥하는 데 사용한다. 연안 지역에서 2~6마리의 새끼를 낳는다.

🍴 **먹이**  뱀장어를 비롯한 어류, 오징어 등

⛰️ **사는 곳**  해양

🌐 **분포**  태평양·인도양 열대~온대 해역, 우리나라 남해·황해·동해

💬 **이야기마당**

다른 바다뱀류와 달리 동해 북부까지 분포하며, 바다 생활에 완벽하게 적응하여 혀 밑에 염분을 배출하는 분비선을 가지고 있습니다. 육지에 사는 뱀보다 허물 벗기를 자주 합니다.

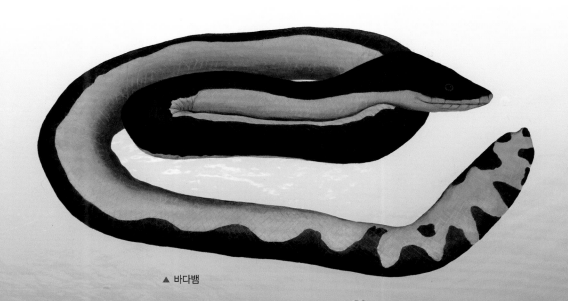

▲ 바다뱀

동물 학습관

# 동물의 진화와 분류 체계

## 동 물 의  진 화

생물은 자신의 자손을 가능한 한 많이 남겨 놓고자 한다. 그러기 위하여 다른 개체보다 더 좋은 장소에서 생활하여 먹이를 많이 섭취하고 적으로부터 재빨리 도망치는 등, 무리 내 동족끼리 경쟁해 왔다. 강한 동물이 늘어나면 힘이 약한 동물은 강한 동물들이 오지 않는 새로운 장소에서 살기 위해 이동한다. 그러나 대부분 그곳에서 죽는데, 그 이유는 몸의 구조가 새로운 장소에 맞지 않기 때문이다. 그러나 그중에서 새로운 장소에 적합한 몸을 가진 개체가 나타나고, 그 동물은 순식간에 번영을

공룡 모형

누리게 되는데, 이와 같이 어떤 종류에서 보다 앞선 다른 종류가 나타나 발전해 가는 것을 '진화'라고 한다.

여태까지 생물은 오랜 시간이 흘러 점차적으로 바뀌어 가는 것으로 생각해 왔다. 그러나 지구상에는 생물이 처음 나타날 무렵부터 존재했던 박테리아가 지금도 깊은 바다에 있거나, 6500만 년 전에 절멸하였다고 생각했던 '실러캔스'가 거의 원시 모습 그대로 살아 있는 것을 보고 반드시 그렇지만은 않다는 것을 알게 되었다. 그것은 생물은 언제나 똑같은 자손을 계속 만들어 가고자 하며, 갑자기 어미와 다른 모습의 개체가 태어나면 일반적으로 살아갈 수 없기 때문이다.

그런데 환경이 바뀌면 지금까지 살 수 없었던 것들이 살아갈 수 있는 기회가 찾아온다. 그 예로, 포유류의 번성을 들 수 있다. 공룡이 지구를 지배하고 있던 시대에 포유류는 바위틈새에서 조심스럽게 생활하고 있었다. 종류도 적고 언제 절멸할지도 모르는 상황이었다. 그러나 공룡이 갑자기 멸종되자 공룡이 살았던 공간에 포유류가 진출하여 많은 종류가 생겨나게 되었다. 6000만 년 전에는 오늘날의 박쥐, 원숭이, 호랑이, 코끼리 등의 선조가 나타났으며, 말과 소 무리가 초원에 진출하였다.

포유류의 조상은 '메가조스테로돈'이라고 하는 동물로 추측된다. 전체 길이 14cm로, 지금의 '첨서'와 닮았다.

실러캔스 박제

## 동 물 의 분 류 체 계

동물을 분류할 때는 겉모습이 아니라 화석을 기본으로 하여 같은 선조를 가진 것끼리 하나의 그룹으로 모아 둔다. 예를 들면, 기린은 목이 매우 긴 동물이지만, 같은 그룹에는 목이 그다지 길지 않은 '오카피'가 있다. 화석을 통해 볼 때 '오카피'가 기린의 조상과 가까운 무리이기 때문에 같은 그룹으로 분류하는 것이다.

지금 우리가 사용하고 있는 분류법은 200여 년 전에 스웨덴의 '린네(Carl von Linné)'라는 학자가 생각해 낸 방법을 개선한 것이다. '린네'는 동물에게 이름을 붙일 때 사람의 성과 이름을 사용하는 법과 같은 방법을 생각하게 되었다. 사람의 성에 해당하는 것을 '속', 이름에 해당하는 것을 '종'으로 부르도록 정하였다. 그리고 세계 공통으로 사용하도록 라틴어로 이름을 짓도록 하고, 그 근거가 되는 표본을 박물관이나 대학 연구실에 반드시 보관하여 누구나 보고 연구할 수 있도록 하였다. 이 이름을 '학명'이라고 한다. 학명에서 같은 성을 가진 것은 친척 관계를 나타낸다. 예를 들면, 사자의 학명은 '*Panthera leo*'이고, 호랑이의 학명은 '*Panthera tigris*'이어서 사자와 호랑이는 친척 관계이다. 마찬가지로, 고양이의 학명은 '*Felis cats*', 삵의 학명은 '*Felis(Prionailurus) bengalensis*'이어서 고양이와 삵은 친척 관계임을 알 수 있다. 따라서 사자와 고양이는 모습은 닮았어도 친척은 아니라는 것을 학명을 보면 알 수 있다. 그리고 닮아 있는 것들을 모아 '과'라고 하는 큰 그룹을 만들었다. 사자와 고양이는 같은 특징을 가지고 있기 때문에 '고양이과'라는 그룹에 들어 있다.

'린네'는 과를 모아 놓은 것을 '목', 목을 모아 놓은 것을 '강', 강이 모인 것을 '문', 문이 모인 것을 '계'라고 하여 모든 생물을 단계별로 그룹화하였다. 이 방식대로라면, 사자는 동물계 〉 척추동물문 〉 포유강 〉 식육목 〉 고양이과 〉 표범속의 생물이라는 것이다. 이 방법은 매우 편리하여 전 세계에서 사용되고 있다.

**계(KINGDOM)**
동물계

**문(PHYLUM)**
척추동물문

**강(CLASS)**
포유강

**목(ORDER)**
식육목

**과(FAMILY)**
고양이과

**속(GENUS)**
표범속

**종(SPECIES)**
사자

[사자의 분류 계급]

학명은 일반적으로 라틴어의 이탤릭체로 나타낸다. 예를 들어 사자의 학명은 '*Panthera leo*'이다.

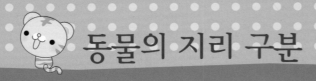

# 동물의 지리 구분

## 세 계

19세기 들어 동물학적 발견이 끊임없이 이어지고 박물학자들이 동물의 분포를 연구하게 되면서 대륙마다 서로 다른 동물이 살고 있다는 매우 놀랄 만한 사실이 발견되었다.

예를 들면, 오스트레일리아에는 유대류가 많이 살고 있지만, 남아메리카에는 '나무늘보'와 '개미핥기' 등과 같은 매우 희귀한 동물이 산다는 사실이었다. 영국의 박물학자 월리스는 각 지역의 특징적인 동물상에 따라 전 세계를 나누었는데, 이것을 '동물 지리구'라고 한다. 오늘날에는 월리스 이후의 많은 학자들에 의해 조금 바뀌어진 것이 사용되고 있다.

현재 동물 지리구는 오스트레일리아구, 신열대구, 신북구, 구북구, 동양구, 에티오피아구 등 6개 구로 나누고 있다. 동양구와 오스트레일리아구의 경계선은 뉴기니의 서쪽이냐, 칼리만탄의 동쪽이냐를 두고 학자들 사이에 의견 차이가 있었다. 동물 지리구의 경계를 단순히 한 줄의 선으로 나누기는 매우 곤란한 문제였기 때문이다. 최근의 연구에 의해 각 경계선 부근에 살고 있는 동물의 종류가 조금씩 다른 '이행 지대'가 있는 것이 밝혀져, 이 지역을 박물학자 월리스를 기려 '월리시아'라고 부르고 있다.

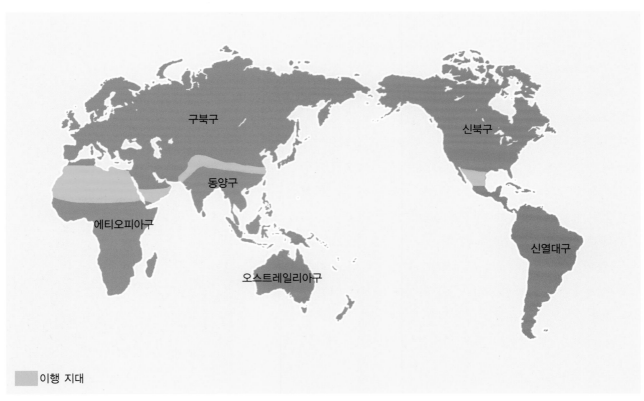

세계의 동물 지리구

# 우 리 나 라

한반도는 지리적으로 유라시아 대륙 동쪽에 위치하고, 온대 기후대에 속해 있다. 지형적으로는 남북이 하나의 큰 산줄기에 의해 이어져 있어 동물의 이동에 이용되는데, 백두산에서 지리산까지 이어진 이 산줄기를 '백두 대간'이라 한다. 그러나 남북의 거리가 짧아 하나의 동물 지리구에 포함되며, 우리나라 고유 동물의 수는 많지 않다. 그러나 작은 면적에도 불구하고 호랑이, 표범과 같은 대형 육식 동물이 존재하는 것은 매우 중요한 의미가 있다. 생태계의 먹이 사슬에서 최상위 포식 동물의 종류가 많은 것은 생태계의 자연성이 우수하고 건강한 것을 나타낸다. 우리나라 동물 종의 주 서식 지역을 북부, 중부, 남부로 나누어 보면 다음 그림과 같다.

우는토끼　　　불곰　　　스라소니

붉은사슴　　　호랑이　　　표범　　　검은담비

늑대　　　멧돼지　　　하늘다람쥐　　　산양

쇠족제비　　　여우　　　수달　　　노루

너구리　　　족제비　　　고라니

우리나라 동물 서식지 구분

# 동물 관찰 – 야생 동물

## 관찰 장비

- 옷은 긴팔 상의, 긴 바지, 모자를 갖추고, 계절의 기온이나 일기에 맞추어 여벌의 옷을 준비한다.
- 신발은 발이 편한 것을 사용한다.
- 겉옷은 주머니가 많은 것이 좋다.
- 작은 비닐주머니나 작은 통 등은 산에서 발견한 것을 넣어 가지고 오는 데 편리하다.

> 야행성 동물은 빨간색을 보지 못한다. 손전등에 빨간 셀로판지를 붙여 두는 것은 바로 이런 이유 때문이다.

- 털옷 등 여벌의 옷: 산은 일기가 변하기 쉬우므로 보온할 수 있는 옷을 반드시 준비한다.
- 나침반
- 관찰 지역의 지도
- 줄자
- 접을 수 있는 비옷
- 땀을 닦거나, 물건을 쌀 수 있는 수건
- 망원경: 7~10배 배율이 적당하다.
- 카메라: 망원 렌즈가 달려 있으면 편리하다.
- 관찰한 것을 기록하는 야외용 수첩
- 물통
- 손전등: 야행성 동물을 관찰할 때는 빨간 셀로판지를 붙인다.

## 활 동 시 간 에 따 른 관 찰

야생 동물에는 낮에 활동하는 동물(주행성)과, 저녁 무렵 어두워지기 시작하면 활동하는 동물(야행성)이 있다. 보통 야행성 동물의 수가 많으며, 어둠 속에서 소리 내지 않고 행동하면서 몸을 지킨다. 삵처럼 밤에 나와 다니는 동물을 사냥하는 것도 있다. 야생 동물은 보기 쉽지 않지만, 보았을 때의 감동은 특별하다.

### | 밤에 활동하는 동물들

- 너구리: 인가 근처, 나무숲 등에서 생활한다. 낮 동안에 발자국이나 똥이 없는지 찾아본다.
- 흰넓적다리붉은쥐: 낮에는 다른 동물에게 습격 받는 경우가 많기 때문에, 어두워진 후 눈에 띄지 않도록 조심조심 활동한다. 그럼에도 불구하고 올빼미 등의 공격을 받기도 한다.
- 하늘다람쥐: 청설모가 없는 밤에 움직인다. 땅 위를 달려 도망치는 것이 서툴러, 나무에서 나무로 날아서 활동하고, 나무 열매 등의 먹이를 찾는다.
- 삵: 먹이 동물이 밤에 나와 다니기 때문에 밤에 활동한다. 어둠 속에서도 잘 볼 수 있는 눈을 가지고 있어, 쥐와 같은 작은 동물을 발견할 수 있다.

## | 낮에 활동하는 동물들

• 멧돼지: 해뜰 무렵이나 해질 무렵에 활동성이 강하고, 낮에도 왕성하게 활동한다.
• 청설모: 나무열매나 과일 등이 익은 것을 알 수 있는 낮에 활동한다. 나무 위를 뛰어다니며 먹이를 찾는다.
• 다람쥐: 도시 공원과 산림에 사는 작은 동물이다. 적이 오면 바위 구멍의 숨겨진 집으로 순식간에 도망간다. 주로 식물의 열매를 먹는다.

## | 관찰 예 – 너구리의 하루 생활

너구리는 인가 주변에도 자주 나타나는, 비교적 관찰하기가 쉬운 야생 동물이다. 너구리의 발자국, 똥이 있는 장소 근처에 소시지나 개 사료 등의 먹이를 놓고, 어느 시간에 가장 활동이 왕성한지 관찰하여 알아본다.

### 너구리의 하루 생활

| | |
|---|---|
| 오전 0시 5분 | 점점 너구리들이 찾아온다. 먹이 놓은 장소에 나타나는 너구리들은 차례가 있다. 가장 힘이 센 너구리가 맨 먼저 나타난다. 힘의 센 정도에 따라 나타나는 순서가 정해진다. 가장 늦게 나타나는 너구리는 주변에서 힘센 너구리들이 배불리 먹고 돌아가기를 기다렸다가 나중에 나타난다. |
| 오전 8시 35분 | 이미 날이 밝았는데, 아직 먹이를 먹지 못한 너구리가 찾아왔다. 아마도 너구리들 가운데 가장 힘이 약한 너구리일 것이다. |
| 오전 11시 | 낮에는 전혀 모습을 보이지 않는다. 모두 숲 속의 바위틈새나 구멍 등의 보금자리에서 쉬고 있을 것이다. |
| 오후 7시 15분 | 해가 지고 어두워지기 시작하면 너구리들이 점차 먹이 냄새를 맡고 모여든다. |
| 오후 9시 35분 | 동물은 가능한 한 안전하고 편안하게 먹이를 먹고자 한다. 먹이가 있는 장소가 안전하다는 것이 확인되면 모두 먹기 시작한다. |

# 동물의 흔적 관찰

산이나 숲, 나무 사이, 등산길 등을 주의 깊게 살피며 걸으면 동물의 모습은 볼 수 없지만, 동물이 남겨 놓은 흔적은 발견할 수 있다. 즉, 여기저기에 동물의 똥이 흩어져 있고, 여러 가지 발자국도 있다. 특히 부드러운 흙 위에는 분명하게 발자국이 남아 있다.

이 흔적들이 어떤 동물의 것인지 살펴보도록 한다.

> 산이나 숲 속에는 동물들이 다니는 '야생 동물의 길'이 있는데, 이 길을 따라가면 쉽게 동물의 흔적을 관찰할 수 있다.

## | 똥

산이나 숲 속에서 발견한 동물 똥의 특징을 기억하고 어떤 동물의 똥인지 관찰해 본다.

- 산양 똥: 사슴의 똥과 비슷하지만, 여기저기 흩어져 있는 것은 사슴 똥이고, 한 장소에 모여 있는 것은 산양 똥이다.
- 멧토끼 똥: 둥글고 작으며, 식물의 줄기와 껍질이 모여 있다.
- 족제비 똥: 자신의 생활 영역을 표시하기 위해 하천의 바위 위 등 눈에 잘 띄는 곳에 똥을 싼다.
- 수달 똥: 눈에 잘 띄는 물가 바위에 조금 묽은 덩어리 똥을 싼다.
- 너구리 똥: 너구리는 정해진 장소에서 똥을 싼다. 이것을 너구리의 '똥더미' 라고 한다.

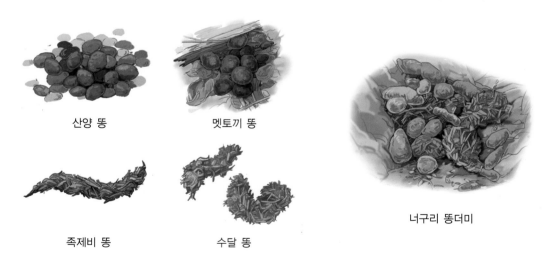

산양 똥　　　　　멧토끼 똥

족제비 똥　　　　　수달 똥

너구리 똥더미

## | 먹은 흔적

산이나 숲길을 걸을 때, 땅 위에 떨어져 있는 것이나 나무 등을 주의 깊게 관찰한다. 동물들의 먹은 흔적이 발견될 것이다.

- 청설모: 한가운데가 갈라진 호두와 잣 껍데기가 많이 떨어져 있다.

- 멧토끼: 나무뿌리 근처의 가지를 갉아먹은 이빨 자국이 남아 있다.
- 반달가슴곰: 나무껍질을 벗기고, 나무의 진을 핥아먹은 흔적이 있다.

청설모가 먹은 호두 껍데기와 잣 껍데기

멧토끼가 먹은 자국

## | 발자국

비나 눈이 내린 후의 산이나 숲길을 주의 깊게 살펴보면, 동물의 발자국을 발견할 수 있다. 산과 숲에서 여러 가지 동물의 발자국을 살펴보고 어떤 동물의 것인지 조사해 본다.

너구리: 전체가 둥글다.

수달: 물갈퀴가 드러나며, 몸무게에 비해 발자국이 큰 편이다.

족제비: 물가에 많다.

멧토끼: 뒷발의 발자국으로 발바닥은 털로 덮여 있다.

다람쥐: 가늘고 길다.

멧돼지: 큰 발굽 2개와 작은 발굽 2개, 모두 4개로 이루어져 있다.

사슴: 발굽 앞 끝과 전체가 둥근 모양이다.

반달가슴곰: 사람의 맨발자국과 닮아 있다.

# 동물 관찰 – 동물원 동물

동물원에서 동물을 관찰할 때에는 여러 부위를 꼼꼼하게 살펴본다. 전체를 그냥 보는 것보다, 몸의 각 부분을 주의 깊게 관찰해 보면 그 동물의 특징과 각 부분의 역할을 알 수 있다.

## | 코끼리

코끼리의 특징은 큰 몸집과 긴 코이다. 이 밖에 상아와 귀도 주의 깊게 살펴본다.

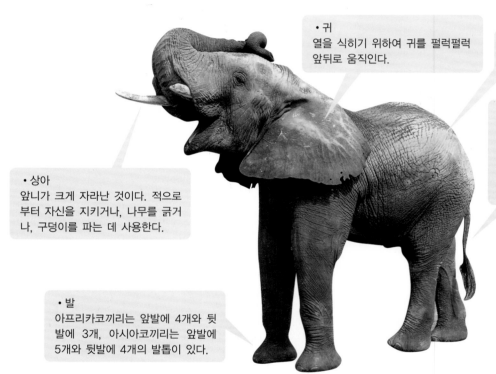

• 귀
열을 식히기 위하여 귀를 펄럭펄럭 앞뒤로 움직인다.

• 몸
거칠고 뻣뻣한 털이 나 있다.

• 꼬리
몸에 달려드는 파리 등의 곤충을 쫓아내는 데 편리하도록 꼬리 끝에 털이 길게 자라 있다. 동물원에 있는 코끼리 중에는 꼬리 끝의 털이 닳아서 없는 경우도 있다.

• 상아
앞니가 크게 자라난 것이다. 적으로부터 자신을 지키거나, 나무를 긁거나, 구덩이를 파는 데 사용한다.

• 똥
육상 동물 가운데 가장 크다. 덩어리 1개가 약 1kg이며, 한 번에 7~8개의 덩어리를 싼다.

• 발
아프리카코끼리는 앞발에 4개와 뒷발에 3개, 아시아코끼리는 앞발에 5개와 뒷발에 4개의 발톱이 있다.

### 아시아코끼리의 하루 식사

(자료: 서울대공원동물원)

아카시아잎······················· 5kg
바나나, 홍당무, 고구마 등··········· 7kg
밀기울···························· 3kg
마른풀···························· 40kg
사료······························ 7kg
복합 사료(헤이큐브)················ 8kg

아프리카코끼리는 어깨와 허리가 높고, 등이 꺼져 있는 반면 아시아코끼리는 등 가운데가 높게 솟아 있다. 야생의 아시아코끼리는 하루에 약 150kg, 아프리카코끼리는 200~300kg의 먹이를 먹는다.

## | 기린

기린은 긴 목과 긴 다리가 특징이다.

**• 눈**
모래 먼지로부터 눈을 보호하기 위하여 긴 눈썹이 있다.

**• 혀**
잎을 말아 뜯기 위한 긴 혀는 그 길이가 50cm 나 된다.

**• 목**
목뼈의 수는 사람과 같이 7개이며, 목을 굽힐 수가 있다.

**• 뿔**
큰 뿔은 2개이다. 뼈 돌기가 있고, 털로 덮여 있다.

**• 꼬리**
끝에 털이 길게 자라나 있어서 파리를 쫓는 데 편리하다.

**• 발**
발굽이 2개로 나뉘어 있다.

## | 호랑이

호랑이에게는 사냥감을 확실하게 잡을 수 있는 발과 이빨에 특징이 있다.

**• 꼬리**
꼬리 끝까지 줄무늬가 있다.

**• 귀**
귓등에 하얀 반점이 있다. 호랑이끼리 서로 알아보는 표식이라고 생각된다.

**• 눈**
둥근 눈동자를 하고 있다.

**• 이빨**
고기를 찢어 헤치는 날카로운 이빨을 가지고 있다.

호랑이의 앞발과 뒷발을 비교해 보면, 앞발이 더 크다. 그 이유는 앞발로 먹이 동물을 잡기 때문이다.

**• 발**
평소에는 발톱을 숨기고 있으나 먹이 동물을 잡을 때에는 날카로운 발톱을 드러낸다.

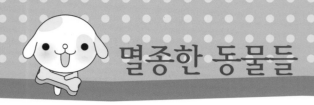
## 인간에 의해 멸종한 동물들

생물의 멸종에는 여러 가지 이유가 있다. 지구 전체의 기후 변화나, 다른 생물과의 경쟁에서 져서 멸종하는 것은 자연적인 현상이다. 이것은 또 다른 생물이 태어나기 위해 필요한 멸종이기도 하다. 그러나 인간의 등장 이후 멸종할 이유가 없는 수많은 생물들이 멸종하였다.

특히 최근에는 1년에 약 1종의 생물이 멸종하고 있다고 전해지는데, 인간이 멸종시킨 이후에 어떤 새로운 생물도 나타나지 않고 있다.

### | 맘모스(북슬털맘모스) 장비목 코끼리과

- 크기: 몸길이 5.4m, 몸높이 2.75~3.5m
- 분포: 경신세 후기(37만~1만 년 전)의 유럽, 아시아, 북아메리카
- 특징: 몸 전체가 긴 붉은 갈색 털로 덮여 있고, 긴 상아를 가지고 있다. 원시인들은 맘모스의 고기를 먹고, 뼈는 집을 짓는 재료로 이용하였기 때문에 많은 맘모스가 잡혀 죽었다.

### | 큰나무늘보 빈치목 큰나무늘보과

- 크기: 몸길이 4~6m
- 분포: 경신세(200만~1만 년 전)의 남아메리카

◀ 맘모스의 뼈 구조

- 특징: 지상에서 생활하였던 것으로 보이며, 1890년, 뼈와 가죽이 남아메리카의 동굴에서 발견되었다. 뼈에는 불에 그을린 흔적이 있어, 사람들이 고기를 먹었을 것으로 추정된다.

### | 그립토돈 빈치목 그립토돈과

- 크기: 몸길이 3~3.3m, 몸높이 1.3~1.5m, 등딱지 길이 1.2m
- 분포: 경신세~완신세의 아메리카
- 특징: 그립토돈의 큰 등딱지는 인간이 전쟁 등에 방패로 사용하였을 것으로 추측하고 있다.

### | 동굴사자 식육목 고양이과

- 크기: 몸길이 3.5m, 몸높이 1.2m
- 분포: 경신세 중기~후기(40만~2000?년 전)의 유럽
- 특징: 화석 일부가 동굴에서 발견되었기 때문에 '동굴사자'라고 한다. 인류의 수가 많아지면서 먹이 동물의 수가 적어졌기 때문에 멸종하였다.

### | 북슬털코뿔소 기제목 코뿔소과

- 크기: 몸길이 3.5m, 몸높이 1.6m
- 분포: 경신세(40만~2만 5000년 전)의 유럽, 아시아
- 특징: 몸에 털이 많은 대형 코뿔소이다. 뿔은 2개로,

앞뿔의 길이는 1m나 된다. 맘모스와 같은 시기에 멸종하였다.

### | 스테누루스 유대목 캥거루과
- 크기: 몸길이 3m
- 분포: 첨신세 중기~경신세(500만~1만 년 전)의 오스트레일리아
- 특징: '자이언트캥거루'라고도 한다. 오스트레일리아에 이주한 인간과 개(딩고)에 의해 스테누루스가 많이 죽었다.

### | 디프로토돈 유대목 디프로토돈과
- 크기: 몸길이 3~3.3m, 몸높이 1.75m
- 분포: 경신세 후기~완신세(100만~6000년 전)의 오스트레일리아

- 특징: 가장 큰 유대류이다. 오스트레일리아 남동부의 호수 주변에서 많은 화석이 발견되었다. 기후 변화와 인간의 이주에 의해 멸종하였다.

### | 메가라다푸스 영장목 메가라다푸스과
- 크기: 몸길이 3.3m, 몸높이 2.5m
- 분포: 경신세~완신세(200만~200년 전?)의 마다가스카르
- 특징: 가장 큰 원시 원숭이 무리. 2000년 전에 마다가스카르로 이주한 인류가 죽이거나, 삼림을 벌채하였기 때문에 멸종하였다고 추측되고 있다.

## 최 근 에   멸 종 한   동 물 들

### | 스텔라해우 해우목 큰해우과
- 크기: 몸길이 7.5~9m, 몸무게 4t
- 분포: 북태평양 베링 해협
- 특징: 덴마크의 탐험가 '베링(Vitus Jonassen Bering)'에 의해 1741년에 발견되었지만, 그 이후 가죽과 고기 때문에 많은 수가 죽임을 당하여 1768년에 멸종하였다.

### | 일본늑대 식육목 개과
- 크기: 몸길이 95~114cm, 몸높이 약 55cm, 꼬리길이 30cm, 몸무게 30kg(추정)
- 분포: 일본
- 특징: 5~6마리가 무리를 지어 사슴이나 멧돼지를 사냥하곤 하였다. 그러나 전염병과 늑대 사냥에 의해 수가 적어져, 1905년 1월 일본 나라 현 와시가구치에서 마지막으로 젊은 수컷 늑대 한 마리가 잡혀 멸종하였다. 머리뼈와 가죽은 영국 대영 박물관에 있다.

| 주머니늑대 유대목 주머니늑대과

- 크기: 몸길이 100~130cm, 몸높이 60cm, 꼬리 길이 50~65cm, 몸무게 15~35kg
- 분포: 오스트레일리아
- 특징: 오스트레일리아에서 가장 강한 육식 동물이었지만, 가축을 습격하여 많은 수가 죽임을 당하였다. 1936년에 동물원에서 사육되던 것이 죽은 이후, 1960년대부터 야생에서도 살아 있는 증거가 없다.


# 야 생 동 물 보 호 조 약

세계는 야생 동물을 보호하기 위하여 국제 조약을 체결하고, 멸종 위기에 처한 동물들에 대해 순위를 정해 보호하고 있다.


| 워싱턴 조약

1973년 미국의 워싱턴에서 결정되어 '워싱턴 조약'이라고 한다. 정식 이름은 '멸종 위험이 있는 야생 동식물의 국제적 거래에 관한 조약'이다. 영어의 첫글자를 따서 'CITES'라고도 부른다.

- 부속서 I : 멸종 위험이 있는 종으로, 상업 목적으로는 거래할 수 없다.
- 부속서 II : 무역 거래는 할 수 있지만, 수출 허가증과 증명서가 필요하다.
- 부속서 III : 수출 허가증과 원산지 증명서가 필요하다.


| 적색 자료집

야생 동물을 보호하기 위하여 조직된 '세계자연보전연맹(IUCN)'에 의해 만들어진 '위기 동물의 적색 목록'이다. 멸종 위기 정도에 따라 다음과 같이 분류한다.

- Ex(멸종): 마지막 개체가 죽은 것
- EW(야생 멸종): 야생의 개체군이 모두 절멸한 것. 단, 동물원이나 식물원에서 사육되는 개체가 남아 있음.
- CR(멸종 위기 I A류): 매우 가까운 장래에 멸종할 가능성이 있는 종
- EN(멸종 위기 I B류): 가까운 장래에 멸종할 가능성이 있는 종
- VU(멸종 위기 II류): 가까운 장래에 멸종 위기에 있는 종

이 밖에도 LR(낮은 위험종), DD(정보 부족종), NE(불판정 종) 등의 단계가 있다.

# 천연기념물로 보호하는 동물들

우리나라는 '문화재보호법'에 따라 학술적·관상적 가치가 높은 야생 동물을 천연기념물로 지정하여 보호하고 있다. 그중 포유류, 양서류, 파충류에 해당하는 천연기념물 종을 살펴보면 다음과 같다.

| **쇠고래**   울산 쇠고래 회유 해면–천연기념물 제126호(1962년 12월 3일 지정)

매년 11월 하순부터 2월 상순까지 우리나라 동해안에 나타나는 쇠고래의 무리는 오호츠크 해협으로부터 동해를 횡단하여 우리나라에 회유해 오는 것으로 추정된다. 기록에 의하면 울산 부근 해면에서 관찰된 것은 매년 11월 20일 이후이며, 12월에 접어들면서 갑자기 수가 증가하여 12월 하순 이후에 가장 많이 회유한다.

| **사향노루**   천연기념물 제216호(1968년 11월 20일 지정)

우리나라를 비롯하여 중국, 중앙아시아, 사할린, 시베리아, 몽골 등지에 분포한다. 우리나라에서는 설악산, 지리산 등 높은 산지 지역에서 많았으며, 전라남도 목포 부근의 산지에서도 발견되었으나 점차 감소되어 최근에는 멸종 위기에 처해 있다.

| **산양**   천연기념물 제217호(1968년 11월 20일 지정)

우리나라에서는 평안도, 함경도, 황해도, 강원도와 충청북도 월악산, 경상북도 주흘산 등지의 산악 지역에 살았으나, 마구 잡아들여 개체 수가 갑자기 줄어 1980년대까지는 수십 마리에 불과하였으나, 보호를 강화함에 따라 민통선 일원을 중심으로 점차 증가하여 천 마리 이상이 생존해 있을 것으로 추정된다. 시급한 보호가 필요한 실정이다.

| **하늘다람쥐**   천연기념물 제328호(1982년 11월 4일 지정)

우리나라 특산종으로 전역에 분포한다. 백두산 일원에서는 흔히 눈에 띈다고 하나 중부 지방에서는 매우 희귀하다. 야행성이기 때문에 쉽게 눈에 띄지 않으나, 경기도 남양주에 있는 동국대학교 시험림에서는 딱따구리가 파 놓은 오동나무 구멍에서 매년 관찰된다.

### | 반달가슴곰  천연기념물 제329호(1982년 11월 4일 지정)

우리나라 전역의 높고 험준한 산에 서식하였으나, 남한 지역에서는 매우 희귀해져 멸종 위기에 처해 있다. 지리산 일대와 강원도 내륙 백두 대간 산줄기의 큰 산에 20~30마리가 고립되어 살고 있다.

### | 수달  천연기념물 제330호(1982년 11월 4일 지정)

전 세계적으로 유럽, 북아프리카, 아시아에 널리 분포한다. 우리나라에서도 과거에는 전국 어느 하천에서나 흔히 볼 수 있었는데, 남획과 하천의 오염 등으로 그 수가 급격히 줄었다. 1990년대 이후 환경부의 강력한 보호 정책에 따라 그 수가 늘어나기 시작하여 현재는 제주도를 제외한 전국 내륙의 하천, 강, 저수지와 연안의 섬 지역에서 적지 않은 수가 살고 있다.

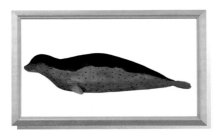

### | 물범  천연기념물 제331호(1982년 11월 4일 지정)

1997년 환경부 생태 조사단에 의하여 서해 백령도 부근의 바위에서 한가롭게 노닐고 있는 모습이 목격되었다. 우리나라에서는 백령도 근해를 주 서식지로 현재 여름에는 100여 마리 이상 살고 있는 것으로 추정된다.

### | 붉은박쥐(오렌지윗수염박쥐)

천연기념물 제452호(2005년 3월 17일 지정)

1922년 일본 쓰시마 섬에서 발견된 지 6년 뒤에 황해도 해주에서 처음 발견되었다. 전라남도 함평, 순창, 경상남도 통영, 부산, 충청남북도 서산, 충주 및 강원도 화천 등 전국적으로 분포한다.

### | 남생이  천연기념물 제453호(2005년 3월 17일 지정)

강원도 삼방군, 통천군 이남 지역에 살고 있다. 세계자연보전연맹에 의해 멸종위기종으로 지정되어 있고, 우리나라에서는 멸종위기야생생물 Ⅱ급으로 지정, 보호받고 있다.

# 멸종위기야생생물 Ⅰ급과 Ⅱ급

우리나라는 '문화재보호법'에 따라 천연기념물로 지정, 보호하고 있는 야생 동물들 외에도, 개체 수가 눈에 띄게 감소하고 있어 앞으로 멸종 위기에 놓일 염려가 있는 동물을 '야생생물보호법'에 따라 Ⅰ급과 Ⅱ급으로 지정, 보호하고 있다.

멸종위기야생생물 Ⅰ급은 자연적 또는 인위적 위협 요인으로 개체 수가 눈에 띄게 감소되어 멸종 위기에 처한 종을 말하며, Ⅱ급은 개체 수가 눈에 띄게 감소하고 있어 현재의 위협 요인이 제거되거나 완화되지 않을 경우, 가까운 장래에 멸종 위기에 처할 우려가 있는 야생 생물이다.

## | 포유류

Ⅰ급

| 번호 | 종 명 |
|---|---|
| 1 | 늑대 *Canis lupus coreanus* |
| 2 | 대륙사슴 *Cervus nippon hortulorum* |
| 3 | 반달가슴곰 *Ursus thibetanus ussuricus* |
| 4 | 붉은박쥐 *Myotis rufoniger* |
| 5 | 사향노루 *Moschus moschiferus* |
| 6 | 산양 *Naemorhedus caudatus* |
| 7 | 수달 *Lutra lutra* |
| 8 | 스라소니 *Lynx lynx* |
| 9 | 여우 *Vulpes vulpus peculiosa* |
| 10 | 작은관코박쥐 *Murina ussuriensis* |
| 11 | 표범 *Panthera pardus orientalis* |
| 12 | 호랑이 *Panthera tigris altaica* |

Ⅱ급

| 번호 | 종 명 |
|---|---|
| 1 | 담비 *Martes flavigula* |
| 2 | 무산쇠족제비 *Mustela nivalis* |
| 3 | 물개 *Callorhinus ursinus* |
| 4 | 물범 *Phoca largha* |
| 5 | 삵 *Prionailurus bengalensis* |
| 6 | 큰바다사자 *Eumetopias jubatus* |
| 7 | 토끼박쥐 *Plecotus auritus* |
| 8 | 하늘다람쥐 *Pteromys volans aluco* |

## | 양서 · 파충류

Ⅰ급

| 번호 | 종 명 |
|---|---|
| 1 | 비바리뱀 *Sibynophis chinensis* |
| 2 | 수원청개구리 *Hyla suweonensis* |

Ⅱ급

| 번호 | 종 명 |
|---|---|
| 1 | 고리도롱뇽 *Hynobius yangi* |
| 2 | 구렁이 *Elaphe schrenckii* |
| 3 | 금개구리 *Pelophylax chosenicus* |
| 4 | 남생이 *Mauremys reevesii* |
| 5 | 맹꽁이 *Kaloula borealis* |
| 6 | 표범장지뱀 *Eremias argus* |

〈자료: 국립생물자원관 한반도의 생물 다양성 포털 https://species.nibr.go.kr〉

# 동물 사육과 관찰

## 햄 스 터  기 르 기

햄스터는 수명이 짧아 평균 2~3년밖에 살지 못한다. 따라서 키우는 사람은 가능한 오래 살 수 있도록 바른 환경을 갖추어 주어야 한다. 또한, 햄스터는 되도록 한 마리씩 키우도록 한다. 암수를 함께 키우면 계속해서 새끼를 많이 낳아 키우기 어렵게 된다.

흔히 기르는 햄스터의 종류는 골든햄스터(시리안햄스터), 윈터화이트 러시안햄스터(정글리안), 로보로브스키 등이 있다.

**• 화장실**
햄스터는 화장실을 기억한다. 화장실을 설치하면, 사육 상자는 언제나 깨끗하게 유지된다. 화장실 안에는 지푸라기 등을 깔아 주도록 한다. 시중에 판매되고 있는 귀여운 화장실도 있다.

**• 사육 상자와 수조**
망으로 된 사육 상자는 여름과 같이 더운 계절에는 통풍이 좋아 햄스터가 기분 좋게 생활하지만, 추운 겨울에는 생활하기 어렵다. 겨울만이라도 수조로 바꾸어 주는 것이 좋다. 겨울에도 사육 상자에서 키울 경우에는 보온을 위해 상자 벽을 골판지 등으로 막아 주어야 한다.

**• 보금자리(집)**
햄스터는 야생에서는 지하 터널에서 생활한다. 키울 때에도 어둡고 조용하게 하여 햄스터가 안정되게 생활할 수 있도록 보금자리(집)를 만들어 준다.

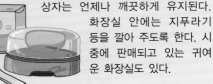

**• 급수기(물병)**
매일 교환하여 깨끗한 물을 준다. 수분이 많은 채소를 많이 줄 경우에는 그다지 물이 필요하지 않다. 그러나 햄스터 사료만 줄 때에는 반드시 물을 준비해야 한다.

**• 바닥 재료**
바닥에는 톱밥이나 마른풀, 나무 껍질 등을 깔아 준다. 만약에 새 장에서처럼 바닥과 햄스터 사이에 조그만 틈이 있는 깔개를 깔아 두면 그 틈새로 발이 빠져 햄스터가 다칠 수 있으니 조심해야 한다.

**• 먹이**
햄스터에게 해바라기씨와 땅콩만 먹이면 햄스터가 비만에 걸린다. 가능하면 판매하는 햄스터 사료와 당근 등의 채소를 주도록 한다.

사료　해바라기씨　땅콩　상추　당근　사과

**• 놀이 기구**
야생 햄스터는 하루에도 수 km나 돌아다닌다. 사육 상자 안에서는 운동 부족이 되므로 쳇바퀴 등의 놀이 기구를 갖추어 준다. 햄스터의 크기에 맞추어 준비한다.

터널 세트　사다리
쳇바퀴　블록　시소

## | 사육할 때 주의할 점

• 햄스터는 야행성 동물임을 알아 둔다. 해가 지는 저녁부터 활발하게 행동한다. 아침이 되면 휴식(잠)을 취한다.

• 햄스터는 입안에 피부로 된 주머니가 있어서 그곳에 해바라기씨 등의 먹이를 많이 저장함을 알아 둔다.

• 햄스터는 발톱이 금방 길게 자란다. 어린이용 손톱깎이로 발톱을 직접 깎아 주거나 동물 병원에서 깎아 주도록 한다.

• 어미 햄스터가 주인에게 길들여져 있지 않을 때는 새끼 햄스터의 몸무게를 잴 때, 나무젓가락이나 핀셋으로 부드럽게 잡아서 몸무게를 측정한다. 주인에게 친숙하지 않은 경우에 새끼를 만져 사람 냄새가 새끼의 몸에 배면, 어미 햄스터가 새끼 돌보기를 그만두는 일도 생기기 때문이다.

## | 사육 관찰 요령

• 동물을 간혹 자신의 가족과 같이 생각하고 접촉하는 경우가 있는데, 그러면 동물의 원래 행동을 알 수가 없다. 동물과 조금 거리를 두고 관찰하도록 한다.

• 햄스터는 언제 일어나고, 언제 잠드는지 관찰해 본다. 또, 언제 무엇을 하는지 그때그때의 행동을 알기 쉽게 그림으로 그려 두면 좋다.

• 간단한 실험을 해 본다. 어떤 먹이를 좋아하는지 여러 가지를 놓아두고 관찰하는 것이 가장 간단한 실험이다. 또, 해바라기씨를 몇 개나 볼주머니에 저장하는지 실험해 본다.

## | 성장 기록장 만들어 보기

햄스터는 임신 기간이 짧고 성장이 빠른 동물의 하나이다. 햄스터는 짝짓기를 하고 나서 약 17~18일이 지나면 출산한다. 새끼가 태어나면, 꼭 성장 기록장을 만들어 본다. 몇 마리가 태어났는지, 언제 털이 자라기 시작하였는지, 눈을 뜬 것은 언제부터였는지 등을 세심하게 관찰하여 기록한다.

2011. 9. 10. 새끼햄스터 7마리가 태어났다. 매우 작고 털이 없어 빨갛다. 눈도 못 뜬 채 엄마 젖을 찾는지 삑삑 울어 댄다.

9. 15. 털이 나기 시작했다. 안타깝게 1마리가 죽었다.

9. 17. 걷기 시작해서 활발하게 움직인다.

9. 25. 젖 이외에 부드러운 먹이를 먹기 시작했다.

9. 27. 눈을 떴다. 일반 사료를 먹었다.

10. 5. 장모, 단모 구분이 가능해질 정도로 다 컸다. 어미에게서 떼어 놓아도 될 것 같다.

몸길이 8cm
몸무게 98g

# 거북 기르기

물가에 사는 늪거북 무리, 육상에서 생활하는 육지 거북 무리, 물속에서만 생활하는 민물 거북 무리가 있다. 여기에서는 가장 흔한 붉은귀거북(청거북)의 사육 방법을 소개한다.

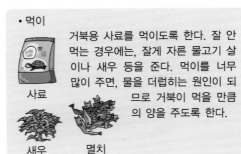

**• 먹이**
거북용 사료를 먹이도록 한다. 잘 안 먹는 경우에는, 잘게 자른 물고기 살이나 새우 등을 준다. 먹이를 너무 많이 주면, 물을 더럽히는 원인이 되므로 거북이 먹을 만큼의 양을 주도록 한다.

사료

새우　멸치

**• 사육 상자(수조)**
거북이 헤엄칠 수 있을 정도 크기의 수조를 준비한다. 새끼거북을 2마리 이상 키울 경우에는 길이 60cm 크기의 수조가 필요하다. 도망치는 일도 있으니 반드시 뚜껑을 준비한다.

**• 물**
석회 제거 약으로 처리한 물을 수조에 넣는다. 거북이 헤엄칠 수 있도록 충분한 물을 넣어 둔다(수질을 안정시키고 냄새를 없애는 약도 있음.).

**• 섬**
거북 무리는 때때로 등딱지를 말리기 때문에 물 가운데에 큰 돌을 넣어 육지를 만들어 주고, 올라가기 쉬운 형태로 해 준다. 거북이 올라가기 쉽도록 시중에서 파는 미니 계단 등을 넣어 주면 좋다.

**• 모래 자갈**
흙은 물이 더러워지기 때문에 돌과 모래를 이용한다.

## | 사육할 때 주의할 점

• 거북은 때때로 일광욕을 시키지 않으면, 등딱지가 연해져서 병에 걸린다. 그러나 사육 상자를 오랜 시간 햇볕이 드는 장소에 놓아두어서는 안 된다.

• 물은 일주일에 한 번 정도, 분량의 1/2을 갈아 준다. 여과기를 설치하면 자주 갈지 않아도 된다.

거북은 사육 환경이 좋은 경우, 물만으로도 꽤 오랜 기간 동안 살아갈 수 있어서 10일 정도 먹이를 먹지 않아도 특별히 염려할 필요는 없다.

## | 사육 관찰 요령

• 거북은 몸을 보호하기 위하여 딱딱한 등딱지 속으로 머리, 발, 꼬리를 감춘다. 거북을 뒤집어 놓고 어떻게 일어나는지 관찰해 본다.

거북을 뒤집어 놓으면 다음 과정을 거쳐 일어난다.

우선 목을 길게 빼어 늘인다. → 힘을 주어 몸을 뒤집는다. → 자세를 가다듬고 몸을 안정시킨다.


## | 이런 점이 궁금해요

Q 집에서 기르고 있는 거북이 정원에 나가고 싶어 해서 산책을 시키고 있습니다. 거북에게 산책은 필요한 것인가요?

A 거북이 산책을 하면 스트레스를 발산할 수 있어 좋습니다. 그리고 무엇보다 일광욕도 되어 몸속에서 칼슘을 흡수하는 데 필요한 비타민 $D_3$가 만들어져 등딱지나 뼈가 건강해집니다.


Q 거북을 기르고 있습니다. 매일 물을 갈아 주고 산책이나 일광욕을 시켜 주는데, 최근에 먹이를 먹지 않습니다. 괜찮을까요?

A 물을 너무 자주 갈아 주는 것이 원인일 수도 있습니다. 물의 관리는 매우 중요합니다. 너무 빈번하게 물을 교환하면 거북은 물에 친숙하지 못하고 불안해합니다. 당연히 식욕도 사라집니다. 너무 오랫동안 먹이를 먹지 않으면 영양제를 줄 필요가 있습니다. 양동이 등의 그릇에 미지근한 물을 높이 10㎝ 정도 담아 놓고, 영양제를 넣은 뒤에 거북이 헤엄치도록 합니다.


Q 거북이 병들었을 때, 어떻게 하면 좋을까요?

A **등딱지의 모양이 변하거나 부드러워져 있거나, 또 발을 끌듯이 걸을 때_** 비타민과 일광욕 부족으로 일어나는 구루병입니다. 한번 변형된 딱지는 치료되기 어려운 것으로 알려져 있습니다. 매일 일광욕을 시키고, 먹이나 마시는 물에 종합 비타민제를 섞어 줍니다. 먹이를 먹지 않을 때에는, 물약을 코로 먹을 수 있게 합니다. 무엇보다 평소에 여러 가지 먹이를 주어 병을 미리 예방하도록 합니다.

**등딱지가 충치 모양처럼 변했을 때_** 세균에 감염된 것이므로 덧난 부분을 건조시킨 후에 사람이 바르는 항생 물질 연고를 발라 줍니다.

**피부에 둥근 벌레가 붙어 있을 때_** 거북에게 생기는 벌레는 벼룩 종류의 기생충입니다. 몸 전체를 꼼꼼히 살펴보아 벌레를 핀셋으로 잡아 줍니다.

# 우리나라에 사는 동물 종 – 포유류·양서류·파충류

**포유류(총 125종)**

*는 종의 다른 이름을 나타냄.

| 목명 | 과명 | 국명 | 학명 | 참고 |
|---|---|---|---|---|
| 고슴도치목 | 고슴도치과 | 고슴도치 | *Erinaceus amurensis* | |
| 첨서목 | 뒤쥐과 | 땃쥐 | *Crocidura lasiura* | |
| | | 작은땃쥐 | *Crocidura shantungensis* | |
| | | 제주땃쥐 | *Crocidura dsinezumi* | 제주도 특산 |
| | | 뒤쥐 | *Sorex caecutiens* | |
| | | 백두산뒤쥐 | *Sorex daphaenodon* | |
| | | 쇠뒤쥐 | *Sorex gracillimus* | |
| | | 큰발뒤쥐 | *Sorex isodon* | |
| | | 큰첨서 | *Sorex mirabilis* | |
| | | 꼬마뒤쥐 | *Sorex minutissimus*<br>*Sorex minutissimus ishikawai* (아종) | |
| | | 긴발톱첨서 | *Sorex unguiculatus* | |
| | | 갯첨서 | *Neomys fodiens* | |
| | 두더지과 | 두더지 | *Mogera wogura* | |
| 박쥐목 | 관박쥐과 | 관박쥐 | *Rhinolophus ferrumequinum*<br>(한국 아종 *R. f. korai*) | |
| | 애기박쥐과 | 큰수염박쥐 | *Myotis gracilis* | * 윗수염박쥐<br>북한명:웃수염박쥐 |
| | | 대륙쇠큰수염박쥐 | *Myotis aurascens* | |
| | | 우수리박쥐 | *Myotis petax*<br>(한국 아종 *M. p. ussuriensis*) | |
| | | 붉은박쥐 | *Myotis rufoniger*<br>(한국 아종 *M. rufoniger tsuensis*) | * 오렌지윗수염박쥐, 황<br>금박쥐 |
| | | 긴꼬리수염박쥐 | *Myotis frater* | |
| | | 쇠큰수염박쥐 | *Myotis ikonnikovi* | * 작은윗수염박쥐 |
| | | 큰발윗수염박쥐 | *Myotis macrodactylus* | |
| | | 아무르박쥐 | *Myotis nattereri* | * 흰배윗수염박쥐 |
| | | 문둥이박쥐 | *Eptesicus serotinus* | |
| | | 생박쥐 | *Eptesicus nilssonii* | |
| | | 고바야시박쥐 | *Eptesicus kobayashii* | * 서선졸망박쥐 |
| | | 북방애기박쥐 | *Vespertilio murinus*<br>(한국 아종 *V. m. ussuriensis*) | 북한 특산 |
| | | 안주애기박쥐 | *Vespertillio sinensis*<br>(한국 아종 *V. s. namiyei*) | 북한명:안주쇠박쥐 |

| 목명 | 과명 | 국명 | 학명 | 참고 |
|---|---|---|---|---|
| 박쥐목 | 애기박쥐과 | 집박쥐 | *Pipistrellus abramus* | |
| | | 검은집박쥐 | *Hypsugo alaschanicus* | |
| | | 긴가락박쥐 | *Miniopterus schreibersii* | * 긴날개박쥐 |
| | | 멧박쥐 | *Nyctalus aviator* | |
| | | 작은멧박쥐 | *Nyctalus noctula* | |
| | | 관코박쥐 | *Murina hilgendorfi* | * 뿔박쥐 |
| | | 작은관코박쥐 | *Murina ussuriensis* | |
| | | 토끼박쥐 | *Plecotus auritus* | |
| | 큰귀박쥐과 | 큰귀박쥐 | *Tadarida insignis* | |
| 식육목 | 고양이과 | 스라소니 | *Lynx lynx* | 국제적 멸종위기동물 |
| | | 삵 | *Prionailurus bengalensis* | |
| | | 호랑이 | *Panthera tigris altaica* | 국제적 멸종위기동물 |
| | | 표범 | *Panthera pardus orientalis* | 국제적 멸종위기동물 |
| | 개과 | 늑대 | *Canis lupus* | |
| | | 여우 | *Vulpes vulpes* | |
| | | 너구리 | *Nyctereutes procyonoides* | |
| | | 승냥이 | *Cuon alpinus* | |
| | 곰과 | 불곰 | *Ursus arctos* | 북한명:큰곰 |
| | | 반달가슴곰 | *Ursus thibetanus* | 국제적 멸종위기동물 |
| | 족제비과 | 무산쇠족제비 | *Mustela nivalis mosanensis* | 세계에서 가장 작은 육식 동물 |
| | | 족제비 | *Mustela sibirica* | |
| | | 검은담비 | *Martes zibellina* | |
| | | 담비 | *Martes flavigula* | |
| | | 산달 | *Martes melampus* | 북한명:누른돈 |
| | | 수달 | *Lutra lutra* | 국제적 멸종위기동물 |
| | | 오소리 | *Meles leucurus* | |
| | 바다사자과 | 물개 | *Callorhinus ursinus* | |
| | | 큰바다사자 | *Eumetopias jubatus* | |
| | | 바다사자 | *Zalophus japonicus* | |
| | 물범과 | 물범 | *Phoca largha* | * 점박이물범 |
| | | 흰띠백이물범 | *Histriophoca fasciata* | |
| | | 고리무늬물범 | *Pusa hispida* | |
| | | 긴턱수염물범 | *Erignathus barbatus* | |

| 목명 | 과명 | 국명 | 학명 | 참고 |
|---|---|---|---|---|
| 우제목(소목) | 멧돼지과 | 멧돼지 | *Sus scrofa* | |
| | 사향노루과 | 사향노루 | *Moschus moschiferus* | 국제적 보호 동물 |
| | 사슴과 | 노루 | *Capreolus capreolus* | |
| | | 대륙사슴 | *Cervus nippon* | |
| | | 붉은사슴 | *Cervus elaphus* | * 말사슴 |
| | | 고라니 | *Hydropotes inermis* | 국제적 보호 동물 |
| | 산양과 | 산양 | *Nemorhaedus caudatus* | 국제적 보호 동물 |
| 토끼목 | 토끼과 | 멧토끼 | *Lepus coreanus* | |
| | | 북방토끼 | *Lepus mandschuricus* | |
| | 우는토끼과 | 우는토끼 | *Ochotona hyperborea* | * 쥐토끼 |
| 설치목(쥐목) | 청설모과 | 청설모 | *Sciurus vulgaris* | |
| | | 다람쥐 | *Tamias sibiricus* | |
| | | 하늘다람쥐 | *Pteromys volans* | |
| | 뛰는쥐과 | 긴꼬리꼬마쥐 | *Sicista caudata* | |
| | 쥐과 | 쇠갈밭쥐 | *Lasiopodomys mandarinus* | |
| | | 갈밭쥐 | *Microtus fortis* | |
| | | 비단털들쥐 | *Myodes regulus* | |
| | | 대륙밭쥐 | *Myodes rufocanus* | |
| | | 숲들쥐 | *Myodes rutilus* | |
| | | 사향쥐 | *Ondatra zibethicus* | |
| | | 비단털등줄쥐 | *Cricetulus barabensis* | |
| | | 비단털쥐 | *Tscherskia triton* | |
| | | 집쥐 | *Rattus norvegicus* | * 시궁쥐 |
| | | 애급쥐 | *Rattus rattus* | * 지붕쥐, 곰쥐 |
| | | 생쥐 | *Mus musculus* | |
| | | 등줄쥐 | *Apodemus agrarius* | 유행성출혈열, 츠츠가무시병 매개 동물 |
| | | 흰넓적다리붉은쥐 | *Apodemus peninsulae* | |
| | | 북숲쥐 | *Apodemus sylvaticus* | |
| | | 멧밭쥐 | *Micromys minutus* | |
| | 뉴트리아과 | 뉴트리아 | *Myocastor coypus* | 남아메리카 원산 외래종 |
| 고래목 | 긴수염고래과 | 북방긴수염고래 | *Eubalaena japonica* | |

| 목명 | 과명 | 국명 | 학명 | 참고 |
|---|---|---|---|---|
| 고래목 | 수염고래과 | 흰긴수염고래 | *Balaenoptera musculus* | * 대왕고래 |
| | | 긴수염고래 | *Balaenoptera physalus* | * 참고래 |
| | | 보리고래 | *Balaenoptera borealis* | |
| | | 밍크고래 | *Balaenoptera acutorostrata* | |
| | | 브라이드고래 | *Balaenoptera edeni* | |
| | | 혹등고래 | *Megaptera novaeangliae* | |
| | 쇠고래과 | 쇠고래 | *Eschrichtius robustus* | * 귀신고래 |
| | 향유고래과 | 향유고래 | *Physeter macrocephalus* | |
| | 꼬마향고래과 | 꼬마향고래 | *Kogia breviceps* | |
| | | 쇠향고래 | *Kogia simus* | |
| | 일각고래과 | 흰돌고래 | *Delphnapterus leucas* | |
| | 부리고래과 | 큰부리고래 | *Ziphius cavirostris* | |
| | | 민부리고래 | *Ziphius cavirostris* | |
| | | 혹부리고래 | *Mesoplodon densirostris* | |
| | | 은행이빨부리고래 | *Mesoplodon ginkgodens* | |
| | | 큰이빨부리고래 | *Mesoplodon stejnegeri* | |
| | 돌고래과 | 범고래 | *Orcinus orca* | |
| | | 들쇠고래 | *Globicephala macrorhynchus* | |
| | | 흑범고래 | *Pseudorca crassidens* | |
| | | 들고양이고래 | *Feresa attenuata* | |
| | | 고양이고래 | *Peponocephala electra* | |
| | | 낫돌고래 | *Lagenorhynchus obliquidens* | |
| | | 뱀머리돌고래 | *Steno bredanensis* | |
| | | 큰머리돌고래 | *Grampus griseus* | |
| | | 큰돌고래 | *Tursiops truncatus* | |
| | | 점박이돌고래 | *Stenella attenuata* | |
| | | 긴부리돌고래 | *Stenella longirostris* | |
| | | 줄박이돌고래 | *Stenella coeruleoalba* | |
| | | 돌고래 | *Delphinus delphis* | * 짧은부리참돌고래 |
| | | 긴부리참돌고래 | *Delphinus capensis* | |
| | | 고추돌고래 | *Lissodelphis borealis* | |
| | 쇠돌고래과 | 작은곱등어 | *Phocoenoides dalli* | * 까치돌고래 |
| | | 쇠돌고래 | *Phocoena phocoena* | |
| | | 상괭이 | *Neophocaena phocaenoides* | * 쇠물돼지 |

## 양서류(총 29종)

| 목명 | 과명 | 국명 | 학명 | 참고 |
|---|---|---|---|---|
| 도롱뇽목<br>(유미목) | 도롱뇽과 | 도롱뇽 | *Hynobius leechii* | |
| | | 고리도롱뇽 | *Hynobius yangi* | |
| | | 제주도롱뇽 | *Hynobius quelpaertensis* | |
| | | 꼬마도롱뇽 | *Hynobius unisacculus* | |
| | | 남방도롱뇽 | *Hynobius notialis* | |
| | | 거제도롱뇽 | *Hynobius geojeensis* | |
| | | 숨은의령도롱뇽 | *Hynobius perplicatus* | |
| | | 꼬리치레도롱뇽 | *Onychodactylus koreanus* | |
| | | 양산꼬리치레도롱뇽 | *Onychodactylus sillanus* | |
| | | 네발가락도롱뇽 | *Salamandrella keyserlingii* | 북한 특산 |
| | | 발해네발가락도롱뇽 | *Salamandrella tridactyla* | 북한 특산 |
| | 미주도롱뇽과 | 이끼도롱뇽 | *Karsenia koreana* | |
| 개구리목<br>(무미목) | 무당개구리과 | 무당개구리 | *Bombina orientalis* | |
| | 두꺼비과 | 두꺼비 | *Bufo gargarizans* | |
| | | 물두꺼비 | *Bufo stejnegeri* | |
| | | 작은두꺼비 | *Pseudepidalea raddei* | 북한 특산<br>* 참두꺼비, 북두꺼비,<br>몽골참두꺼비 |
| | 청개구리과 | 청개구리 | *Hyla japonica* | |
| | | 수원청개구리 | *Hyla suweonensis* | |
| | 맹꽁이과 | 맹꽁이 | *Kaloula borealis* | |
| | 산개구리과 | 참개구리 | *Pelophylax nigromaculatus* | |
| | | 금개구리 | *Pelophylax chosenicus* | |
| | | 옴개구리 | *Glandirana emeljanovi* | |
| | | 아무르산개구리 | *Rana amurensis* | 북한 특산 |
| | | 한국산개구리 | *Rana coreana* | |
| | | 계곡산개구리 | *Rana huanrensis* | |
| | | 산개구리 | *Rana uenoi* | * 큰산개구리 |
| | | 북방산개구리 | *Rana dybowskii* | 북한 특산 |
| | | 중국산개구리 | *Rana chensinensis* | 북한 특산 |
| | | 황소개구리 | *Lithobates catesbeiana* | 외래종 |

## 파충류(총 32종)

| 목명 | 과명 | 국명 | 학명 | 참고 |
|------|------|------|------|------|
| 거북목 | 바다거북과 | 바다거북 | *Chelonia mydas* | |
| | | 붉은바다거북 | *Caretta caretta* | |
| | | 올리브바다거북 | *Lepidochelys olivacea* | |
| | 장수거북과 | 장수거북 | *Dermochelys coriacea* | |
| | 자라과 | 자라 | *Pelodiscus maackii* | |
| | | 중국자라 | *Pelodiscus sinensis* | 외래종, * 청자라 |
| | 남생이과 | 남생이 | *Mauremys reevesii* | |
| | | 붉은귀거북<br>  노란배거북(아종)<br>  붉은귀거북(아종)<br>  컴버랜드(아종) | *Trachemys scripta*<br>*Trachemys scripta scripta*<br>*Trachemys scripta elegans*<br>*Trachemys scripta troostii* | 미시시피 강 원산<br>외래종 |
| 뱀목(유린목) | 도마뱀아목 | 도마뱀부치과 | 도마뱀부치 | *Gekko japonicus* | |
| | | 도마뱀과 | 도마뱀 | *Scincella vandenburghi* | |
| | | | 북도마뱀 | *Scincella huanrenensis* | |
| | | | 장수도마뱀 | *Plestiodon coreensis* | 북한 특산, * 대장지 |
| | | 장지뱀과 | 아무르장지뱀 | *Takydromus amurensis* | |
| | | | 줄장지뱀 | *Takydromus wolteri* | |
| | | | 표범장지뱀 | *Eremias argus* | |
| | 뱀아목 | 뱀과 | 구렁이<br>  먹구렁이(아종)<br>  황구렁이(아종) | *Elaphe schrenckii*<br>*Elaphe schrenckii schrenckii*<br>*Elaphe schrenckii anomala* | |
| | | | 누룩뱀 | *Elaphe dione* | |
| | | | 세줄무늬뱀 | *Elaphe davidi* | 북한 특산 |
| | | | 무자치 | *Oocatochus rufodorsatus* | |
| | | | 줄꼬리뱀 | *Orthriophis taeniurus* | 북한에서 한 차례 기록<br>만 있음. |
| | | | 유혈목이 | *Rhabdophis tigrinus* | |
| | | | 실뱀 | *Hierophis spinalis* | |
| | | | 능구렁이 | *Dinodon rufozonatum* | |
| | | | 대륙유혈목이 | *Amphiesma vibakari* | |
| | | | 비바리뱀 | *Sibynophis chinensis* | |
| | | 살모사과 | 쇠살모사 | *Gloydius ussuriensis* | |
| | | | 살모사 | *Gloydius brevicaudus* | |
| | | | 까치살모사 | *Gloydius saxatilis* | |
| | | | 북살모사 | *Vipera berus* | 북한 특산 |
| | | 코브라과 | 먹대가리바다뱀 | *Hydrophis melanocephalus* | |
| | | | 얼룩바다뱀 | *Hydrophis cyanocinctus* | * 얼룩무늬바다뱀 |
| | | | 바다뱀 | *Pelamis platurus* | |

# 우리나라 고유 동물

고유종이란 지리적으로 한정된 지역에만 분포하여 서식하는 생물을 말하며, 앞으로 국가 고유의 생물 주권을 확립하는 데 핵심 요소가 되므로 우선적으로 보호되고 관리되어야 할 만큼 중요한 위치를 차지하고 있다. 남북한에 걸쳐 분포하는 고유 동물을 살펴보면 다음과 같다. 〈자료: 환경부 국립생물자원관 한반도 생물자원 포털〉

| 강 | 목명 | 과명 | 국명 | 학명 |
|---|---|---|---|---|
| 포유류 | 토끼목 | 토끼과 | 멧토끼 | *Lepus coreanus* Thomas, 1892 |
| | 설치목(쥐목) | 쥐과 | 제주등줄쥐 | *Apodemus agrarius chejuensis* Johnes & Johnson, 1955 |
| 양서류 | 도롱뇽목 | 도롱뇽과 | 고리도롱뇽 | *Hynobius yangi* Kim, Min & Matsui, 2003 |
| | | | 제주도롱뇽 | *Hynobius quelpaertensis* Mori, 1928 |
| | | 미주도롱뇽과 | 이끼도롱뇽 | *Karsenia koreana* Min, Yang, Bonett, Vieites, Brandon & Wake, 2005 |
| | 개구리목 | 청개구리과 | 수원청개구리 | *Hyla suweonensis* Kuramoto, 1980 |
| | | 개구리과 | 금개구리 | *Pelophylax chosenicus* (Okada, 1931) |
| 어류 | 농어목 | 꺽지과 | 꺽지 | *Coreoperca herzi* Herzenstein, 1896 |
| | | 동사리과 | 동사리 | *Odontobutis platycephala* Iwata & Jeon, 1985 |
| | | | 얼룩동사리 | *Odontobutis interrupta* Iwata & Jeon, 1985 |
| | | 돛양태과 | 참돛양태 | *Repomucenus koreanus* Nakabo, Jeon & Li, 1987 |
| | | | 흰점양태 | *Repomucenus leucopoecilus* (Fricke & Lee, 1993) |
| | | 망둑어과 | 점줄망둑 | *Acentrogobius pellidebilis* Lee & Kim, 1992 |
| | | | 큰볏말뚝망둥어 | *Periophthalmus magnuspinnatus* Lee, Choi & Ryu, 1995 |
| | | 장갱이과 | 우베도라치 | *Zoarchias uchidai* Matsubara, 1932 |
| | 메기목 | 동자개과 | 꼬치동자개 | *Pseudobagrus brevicorpus* (Mori, 1936) |
| | | | 눈동자개 | *Pseudobagrus koreanus* Uchida, 1990 |
| | | 메기과 | 미유기 | *Silurus microdorsalis* (Mori, 1936) |
| | | 퉁가리과 | 자가사리 | *Liobagrus mediadiposalis* Mori, 1936 |
| | | | 퉁가리 | *Liobagrus andersoni* Regan, 1908 |
| | | | 퉁사리 | *Liobagrus obesus* Son, Kim & Choo, 1987 |
| | 바다빙어목 | 바다빙어과 | 별빙어 | *Spirinchus verecundus* Jordan & Metz, 1913 |
| | | | 젓뱅어 | *Neosalanx jordani* Wakiya & Takahashi, 1937 |
| | 뱀장어목 | 코브라과 | 둥근물뱀 | *Ophichthus rotundus* C. L. Lee & H. Asano, 1997 |
| | 쏨뱅이목 | 둑중개과 | 둑중개 | *Cottus koreanus* Fujii, Choi & Yabe, 2005 |
| | 연어목 | 연어과 | 사루기 | *Thymallus arcticus jaluensis* Mori, 1927 |
| | | | 자치 | *Hucho ishikawae* Mori, 1928 |
| | 잉어목 | 미꾸리과 | 새코미꾸리 | *Koreocobitis rotundicaudata* (Wakiya & Mori, 1929) |
| | | | 얼룩새코미꾸리 | *Koreocobitis naktongensis* Kim, Park & Nalbant, 2000 |
| | | | 참종개 | *Iksookimia koreensis* (Kim, 1975) |
| | | | 부안종개 | *Iksookimia pumila* (Kim & Lee, 1987) |
| | | | 왕종개 | *Iksookimia longicorpa* (Kim, Choi & Nalbant, 1976) |

| 강 | 목명 | 과명 | 국명 | 학명 |
|---|---|---|---|---|
| 어류 | 잉어목 | 미꾸리과 | 남방종개 | *Iksookimia hugowolfeldi* Nalbant, 1993 |
| | | | 동방종개 | *Iksookimia yongdokensis* Kim & Park, 1997 |
| | | | 미호종개 | *Cobitis choii* Kim & Son, 1984 |
| | | | 기름종개 | *Cobitis hankugensis* Kim, Park, Son & Nalbant, 2003 |
| | | | 줄종개 | *Cobitis tetralineata* Kim, Park & Nalbant, 1999 |
| | | | 북방종개 | *Cobitis pacifica* Kim, Park & Nalbant, 1999 |
| | | | 수수미꾸리 | *Kichulchoia multifasciata* (Wakiya & Mori, 1929) |
| | | | 좀수수치 | *Kichulchoia brevifasciata* (Kim & Lee, 1995) |
| | | 잉어과 | 한강납줄개 | *Rhodeus pseudosericeus* Arai, Jeon & Ueda, 2001 |
| | | | 각시붕어 | *Rhodeus uyekii* (Mori, 1935) |
| | | | 서호납줄갱이 | *Rhodeus hondae* (Jordan & Metz, 1913) |
| | | | 묵납자루 | *Acheilognathus signifer* Berg, 1907 |
| | | | 칼납자루 | *Acheilognathus koreensis* Kim & Kim, 1990 |
| | | | 임실납자루 | *Acheilognathus somjinensis* Kim & Kim, 1991 |
| | | | 줄납자루 | *Acheilognathus yamatsutae* Mori, 1928 |
| | | | 큰줄납자루 | *Acheilognathus majusculus* Kim & Yang, 1998 |
| | | | 감돌고기 | *Pseudopungtungia nigra* Mori, 1935 |
| | | | 가는돌고기 | *Pseudopungtungia tenuicorpus* S. R. Jeon & K. C. Choi, 1980 |
| | | | 쉬리 | *Coreoleuciscus splendidus* Mori, 1935 |
| | | | 참중고기 | *Sarcocheilichthys variegatus wakiyae* Mori, 1927 |
| | | | 중고기 | *Sarcocheilichthys nigripinnis morii* D. S. Jordan & C. L. Hubbs, 1925 |
| | | | 긴몰개 | *Squalidus gracilis majimae* (Jordan & Hubbs, 1925) |
| | | | 몰개 | *Squalidus japonicus coreanus* (Berg, 1906) |
| | | | 참몰개 | *Squalidus chankaensis tsuchigae* (Jordan & Hubbs, 1925) |
| | | | 점몰개 | *Squalidus multimaculatus* K. Hosoya & S. R. Jeon, 1984 |
| | | | 어름치 | *Hemibarbus mylodon* (Berg, 1907) |
| | | | 왜매치 | *Abbottina springeri* Banarescu & Nalbant, 1973 |
| | | | 꾸구리 | *Gobiobotia macrocephala* Mori, 1935 |
| | | | 돌상어 | *Gobiobotia brevibarba* Mori, 1935 |
| | | | 흰수마자 | *Gobiobotia naktongensis* Mori, 1935 |
| | | | 압록자그사니 | *Mesogobio lachneri* Banarescu & Nalbant, 1973 |
| | | | 두만강자그사니 | *Mesogobio tumensis* Chang, 1980 |
| | | | 모래주사 | *Microphysogobio koreensis* Mori, 1935 |
| | | | 돌마자 | *Microphysogobio yaluensis* (Mori, 1928) |
| | | | 여울마자 | *Microphysogobio rapidus* Chae & Yang, 1999 |
| | | | 됭경모치 | *Microphysogobio jeoni* Kim & Yang, 1999 |
| | | | 배가사리 | *Microphysogobio longidorsalis* Mori, 1935 |
| | | | 금강모치 | *Rhynchocypris kumgangensis* (Kim, 1980) |
| | | | 버들가지 | *Rhynchocypris semotilus* (Jordan & Starks, 1905) |
| | | | 참갈겨니 | *Zacco koreanus* I. S. Kim, M. K. Oh & K. Hosoya, 2005 |
| | 칠성장어목 | 칠성장어과 | 칠성말배꼽 | *Lethenteron morii* (Berg, 1931) |

# 양서류 도롱뇽목(유미목) 신종

### 꼬마도롱뇽 [도롱뇽과]

- **학 명** *Hynobius unisacculus*
- **영 명** Korean small salamander

2016년 신종으로 보고되었다. 전라남도 여수, 고흥, 순천, 보성 등 연안 및 도서 지역에 분포한다.

### 남방도롱뇽 [도롱뇽과]

- **학 명** *Hynobius notialis*
- **영 명** Southern Korean salamander

2021년 신종으로 보고되었다. 전라남도 구례, 경상남도 하동, 남해, 거제, 통영 등 남부 연안 및 도서 지역에 분포한다.

### 거제도롱뇽 [도롱뇽과]

- **학 명** *Hynobius geojeensis*
- **영 명** Geoje salamander

2021년 신종으로 보고되었다. 경상남도 거제 지역에만 분포한다.

### 숨은의령도롱뇽 [도롱뇽과]

- **학 명** *Hynobius perplicatus*
- **영 명** Cryptic Uiryeong salamander

2021년 신종으로 보고되었다. 경상남도 의령, 창원, 합천 지역에 분포한다.

### 양산꼬리치레도롱뇽 [도롱뇽과]

- **학 명** *Onychodactylus sillanus*
- **영 명** Yangsan clawed salamander

2022년 신종으로 보고되었다. 경상남도 양산, 밀양 및 부산광역시 등의 지역에 분포한다.

# 용어 풀이

**개체군** 일정한 공간에 분포하는 같은 종에 속하는 개체의 무리. 지리적 범위에 분포하는 종을 지역 개체군이라 한다.

**고유종** 어느 종의 분포가 일정한 지역에 한정되어 있는 경우, 그 종을 그 지역의 고유종이라 한다.

**국명** 동식물의 한글 명칭, 특히 학명과 대비한 경우 국명이라고 한다.

**귀 길이** 귓구멍의 아래 선부터 귓바퀴 끝 부분(털은 포함하지 않음)까지의 길이

**기준 표본** 동식물의 국제명명규약을 기본으로 신종 등에 학명을 붙이고 기록하며 발표할 때 지정되는 표본

**난괴** 여러 개의 알이 얇은 막에 싸여 덩어리 모양이 된 것

**뇌간** 두개골을 감싸고 있는 부분. 뇌광이라고도 한다.

**늑조(Costal grooves)** 도롱뇽류에서 몸의 갈비뼈를 따라 있는 홈

**단위 생식** 알이 수정하지 않고 발생하는 생식. 암컷만으로 번식하는 것

**동종이명(Synonym)** 어느 생물의 학명이 복수로 사용되고 있는 경우, 같은 종에 대하여 달리 부르는 이름

**되새김위(반추위)** 우제목(소목) 반추 동물의 위를 통틀어 이르는 말. 되새김위는 보통 4실(제1위~제4위)로 나누어진 위(제1위~제2위-반추, 제3위-수분 흡수, 제4위-소화)를 가진다.

**뒷발 길이** 뒷발 뒤꿈치부터 가장 긴 발가락의 끝 부분까지의 길이. 발톱을 포함하는 경우와 포함하지 않는 경우가 있다.

**뒤베르누아선** 뱀의 분비샘의 하나로, 눈 뒤쪽에 위치한다. 뒤베르누아가 처음 발견하였다고 하여 뒤베르누아선이라고 한다. '유혈목이'의 경우, '두꺼비'의 독성 분비물을 모아 두었다가 사용하기도 하고 소화에도 중요한 역할을 하는 것으로 알려져 있다.

**멜론** 돌고래 등 이빨고래류의 음파 탐지 기관. 지방질로, 불룩한 이마 부위에 있음.

**모식 표본** 기준 표본

**문(吻)** 코와 입이 위치한 부분을 가리킨다.

**번식기** 암컷이 수컷과 교미하여 임신하고, 새끼를 출산하여 양육하는 전 기간을 말한다.

**분기** 고래류 등이 숨 쉬면서 뿜어내는 물기둥

**분기공** 고래류 등이 호흡하는 구멍으로 머리 뒤에 나 있다. 이빨고래류는 1개, 수염고래류는 2개의 분기공이 있다.

**분류 계급** 분류군 간의 유연관계를 보기 위해 생물분류학에서 나눈 단계를 말한다. 종, 속, 과, 목, 강, 문 등

**브릿지** 고래류가 수면 밖으로 몸을 드러내는 행동

**비경** 콧구멍 주변에 있는 털이 없는 부분

**비막(飛膜)** 활공성의 '날다람쥐'와 '하늘다람쥐', 박쥐 등 앞다리와 뒷다리 사이에 발달되어 있는 피부막

**뿔** 소, 염소, 사슴 따위의 머리에 솟은 단단하고 뾰족한 것으로, 매년 뿔이 떨어졌다 다시 나는 지각(사슴류)과 뿔이 탈락되지 않는 통각(소 등)이 있다.

**뿔 길이** 뿔의 밑동부터 뿔의 끝 부분까지 구부러진 부분을 따라 잰 가장 긴 길이

**사지(네다리)** 몸통에 붙어 있는 다리 시작 부분부터 발 끝까지의 부분 전체를 말한다.

**생식혹** 양서류, 특히 개구리들이 교미기에 암컷을 꽉 잡고 놓치지 않기 위해 수컷의 앞발 엄지발가락 부분에 혹처럼 발달한 피부 덩어리. 이것을 암컷의 배에 마찰시켜 알을 낳도록 유도하기도 한다. 교미기가 끝나면 사라진다.

**서혜인공** 배설 기관과 연결된 좌우 뒷다리 부위에 나 있는 구멍으로 도마뱀류에서 볼 수 있다.

**성적 이형** 같은 종류의 암수가 몸의 크기나 모양, 색깔 등이 완전히 구분되어 나타나는 것

**성체** 충분히 성장하여 번식 능력이 있는 개체

**세력권** 행동권에서 같은 종에 속하는 다른 개체에 대해서 침입을 허락하지 않는 점유 구역

**손/발바닥 패드** 손발 뒤에 있는 볼록하게 튀어나온 패드. 손가락 끝 부분에 있는 것은 지구(指球)라 한다.

**수란관** 알이 난소에서 몸 밖으로 나오기 위한 길이 되는 관

**아성체** 겉모양은 성체와 같지만 번식 능력이 없는 어린 개체

**아종** 종의 하위 분류 단계. 하나의 종이 사는 곳이 다르고, 형태적으로도 불연속적으로 각 집단으로 나누어지는 경우, 각각을 아종이라 한다.

**알비노** 몸의 다양한 색을 나타내는 색소 유전자가 없어 몸 색이 흰색만으로 나타나는 현상. 눈 색깔은 붉은색이다. 예를 들면, 흰까치 등이 있다.

**알주머니** 1개나 여러 개의 알을 감싸고 있는 막. '도롱뇽', '두꺼비'의 알은 여러 개가 알주머니에 들어 있다.

**야생화** 원래 서식하고 있지 않았던 지역에 인위적으로 들어와 스스로의 힘으로 생활, 번식할 수 있게 되는 것. 귀화라고도 한다.

**외래종** 다른 지역에서 인위적으로 들어온 생물

**용골 돌기** 용골 돌기는 원래 새의 복장뼈 가운데에 있는 돌기를 가리키는 것이나, 파충류에서는 뱀의 등줄기 비늘 중앙을 따라 솟아나 있는 기다랗고 큰 뼈를 말한다.

**울음주머니(명낭)** 성대에서 나오는 소리를 공명하여 소리를 크게 하는 기관

**위험 동물** 사람에게 위협을 줄 가능성이 있는 동물로, '동물 수입관리법'에 의해 정해진 종(특정 동물)

**유두식** 유두의 수와 위치를 표시하는 것으로 흉부, 복부, 하복부로 구분한다.

**이빨** 앞니, 송곳니, 앞어금니, 어금니로 크게 나뉜다. 포유류의 기본 이빨 수는 44개이지만 종에 따라 그 수가 다르다.

**잠재종** 형태적인 구별이 어려워서 이전에는 다른 종에 포함되어 있었으나 후에 더 많은 연구의 결과로 독립종으로 인식된 종

**재생 꼬리** 도마뱀류가 적으로부터 몸을 지키기 위해 스스로 꼬리를 자른 후 다시 자란 꼬리를 이르는 말

**정낭** 정자가 들어 있는 주머니. 정포라고도 한다.

**종** 생물 분류의 기본 단위. 일정한 형태, 생리, 생태적 특징을 공유하고, 서로 교배하여 번식 능력이 있는 자손을 남기는 개체의 집단

**착상 지연** 수정란이 자궁벽에 정착하지 않고 떨어져 있는 상태로 발생을 늦추는 기간이 길어지는 것

**천연기념물** 학술상 가치가 높은 동식물, 지물, 광물, 이들이 존재하는 지역 등 국가나 지방 자치 단체가 '문화재보호법'에 의해 지정하고 보호하는 대상

**체린열(體鱗列)** 도마뱀류나 뱀류의 분류 형질로, 몸통 대각선의 비늘 열의 비늘 수

**체모** 보통은 길고 두꺼운 상모(上毛)와 짧고 얇은 하모(下毛)로 나누어지며, 더 많은 단계가 있다.

**총배출강** 꼬리 밑동 부분에 있는 작은 공간. 직장, 배뇨구, 생식구가 한곳에 모여 있다.

**취선(냄새선)** 털의 근원인 땀샘 등이 변형되어 특이한 냄새 물질을 분비하게 된 것

**코주름(비엽)** 관박쥐류와 잎코박쥐에서 발달되어 있는 코 주위에 복잡한 모양을 한 주름

**키** 동물이 지면에 네발을 딛고 똑바로 선 자세에서 쟀을 때의 지면에서 견갑골 상위까지의 높이. 체고라고도 한다.

**탈바꿈** 양서류의 유생(올챙이)이 수생 생활 형태에서 부모와 같이 육상으로 이동하여 생활이 가능하도록 형태가 변화하는 것

**뒷간막** 박쥐의 뒷다리와 꼬리 사이에 발달되어 있는 피부막

**특정 외래 생물** 특정 외래 생물에 의한 생태계, 인간의 생명·신체, 농림수산업 등의 피해를 방지하기 위해 지정한 국외 유래 생물

**포접** 개구리류의 번식 행동 중 하나로, 수컷이 암컷의 등 뒤에서 앞다리로 가슴을 안는 것

**표시** 세력권의 환경에서 볼 수 있는 것으로, 다른 개체와의 대화를 위해 취선의 분비물을 이용하여 나무나 바위에 냄새를 남기는 행위

**하렘** 한 마리의 수컷이 여러 마리의 암컷을 상대하는 번식 기간 동안의 번식 집단. 물개 등이 이러한 형태를 취한다.

**학명** 국제명명규약에 기본으로 붙여진 생물의 특정 분류군을 나타내는 학술적 이름. 보통 라틴어를 사용한다.

**행동권** 정착하여 생활하는 개체 또는 무리가 짝짓기 등의 생활을 하면서 활동하는 범위

# 찾아보기

# 참고 자료 및 사진 제공

## 포유류 참고 자료

- 마일청 외, 1986. 흑룡강성수류지. 흑룡강과학기술출판사. 하얼빈. 536pp.
- 원병오, 우한정, 1958. 한국산 조수 분포 목록. 농사원 임업시험장. 서울.
- 원홍구, 1968. 조선짐승류지. 과학원출판사. 평양.
- 윤명희, 한상훈, 오홍식, 김장근, 2004. 한국의 포유동물. 동방미디어. 서울. 300pp.
- 한국동물학회, 1960. 한국동물명집 1. 척추동물편. 홍지사. 서울.
- 한상훈, 2011. 국가생물종 목록집(척추동물) - 양서류, 파충류, 포유류편. 환경부 국립생물자원관. 인천.
- 한상훈, 2012. 박쥐 소리 도감. 환경부 국립생물자원관. 인천.
- 한상훈, 2012. 국가생물종 목록집(북한 지역 척추동물) - 양서류, 파충류, 포유류편. 환경부 국립생물자원관. 인천.
- 한상훈, 김현태, 2009. 개구리 소리 도감. 환경부 국립생물자원관. 인천.
- Corbet G. B., 1978. The Mammals of the Palaearctic Region: a taxonomic review. British Museum(Natural History) and Cornell University Press. London and Ithaca. 314pp.
- Kuroda Nagamichi, 1938. A List of the Japanese Mammals. Auther Published. Tokyo. 122pp.
- Wilson D. E. and Reeder D. M.(eds.), 2005. Mammals Species of the World - A Taxonomic and Geological Reference. Johns Hopkins University Press. Baltimore. 3rd. Edition.
- Wilson D. E. and Mittermeier R. A.(eds.), 2009. Handbook of The mammals of the World 1. Carnivores. Lynx.
- Wilson D. E. and Mittermeier R. A.(eds.), 2011. Handbook of The mammals of the World 2. Hoofed Mammals. Lynx.
- Wilson D. E. and Mittermeier R. A.(eds.), 2014. Handbook of The mammals of the World 4. Sea Mammals. Lynx.
- https://ko.wikipedia.org/

## 양서류 · 파충류 참고 자료

- 강영선, 윤일병, 1975. 한국동식물도감 제17권 동물편(양서 · 파충류). 문교부.
- 김리태, 한근흥, 2009. 조선동물지(량서파충류편). 과학원출판사(평양). 138pp.
- 백남극, 심재한, 1999. 뱀. 지성사.
- 손상호, 이용욱, 2007. 주머니 속 양서 · 파충류 도감. 황소걸음.
- 양서영, 김종범, 민미숙, 서재화, 강영진, 2001. 한국의 양서류. 아카데미서적. 187pp.
- 원홍구, 1971. 조선량서파충류지. 과학원출판사(평양). 170pp.
- 이태원, 박성준, 2011. 낮은 시선 느린 발걸음 거북. 씨밀레북스. pp.

463~468.
- 한상훈, 2008. 양서류 종 목록[in 국가 생물종 목록 구축]. 국립생물자원관. pp. 423~436.
- 한상훈, 2008. 파충류 종 목록[in 국가 생물종 목록 구축]. 국립생물자원관. pp. 411~422.
- J. B. Kim, M. S. Min and M. Masafumi, 2003. A New species of Lentic Breeding Korean Salamander of the Genus *Hynobius* (Amphibians, Urodela). Zoological Science. 20: 1163~1169.
- B. A. Malyarchuk, M. V. Derenko, D. I. Berman, T. Grzybowski, N. A. Bulakhova, A. P. Kryukov, and A. N. Lejrikh, 2009. Genetic Structure of Schrenck Newt *Salamandrella schrenckii* Populations by Mitochondrial Cytochrome b Variation. Molecular Biology. Vol. 43. No. 1. pp. 53~61.
- Hae-Jun Baek, Mu-Yeong Lee, Hang Lee, and Mi-Sook Min, 2011. Mitochondrial DNA Data Unveil Highly Divergent Populations within the Genus *Hynobius* (Caudata: Hynobiidae) in South Korea. Mol. Cells. Vol. 31. pp. 105~112.
- M. S. Min, S. Y. Yang, R. M. Bonett, D. R. Vieites, R. A. Brandon & D. B. Wake, 2005. Discovery of the first Asian plethodontid salamander. nature. 87: 90.
- Jae-Young Song, Masafumi Matsui, Kyu-Hoi Chung, Hong-Shik Oh and Wenge Zhao, 2006. Distinct Specific Status of the Korean Brown Frog, *Rana amurensis coreana* (Amphibia: Ranidae). Zoological Science. 23: 219~224.
- http://amphibiaweb.org/
- http://research.amnh.org/herpetology/amphibia/index.php
- http://www.iucnredlist.org/
- http://www.globalamphibians.org/

## 사진 제공

- 69쪽 물개: ⓒ M. Boylan https://commons.wikimedia.org/wiki/File: Callorhinus_ursinus_and_harem.jpg
- 92쪽 우측, 93쪽 하늘다람쥐: 니고데의 자연 사랑(http://nygode.tistory.com/)
- 95쪽 긴꼬리꼬마쥐: (사)평화문제연구소
- 99쪽 사향쥐: ⓒ Jumpingmaniac/CC-BY-SA-3.0 http://commons. wikimedia.org/wiki/File:Muskrat_Foraging.JPG
- 103쪽 북숲쥐: ⓒ Hans Hillewaert/CC-BY-SA-4.0 http://commons. wikimedia.org/wiki/File:Apodemus_sylvaticus_(Sardinia).jpg?uselang=ko
- 107~145쪽 고래목 사진(115쪽 혹등고래 제외): 국립수산과학원 고래연구소
- 177쪽 작은두꺼비: ⓒ Bogomolov.PL https://commons.wikimedia.org/ wiki/File:Bufo_raddei_Strauch,_1876.JPG
- 254쪽 공룡 모형, 실러캔스 박제, 264쪽 맘모스 뼈 구조: 서대문 자연사박물관

# 글 · 사진

**한상훈(대표 저자)** | 경희대학교 생물학과를 졸업하고, 일본 홋카이도대학 대학원에서 박사 학위를 받았습니다. 환경부 생태 조사단, 국립공원관리공단 멸종위기종복원센터에서 척추동물자원 조사 연구 및 멸종위기야생동물 복원 사업에 관련된 일을 수행하였고, 환경부 국립생물자원관 동물자원과장을 역임하였습니다. 현재 한반도야생동물연구소 소장으로 접경 지역에서 사향노루, 반달가슴곰 등 야생 동물을 조사, 연구하고 있습니다. 펴낸 책으로 '한국의 포유류(공저)', '백두고원(공저)', '개구리 소리도감(공저)', '박쥐 소리도감(공저)', '백두산 자연 자료 목록 작성 및 분석(공저)' 등이 있습니다.

**김현태** | 공주사범대학교 생물교육과를 졸업하고, 같은 대학교 대학원을 졸업하였습니다. 한국양서파충류 보존 네트워크 조사위원장을 역임하고, 현재까지 전국자연환경조사 조류, 양서파충류 조사연구원, 계룡산국립공원 깃대종 이끼도롱뇽 조사연구원 등 왕성한 활동을 하고 있습니다. 현재 서산중앙고등학교 생물 교사이며, 한국양서파충류 홈페이지(http://cafe.naver.com/yangpakor.cafe)를 운영하고 있습니다. 펴낸 책으로는 '한국의 개구리 소리', '양서류 탐구 도감', '양서파충류 백과', '캠핑장 생태도감' 등이 있습니다.

**문광연** | 청주사범대학 생물교육과를 졸업하고 한국교원대학교 대학원을 졸업하였습니다. 한국양서류 보존 네크워크와 한국양서파충류학회 회원으로서, 양서류 특히 맹꽁이에 대한 연구를 구준히 하고 있으며 학생들과 함께 개구리 보호에 관한 활동도 하고 있습니다. 대전중일고등학교 생물 교사로 근무하다 퇴직하였습니다.

**정철운** | 동국대학교 생물학과를 졸업하고 같은 대학교 대학원에서 박사 학위를 받았습니다. 국립공원관리공단 종복원기술원 중부복원센터 여우복원팀장으로 활동하였고, 국립공원관리공단에서 일했고 현재 ㈜미강 대표이사로 있습니다. 우리나라 박쥐류의 이동 및 번식 생태, 음성 분야에 대해 조사 연구를 활발하게 하고 있으며, '박쥐의 행동 생태, 분류, 음성 분석' 등 연구 논문이 삼십 편 있고, 펴낸 책으로 '박쥐 생태도감', '박쥐는 왜' 등이 있습니다.

우리나라 야생 동물 | 양서류

도롱뇽목
★ 2과 12종

도롱뇽과

미주도롱뇽과

개구리목
★ 5과 17종

무당개구리과

두꺼비과

청개구리과

맹꽁이과

산개구리과

우리나라에 사는
양서류 총 29종